공학실무 중심

자율주행 차량과 로봇

DragonFly 모듈 기반 연구

Shaoshan Liu 저
장규환·송영은·정차근 공역

ENGINEERING
AUTONOMOUS VEHICLES AND ROBOTS
THE DRAGONFLY MODULAR-BASED APPROACH

역자소개

장규환

- 고려대학교 기계공학과(공학박사)
- 현재 호서대학교 기계자동차공학부 조교수
- 주요 연구분야 : 진동, MEMS, 센서 등

송영은

- 일본 동경대학교 전기기계공학과 (공학박사)
- 일본 항공우주국 JAXA (연구원)
- 삼성중공업 중앙연구소 (책임연구원)
- ㈜오딘로보틱스 (연구소장)
- 현 ㈜필드로 (대표이사)
- 현 호서대학교 Linc+사업단 지능형자동차 ICC 센터장
- 현 호서대학교 공과대학 전기공학과 조교수
- 주요연구분야 : 자율주행, 모바일로봇 하드웨어 플랫폼, 퍼스널 모빌리티, 인공지능

정차근

- 일본 동경대학 대학원 전기공학과 (공학박사)
- LG전자종합기술원(책임연구원)
- University of Illinois at Urbana Champaign(UIUC) 객원연구원
- 호서대학교 산학협력, 창업보육, 기획처장 등 역임
- 현재 호서대학교 공과대학 무인항공기(드론) 전공 대학원 및 시스템제어 공학과 교수
- 주요 연구분야 : 영상신호처리, 디지털통신, 지능형시스템, 드론 등

공학실무 중심

자율주행 차량과 로봇

DragonFly 모듈 기반 연구

Shaoshan Liu 저

장규환·송영은·정차근 공역

ENGINEERING
AUTONOMOUS
VEHICLES
AND ROBOTS

THE DRAGONFLY
MODULAR-BASED
APPROACH

WILEY

도서출판 홍릉

Engineering Autonomous Vehicles and Robots

The DragonFly Modular-based Approach

by SHAOSHAN LIU

공학실무 중심

자율주행 차량과 로봇

인 쇄: 2021년 1월 28일 초판 1쇄
발 행: 2021년 2월 4일 초판 1쇄

역자와의 협의하에 인지생략

역 자: 장규환 · 송영은 · 정차근
발행인: 송 준
발행처: 도서출판 홍릉
주 소: 01093 서울시 강북구 인수봉로 50길 10
등 록: 1976년 10월 21일 제5-66호

전 화: 02-999-2274~5, 903-7037
팩 스: 02-905-6729
e-mail: hongpub@hongpub.co.kr
http://www.hongpub.co.kr
ISBN: 979-11-5600-840-8(93560)

정 가: 32,000원

낙장 및 파본은 구입처나 본사에서 교환하여 드립니다.

역자 서문

최근 인공지능(AI), ICT, 반도체 기술 등의 발전을 배경으로 소위 4차산업혁명이 빠르게 진전됨에 따라 관련 과학기술이 사회, 경제, 문화 등 전방위에 걸쳐 많은 영향을 미치고 있다. 이러한 과학기술 발전에 힘입어 자율주행자동차로 대표되는 무인이동체 기술은 육상뿐만 아니라 해상 및 공중을 포함한 모든 이동체에 혁명적인 변화를 초래할 것이 예상되고 있다. 또한 무인이동체 기술은 다양한 산업에서의 물류자동화를 촉진시켜 Smart Factory의 핵심기술로 작용할 것이다.

무인이동체는 4차산업혁명을 견인하는 핵심적인 역할을 수행할 것이 예상됨에 따라, 무인이동체 관련 기술개발은 국내외적으로 뜨거운 관심이 집중되고 있다. 특히 전기자동차의 출현과 함께 자동차 운행의 완전 자율주행 기술을 선점하기 위한 경쟁이 더욱 가속화되고 있다.

본서는 이러한 배경에서 자율주행 차량 및 로봇 개발에 포함된 핵심 요소기술의 모든 것을 소개하고 있다. 즉 모듈설계를 통한 안정적인 자율주행을 위한 간략한 소개를 시작으로, 차량내 통신을 위한 CAN 및 FlexRay, x-by-wire 기반의 섀시기술과 오픈소스 차량제어, 소나 및 mmWave 레이다 센서, GNSS 기반 위치추정, 컴퓨터비전 기반의 인식과 위치추정, 움직임 계획과 지도제작에 이르기까지 광범위한 내용을 다루고 있다.

특히 자율주행자동차를 구현하기 위해 도입한 모듈설계 방법론을 기반으로 제작된 저속 자율주행 승용차를 모의한 DragonFly pod의 하드웨어 규격 및 센서, 소프트웨어 및 데이터 구조 등에 관한 사례 연구를 소개하고 있다. 이들 기술들은 국내 기아자동차의 전기자동차인 쏘울(Soul)에 실제 응용되었음을 나타내고 있다. 또한 자율주행자동차의 다양한 모듈과 관련된 샘플 및 소스 코드를 제시하고 있어, 관심 있는 독자들은 실제로 관련 기술들을 시험해 볼 수 있을 것이다.

이상과 같이, 본서는 철저하게 실무중심으로 자율주행 차량과 로봇의 설계와 구현에 필요한 모든 기술들을 학습할 수 있는 기회를 제공하고 있다. 비록 본서에서 언급하고 있는 기술들의 종류와 범위가 너무 방대해 상세한 이론적인 내용들은 다루고 있지 않으나, 관련 이론과 기술들에 대한 풍부한 참고문헌을 소개하고 있어 관심 있는 독자들은 이들 참고문헌을 참조함으로서 필요한 이론과 세부적인 기술들을 충분히 학습할 수 있을 것이다.

본서의 주요 특징은 다음과 같다.

1 자율주행 차량과 로봇에 관련된 모든 기술들의 소개 : 통신시스템, 섀시기술, 소나 및 레이다센서, GNSS 기반 위치추정, 컴퓨터비전 기반 SLAM, 센서 캘리브레이션, 움직임 계획과 제어, HD 지도제작, 첨단 컴퓨팅.

2 DragonFly Pod 사례연구에 대한 구체적인 하드웨어 및 소프트웨어 구조, 사용자 인터페이스 소개 등을 통한 공학실무적인 학습.

3 유연성과 수용성을 갖는 고유의 자율주행 차량과 로봇을 설계하고 구현하는 독자들의 능력을 강화시킴.

번역함에 있어 비록 원문 내용을 충실히 반영하도록 노력하였으나 저자의 의도와는 다소 다르게 번역된 부분도 있을 것이다. 이점 독자들의 넓은 혜량을 부탁드리고 싶다. 끝으로 본서의 편집과 출판으로 위해 노고를 아끼지 않은 도서출판 홍릉의 관계자 분들에게 심심한 사의를 표하고 싶다.

2021. 1.

역자일동

차 례

Chapter 01

모듈 설계를 통한 저가의 안정적인 자율주행

Chapter 02

차량 내(in-vehicle) 통신 시스템

Chapter 03

자율주행 로봇 및 차량을 위한 섀시 기술

Chapter 04

소나와 mmWave 레이다 기반 수동 인식

Chapter 05

실시간 이동측위 범지구 위성 항법 시스템 기반 위치추정

Chapter 06

컴퓨터비전 기반 인식과 위치추정

Chapter 07

경로계획과 제어

Chapter 08

지도제작

Chapter 09

DragonFly 파드 및 버스 구축

Chapter 10

상업용 자율 우주 탐사 로봇 활성화

Chapter 11

자율주행차량을 위한 첨단 컴퓨팅

Chapter 12

Vehicle-to-Everything 인프라 혁신

Chapter 13

차량용 첨단 보안

01

모듈 설계를 통한 저가의 안정적인 자율주행

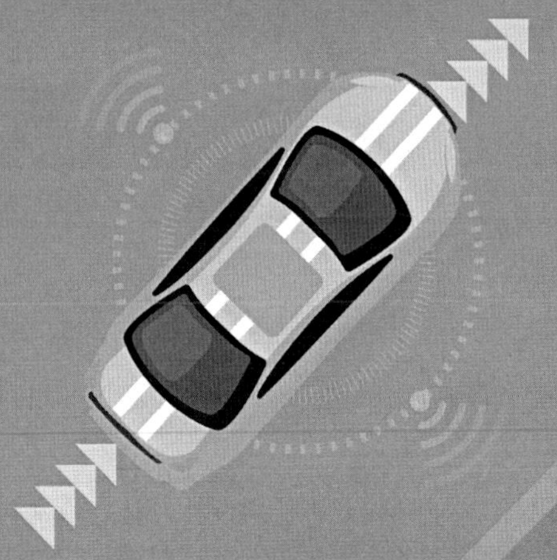

자율주행 차량과 로봇

01 모듈 설계를 통한 저가의 안정적인 자율주행

1.1 개요

최근 몇 년 동안 자율주행은 연구계와 산업계, 심지어 언론계에서 상당히 인기 있는 주제가 되었다. 우리는 왜 자율주행이라는 이 혁신적인 차량의 보편화에 흥미를 가져야할까? 한 가지 이유는 청정에너지 자율주행 차량을 이용하는 승차 공유는 공해와 교통 문제를 줄이고, 안전성을 개선시키며, 우리 경제를 보다 효율적으로 만들어 완전한 운송 산업의 혁신을 가져올 수 있기 때문이다.

차량으로 인한 공해 감소에 대해 조금 더 구체적으로 기술하면 오늘날 미국에는 약 2억 6천만대의 자동차가 있다. 만약 모든 자동차를 청정에너지 자동차로 전환한다면, 연간 8억 톤의 탄소 배출량을 감소시킬 수 있고, 이는 파리 기후협정에 대한 미국 공약의 13.3%를 차지할 것이다[1]. 또한 거의 완벽에 가까운 계획대로 진행되어 자율주행과 승차 공유가 결합된 차량이 도입되면 차량 수를 75%까지 줄일 수 있다[2]. 결과적으로 이 두 가지 변화를 결합하면 연간 탄소 배출량 10억톤을 줄일 수 있으며, 이는 파리 기후협정에 대한 미국 공약의 20%에 해당하는 수치이다.

안전성 개선 측면에서 운전자는 100만 마일당(PMM) 4.2건의 충돌률을 가지고 있는 반면, 현재 자율주행차량 충돌률은 100만 마일당 약 3.2건이다[3]. 다만 자율주행차량의 안전성이 지속적으로 개선되어 자율주행차량의 충돌률이 100만 마일당 1건 미만으로 낮출 수 있으면 미국에서만 연간 3만명의 생명을 구할 수 있다[4].

마지막으로 경제에 미치는 영향을 고려해보면, 탄소 배출량 1톤은 미국 GDP에 약 220달러의 영향을 미친다. 이는 모든 차량을 승차 공유 청정에너지 자율주행차량으로 전환하면 매년 2200억 달러를 절약할 수 있음을 의미한다[5]. 또한 미국에서 충돌 당 평균 비용이 약 3만 달러이므로 자율주행차량의 충돌률 100만 마일당 1건 미만으로 낮추면 연간 3000억 달러의 비용 절감을 달성할 수 있다[6].

따라서 미국에서 승차 공유 청정에너지 자율주행차량을 이용하는 승차 공유의 보편화를 통해서 연간 5200억 달러를 절약할 수 있으며, 이는 세계 최대 경제국 중 하나인 스웨덴의 GDP와 거의 맞먹는 수치에 해당한다.

그럼에도 불구하고 자율주행차량의 대규모 채택은 현재 신뢰성, 윤리적 그리고 법적인 고려 사항, 간과할 수 없는 수용성을 포함한 몇 가지 장벽 앞에 놓여 있다. 자율주행차량 구축과 배치의 이면에 있는 문제점은 무엇이고, 이를 어떻게 해결할 수 있을까? 이러한 질문에 답하려면 먼저 기본설계를 살펴보아야 한다.

1.2 고비용 자율주행 기술

이 절에서는 기존 자율주행 시스템의 비용을 세분화하고 센서, 컴퓨팅 시스템 및 고품질(HD) 지도의 높은 비용이 자율주행 보편화의 주요 장벽임을 나타내 보일 것이다[7] (그림 1.1).

그림 1.1 기존 자율 주행 솔루션의 비용 분석

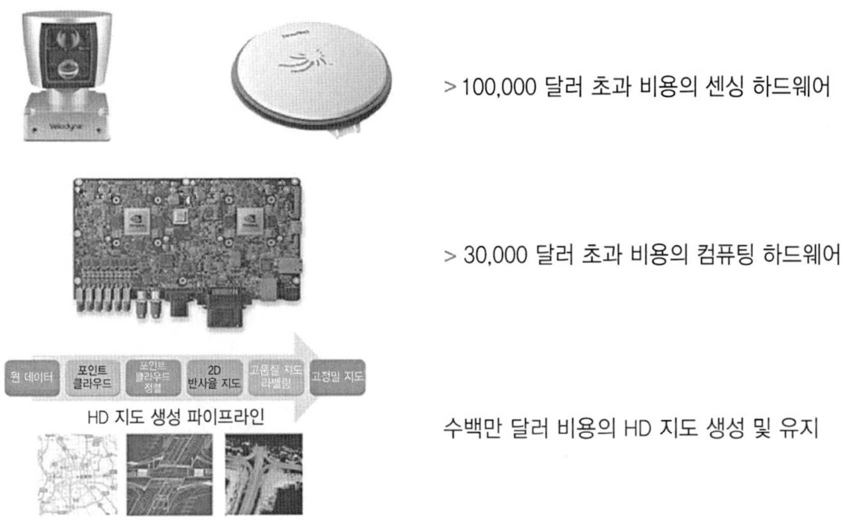

1.2.1 센싱

자율주행에 사용되는 일반적인 센서로는 범지구 위성항법 시스템(Global Navigation Satellite System: GNSS), 라이더(Light Detection and Ranging: LiDAR), 카메라, 레이다 및 소나가 있다. GNSS 수신기, 특히 실시간 이동위치추정(RTK) 기능이 있는 수신기는 최소한 미터 수준의 정확도로 글로벌 위치를 업데이트하여 자율주행차량이 스스로 위치를 파악하는데 도움을 준다. 그러나 최고급 자율주행차량용 GNSS 수신기의 가격은 1만 달러를 훨씬 상회할 수도 있다.

- **LiDAR**는 일반적으로 HD 지도생성, 실시간 위치추정 및 장애물 회피에 사용된다. LiDAR는 거리 계산을 위해 레이저 빔의 표면산란과 반사시간 측정을 통해 작동한다. LiDAR 장치에는 두 가지 문제점이 있다. 첫째는 LiDAR는 매우 비싸다는 것이고 (자율주행 등급용 LiDAR의 비용은 8만 달러를 넘을 수 있음), 둘째는 폭우나 짙은 안개와 같은 악천후 조건에서는 정확한 측정을 제공하지 못할 수 있다는 것이다.
- **카메라**는 주로 차선 검출, 신호등 검출 및 보행자 검출과 같은 물체 인식 및 추적 작업에 사용된다. 기존 방식에서는 대부분 차량 주변에 여러 대의 카메라를 장착하여 물체를 검출하고 인식과 추적을 수행한다. 그러나 카메라 센서의 중대한 문제는 악천후 조건에서 제공하는 데이터가 신뢰하지 못할 수 있고, 그리고 카메라에서 제공된 엄청난 양의 데이터는 높은 컴퓨팅을 요구한다는 것이다. 이러한 카메라는 일반적으로 60Hz에서 실행되는 것을 고려하면 초당 1GB 이상의 데이터가 생성될 수 있음을 유의해야 한다.
- **레이다 및 소나**: 레이다 및 소나 하위 시스템은 장애물 회피의 최후의 보루로써 사용된다. 레이다와 소나에 의해 생성된 데이터는 차량 경로 앞의 가장 가까운 물체와의 거리를 보여준다. 레이다의 주요 장점은 모든 기상 조건에서 작동한다는 것이다. 소나는 일반적으로 0 ~ 10m 거리의 물체를 검출하는 반면 레이다는 3 ~ 150m 거리의 물체를 검출한다. 결합된 이들 센서의 가격은 5000달러 미만이다.

1.2.2 HD 지도 생성과 유지 관리

전통적인 디지털지도는 일반적으로 위성사진으로부터 생성되고 미터 수준의 정확도를 가진다. 이 정확도는 사람 운전자에게는 충분하지만, 자율주행차량은 차선 수준의 정보를 위해 더 높은 정확도를 필요로 한다. 따라서 자율주행을 위해서는 HD 지도가 필요하다.

기존 디지털지도와 마찬가지로 HD 지도에는 많은 정보계층이 있다. 하단 계층에서는 위성이미지를 사용하는 대신 LiDAR 가공 전 원래의 데이터로 5cm x 5cm의 그리드 단위로 그리드 맵이 생성된다. 이 그리드는 기본적으로 각 셀의 주변 환경에 대한 고도 및 반사 정보를 기록한다. 자율주행차량이 이동하고 새로운 LiDAR 스캔을 수집함에 따라 자율주행차량은 새로운 LiDAR 스캔 및 그리드 맵과 함께 GNSS에서 제공되는 초기 위치 추정치를 실시간 비교하여 자체 위치추정을 수행한다[8].

그리드 계층 위에는 여러 계층의 세멘틱 정보가 있다. 예를 들어 차선정보가 그리드 맵에 추가되어 자율주행차량이 이동할 때 올바른 차선에 있는지 확인할 수 있다. 차선정보에는 교통표지 라벨이 추가되어 자율주행차량의 로컬속도 제한, 신호 등이 근처에 있는지 여부 등을 알려준다. 이는 자율주행차량의 센서가 신호를 포착하지 못하는 경우를 대비하여 추가 보호계층을 제공한다.

기존 디지털 지도의 재생사이클은 6~12개월이다. 그러나 HD 지도에 최신 정보가 포함되는지 확인하기 위해서는 HD 지도의 재생사이클을 일주일 이내로 줄여야 한다. 결과적으로 중규모 도시에 대한 HD 지도의 운영과 생성 그리고 유지 관리에만 연간 수백만 달러 이상의 비용이 들 수도 있다.

1.2.3 컴퓨팅 시스템

경로계획 및 제어 알고리즘과 사물인식 및 추적 알고리즘은 각각 다른 종류의 프로세서를 요구하는 매우 상이한 행동특성을 가지고 있다. 반면에 HD 지도는 메모리의 필요성이 강조된다[9]. 따라서 제한된 컴퓨팅 리소스와 전력의 수요예측 안에서 이러한 요구를 모두 해결하는 컴퓨팅 하드웨어 시스템을 설계하는 것이 필수적이다. 예를 들면 문헌 [9]와 같이, 자율주행 컴퓨팅 시스템의 초기 설계에는 Intel Xeon E5 프로세서, PCI-E(Peripheral Component Interconnect-E) 버스와 연결된 4~8개의 Nvidia® K80 GPU(graphics processing unit) 가속기가 장착되었다. 64.5 TOPS(Tera Operations Per Second)를 제공할 수 있는 전체 시스템은 최대 약 3000W를 소비하여 엄청난 양의 열을 발생시킨다. 또한 전체 솔루션의 비용은 3만 달러에 이르러 일반 소비자들이 구매하고 수용하기에는 어려움이 있다.

1.3 경제성 및 신뢰성 달성

Waymo, Baidu, Uber와 같은 주요 자율주행 기업, 그리고 그 외의 기업들은 극한 환경에서도 안정적이고 경제적으로 운용할 수 있는 궁극의 유비쿼터스 자율주행차량 설계 및 전개를 위해 각축전을 벌이고 있다. 그러나 앞선 내용에서 확인한 바와 같이 모든 센서들의 비용이 10만 달러를 넘어서고 컴퓨팅 시스템 비용이 3만 달러를 넘기 때문에 자율주행차량에 매우 높은 비용이 발생한다. 데모 자율주행차량 한 대에 80만 달러 이상의 비용이 들 수도 있다[10]. 뿐만 아니라 단가 외에도 HD 지도제작과 유지관리를 위한 운영비용이 어떻게 충당될 것인지는 여전히 불분명하다.

또한 자율주행차량에 최첨단 센서를 사용하더라도 복잡한 교통상황에서 사람이 운전하는 차량과 공존하는 것은 위험한 문제로 남아있다. 결과적으로 센서, 컴퓨팅 시스템 및 고품질 지도의 비용을 크게 절감하고 향후 몇 년 이내에 위치추정, 인식 및 의사결정 알고리즘이 획기적으로 개선되지 않는다면 자율주행은 보편화되지 않을 것이다.

이러한 문제를 해결하기 위해 대학 캠퍼스나, 산업단지와 같이 제한된 트래픽을 갖는 영역 내에서 같은 저속 시나리오를 대상으로 안정적인 자율주행차량이 연구, 개발되고 있다 [11, 12]. 이러한 접근 방법은 저속에서 시작하기 때문에 안전성이 확보되므로 즉시 전개할 수 있다. 그리고 기술 개선과 축적된 경험을 바탕으로 고속 시나리오를 계획하고 수행하면 그 어떤 주행 시나리오에서도 사람 운전자와 동일한 차량 성능을 갖출 수 있을 것이다. 경제성과 신뢰성의 핵심에는 센서융합, 모듈설계 및 고정밀 비주얼 지도(HPVM) 사용이 포함된다.

1.3.1 센서 융합

위치추정 또는 인식을 위해 LiDAR만 사용하는 것은 높은 비용을 필요로 하는 반면 검출 결과를 신뢰할 수 없을 수도 있다. 경제성과 신뢰성을 달성하기 위해서는 여러 개의 저렴한 센서(카메라, GNSS 수신기, 휠 인코더, 레이다 및 소나)를 사용하고 데이터를 융합하여 시너지 효과를 낼 수 있다. 이러한 센서는 각각 고유의 특성, 단점 및 장점을 가지고 있을 뿐만 아니라 하나가 고장 나거나 오작동하는 경우 다른 센서가 즉시 인계하여 시스템 신뢰성을 보장할 수 있도록 서로를 보완한다. 이러한 센서 융합 접근 방식의 비용은 2천 달러를 넘지 않는다.

위치추정 서브시스템은 GNSS 수신기에 의존하여 서브미터 수준의 정확도로 초기 위치추정을 제공한다. 비주얼 주행거리계(visual odemetry)는 위치추정 정확도를 데시미터 수준까지 더욱 향상시킬 수 있다. 또한 휠 인코더를 사용하는 경우 GNSS 수신기 및 카메라가 고장나더라도 차량의 움직임을 추적할 수 있다. 비주얼 주행거리계는 두 프레임 간 중첩을 분석하여 위치변화를 추론하는데 급회전과 같은 갑작스러운 움직임이 차량에 가해지면 두 연속 프레임 사이에 중첩 영역이 부족하여 위치추정을 유지하지 못할 가능성이 있다.

능동 인식 서브시스템은 차량이 주변 환경을 인식할 수 있도록 지원한다. 컴퓨터비전과 밀리미터파(mmWave) 레이다의 이해와 조합을 바탕으로 50m 거리 내의 정적, 동적 물체 검출과 추적이 가능하며 이를 통해 차량은 원활하고 안전한 주행을 확보하기 위한 행동을 결정할 수 있다. 스테레오 비전을 사용하면 보행자와 움직이는 차량을 포함한 물체를 쉽게 인식할 수 있을 뿐만 아니라 검출된 물체까지의 거리도 정확하게 파악할 수 있다. 또한 mmWave 레이다는 어떠한 기상 조건에서도 빠르게 움직이는 물체와 거리를 검출하고 추적할 수 있다.

수동 인식 서브시스템은 즉각적인 위험을 검출하는 것을 목표로 하며 차량의 마지막 방어선 역할을 한다. 차량 주변 0~5m 거리를 다루며 mmWave 레이다와 소나의 조합으로 이루어진다. 레이다는 매우 우수한 동적 물체 검출기이고 소나는 매우 우수한 정적 물체 검출기이다. 근거리에서 무언가가 검출되면 차량의 안전을 확보하기 위한 다양한 방법들이 현재 차량 속도에 따라서 수립된다.

1.3.2 모듈 설계

최근 자율주행 컴퓨팅 시스템 설계에는 많은 비용이 드는 경향이 있지만 저렴한 컴퓨팅 솔루션이 불가능한 것은 아니다[9]. 이는 컴퓨팅 일부분을 센서 후단에 넣어 메인 컴퓨팅 장치에 대한 컴퓨팅 요구를 줄이는 모듈설계 원리의 적용으로 가능하다. 실제로 DragonFly

센서 모듈과 같은 쿼드-카메라 모듈 자체만으로 400Mbps의 속도로 이미지 데이터를 생성할 수 있다[11]. 만약 모든 센서 데이터가 메인 컴퓨팅 장치로 전송될 경우 매우 복잡한 메인 컴퓨팅 장치를 필요로 하며 이는 신뢰성, 전력, 비용 등에 많은 영향을 미칠 수 있다.

기능적인 장치를 모듈로 나누고 각 모듈이 가능한 한 많은 컴퓨팅을 수행하도록 하는 접근 방식은 더욱 실용적이다. 이는 메인 컴퓨팅 시스템의 부담을 줄이고 설계를 단순화하여 결과적으로 더 높은 신뢰성을 제공한다. 좀 더 구체적으로 말하면 GPU SoM(System on Module)이 DragonFly 모듈에 내장되어 가공 전 원래 이미지에서 특징을 추출한다. 그리고 추출된 특징만 메인 컴퓨팅 장치로 전송되어 데이터 전송 속도가 1000배 감소한다. 이와 같은 설계 원리를 GNSS 수신기와 레이다 서브시스템에 적용하면 전체 컴퓨팅 시스템의 비용이 2천 달러 미만으로 줄어든다.

1.3.3 기존 디지털 지도 확장

HD 지도를 생성하고 유지하는 것은 전개 비용의 또 다른 중요한 구성 요소이다. 고품질 지도 생성을 위한 데이터 크라우드 소싱(Crowd-sourcing)이 제안되었지만 이를 위해서는 LiDAR 장치가 장착된 차량이 필요하며 LiDAR는 매우 고가이기 때문에 대규모 전개에 적합하지 않다는 것은 이미 확인하였다. 반면 오늘날 많은 차량에는 이미 카메라가 장착되어 있기 때문에 크라우드 소싱 비주얼 데이터는 매우 실용적인 솔루션이다.

이런 이유로 우리의 철학은 HD 지도를 처음부터 만드는 대신에 시각 정보로 기존 디지털 지도를 개선하여 데시미터 수준의 정확도를 달성하는 것이며 이를 HPVM이라고 한다. 차량 위치추정을 효과적으로 지원하기 위해 HPVM은 여러 계층으로 구성되어 있다.

1. 맨 바닥 계층은 오픈 스트리트 맵(Open Street Map)과 같은 전통적인 디지털 지도로 구성될 수 있다. 이 바닥 계층의 해상도는 약 1m이다.
2. 두 번째 계층은 지상 특징(ground feature) 계층이다. 도로 표면의 시각적 특징을 기록하여 데시미터 수준의 맵핑 해상도를 향상시킨다. 지상특징 계층은 특히 주변이 여러 차량과 보행자로 가득 찬 혼잡한 도시 환경에서 유용하다.

3. 세 번째 계층은 공간적 특징계층(spatial feature layer)으로 환경의 시각적 특징을 기록하며 지상특징 계층에 비해 더 많은 시각적 기능을 제공한다. 또한 데시미터 수준의 맵핑 해상도를 가지고 있다. 공간적 특징계층은 교외 같이 덜 붐비는 개방된 환경에서 특히 유용하다.
4. 네 번째 계층은 차선 라벨, 신호등 및 교통 표지 레이블 등을 포함하는 세멘틱 계층이다. 세멘틱 계층은 라우팅과 같은 경로계획을 결정하는 경우 차량을 지원한다.

1.4 모듈 설계

이 책에 대해 자세히 살펴보기 전에 모듈 설계 방법론과 각각의 모듈에 대해 간략히 살펴보자. 이를 통해 독자들이 이 책의 내용을 쉽게 이해할 수 있기를 바란다.

그림 1.2는 모듈 설계 방법론을 활용하여 제작된 저속 자율주행 승객 파드(passenger pod)인 DragonFly 파드를 보여주고 있다[13]. 이 차량은 위치추정을 위한 RTK GNSS 모듈과 DragonFly 컴퓨터비전 모듈(관성 주행거리계 기술사용), 능동 및 수동 인식을 위한 mmWave 레이다 및 소나, 실시간 계획을 위한 경로계획 및 제어 모듈, 섀시모듈 같은 여러 요소로 구성된다. 그림 1.3은 설계의 아키텍처 다이어그램과 모듈의 상호작용 방식을 보여주고 있다.

그림 1.2 DragonFly 파드의 모듈 디자인

그림 1.3 모듈 설계 구조

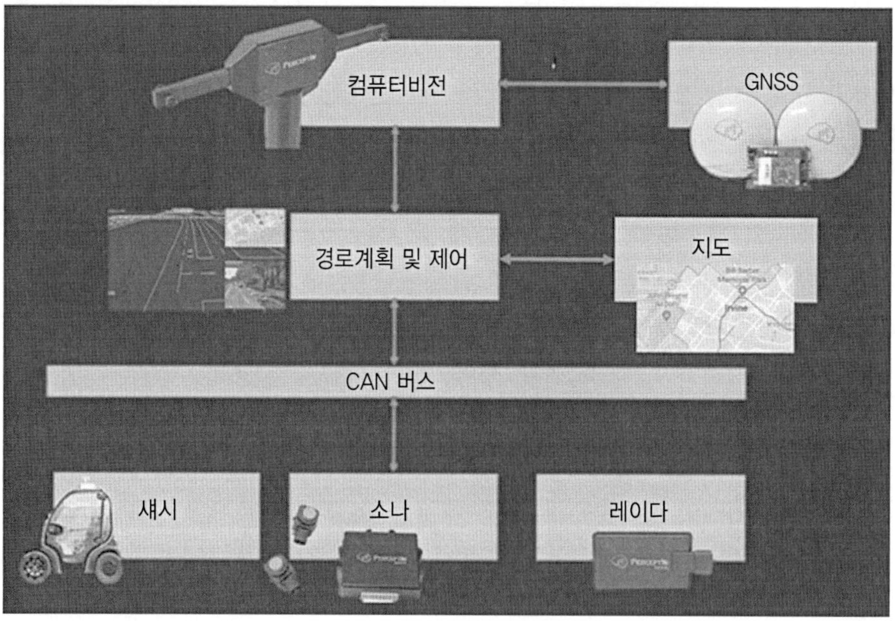

1.4.1 통신 시스템

우선 서로 다른 모듈을 연결하여 작업 체계를 구성하기 위해서는 안정적인 통신 시스템이 필요하다. CAN(Controller Area Network) 버스는 단순성으로 인해 오늘날 가장 널리 사용되는 차량 내부 통신 네트워크이며 전자 제어 장치(ECU), 센서 및 기타 구성 요소를 연결하여 서로 통신할 수 있도록 한다. 다른 구성 요소를 자세하게 다루기 전에 독자들은 먼저 CAN 버스가 어떻게 작동하는지 이해해야 한다.

1.4.2 섀시

전통적인 차량 섀시는 기계식 케이블, 유압 등과 같은 기계 제어를 활용하여 운전자에게 차량의 속도 또는 방향에 대한 직접적, 물리적 제어를 제공한다.

그러나 자율주행을 구현하기 위해서는 드라이브 바이 와이어(drive-by-wire)를 지원하는 섀시가 필요하다. 이는 전자제어를 적용하여 브레이크를 활성화하고, 조향을 제어하고, 다른 기계시스템을 작동케 한다. 특히 섀시모듈은 경로계획 및 제어 모듈을 위한 기본 응용프로그램 인터페이스를 제공하므로 경로계획 및 제어 모듈은 조향, 쓰로틀 및 브레이크 동작을 수행하여 차량이 계획된 궤적을 따라 이동할 수 있도록 한다.

1.4.3 수동 인식을 위한 mmWave 레이다 및 소나

중거리 장애물 검출에는 77GHz mmWave 레이다를 적용하여 장애물이 검출된 경우 경로계획 및 제어 모듈이 결정을 내릴 수 있도록 한다. 마찬가지로 소나는 근거리 장애물을 다루며 최후의 방어선 역할을 한다. 만약 소나가 장애물을 검출하면 사고위험을 최소화하기 위해 섀시에 직접 신호를 보낸다.

mmWave 레이다 및 소나 센서는 서로 결합하여 수동인식에 사용할 수 있다. 수동 인식이란 장애물이 검출될 때 가공 전 원래의 데이터가 의사결정을 위한 경로계획 및 제어 모듈에 전달되지 않음을 의미한다. 대신 가공 전 원 데이터는 빠른 의사결정을 위해 CAN 버스를 통해 섀시로 직접 전송된다. 이 경우 단거리에서 장애물이 검출되면 차량이 정지하도록 하는 간단한 결정모듈이 섀시에서 구현되어야 한다.

이 설계의 주된 이유는 근거리에서 장애물이 검출되면 완전한 의사 결정 파이프 라인을 거치지 않고 최대한 빨리 차량을 정지시키기 위함이다. 이는 보행자뿐만 아니라 승객의 안전을 보장하는 가장 좋은 방법이다.

1.4.4 GNSS 위치추정

GNSS 시스템은 차량 위치추정에 필연적인 선택이며, 특히 RTK 기능이 있는 경우 GNSS 시스템은 매우 높은 위치추정 정확도를 달성할 수 있다. GNSS는 위도, 경도, 고도 및 차량 방향과 같은 자세한 위치추정 정보를 제공한다. 그럼에도 불구하고 GNSS 정확도는 빌딩 혹은 나무숲에 의해 저하될 수 있고 다양한 문제로 이어지기도 한다. 따라서 위치추정을 위하여 오로지 GNSS에만 의존할 수는 없다.

1.4.5 능동 인식과 위치추정을 위한 컴퓨터비전

컴퓨터비전은 위치추정과 능동 인식에 모두 활용될 수 있다. 위치추정은 VSLAM (Visual Simultaneous Localization and Mapping) 기술에 의존하여 실시간으로 정확한 차량 위치를 얻을 수 있다. 그러나 VSLAM은 차량이 이동하는 거리가 길어질수록 누적 오차로 인해 위치 에러가 증가하는 현상이 발생한다. 다행히도 VSLAM과 GNSS 위치추정을 융합하면 다양한 조건에서 높은 정확도를 얻을 수 있으며 이는 GNSS가 차단되지 않은 경우 집단 진실(group-truth) 데이터로 사용될 수 있고 GNSS가 차단된 경우에는 VSLAM이 높은 정확도를 제공할 수 있기 때문이다.

또한 컴퓨터비전은 능동 인식에도 사용될 수 있다. 스테레오비전을 사용하여 다양한 객체의 공간 또는 깊이 정보를 추출할 수 있고, 심화학습(deep learning) 기법을 사용하여 다양한 객체의 세멘틱 정보를 추출할 수 있다. 공간, 세멘틱 정보들을 융합하면 보행자 및 자동차뿐만 아니라 이들의 현재 차량과의 거리와 같은 관심 대상들을 파악할 수 있다.

1.4.6 경로계획 및 제어

경로계획 및 제어 모듈은 인식 및 위치추정 모듈로부터 입력을 받고 실시간으로 결정을 내린다. 일반적으로 서로 다른 조건에 따라 경로계획 및 제어 모듈은 다른 행동들을 정의하며 이 중 하나의 행동이 선택된다.

일반적인 경로계획 및 제어 시스템의 구조는 다음과 같다. 먼저 사용자가 목적지를 입력하면 **라우팅 모듈**이 지도에서 도로 네트워크 정보를 확인하고 경로를 생성한다. 그리고 경로가 **동작 계획 모듈**에 공급되면 트래픽 규칙을 확인하여 움직임 규격을 생성한다. 다음으로 움직임 규격과 함께 생성된 경로는 **동작 플래너(planner)**로 전달되어 실시간 인식 및 위치 정보를 결합하여 궤적을 생성한다. 최종적으로 생성된 궤적은 **제어 시스템**으로 전달되어 계획된 움직임의 실행 오류를 정정한다.

1.4.7 지도제작

지도제작 모듈은 차선구성 및 정적 장애물 정보와 같은 필수 지리적 정보를 경로계획 및 제어 모듈에 제공한다. 실시간 움직임 계획을 생성하기 위해 경로계획 및 제어 모듈은 인식 입력들을 결합하여 실시간 동적 장애물 및 위치추정 입력을 검출하고, 실시간 차량 방위와 맵핑 입력을 생성하여 도로 형상 및 정적 장애물을 포착한다.

현재 완전 자율주행차량은 HD 3D 지도를 사용한다. 이러한 고정밀 지도는 매우 복잡하며 차선과 도로뿐만 아니라 현실에서 존재하는 3D 랜드마크의 세멘틱과 위치를 나타내는 1조 바이트의 데이터를 포함한다. HD 지도를 통해 자율주행차량은 스스로 위치를 파악하고 지도에 표시된 영역에서 길을 찾을 수 있다.

1.5 책의 구성

이전 절에서 우리는 자율주행차량과 로봇을 만들기 위해 제안된 모듈설계 접근 방식을 소개하였다. 이후 장에서는 앞선 주제에 대하여 자세히 살펴보고 각 모듈의 세부 사항과 이러한 모듈을 통합하여 완전하게 작동하는 자율주행차량 또는 로봇을 구현하는 방법을 소개한다.

이 책의 1부는 2~8장으로 구성되어 있으며 통신 시스템, 섀시 기술, 수동인식 기술, RTK-GNSS 기반 위치추정, 인식 및 위치추정을 위한 컴퓨터비전, 경로계획 및 제어, 지도제작 기술을 포함한 각 모듈을 소개하고자 한다.

- **2장**: 차량 내 통신 시스템
- **3장**: 자율주행 로봇 및 차량을 위한 섀시 기술
- **4장**: 소나와 mmWave 레이다 기반 수동 인식
- **5장**: 실시간 이동 측위 범지구 위성항법 시스템 기반 위치추정
- **6장**: 컴퓨터비전 기반 인식과 위치추정
- **7장**: 경로계획과 제어
- **8장**: 지도제작

이 책의 2부는 9장과 10장으로 구성되어 있으며 두 가지 흥미로운 연구 사례를 소개한다. 첫 번째는 모듈설계를 적용한 저속 자율주행차량 구축, 두 번째는 NASA의 모듈설계 접근 방식을 사용한 우주 로봇 탐사선 구축 관련 내용이다.

- **9장**: DragonFly 파드 및 버스 구축
- **10장**: 상업용 자율 우주 탐사 로봇 활성화

우리의 경험으로 보면 자율주행차량과 로봇의 기능은 종종 제한된 온-보드 컴퓨팅 성능에 의해 한정되어 왔다. 따라서 이 책의 마지막 부분에서는 자율주행차량과 로봇을 위한 첨단 컴퓨팅 시스템을 구축하는 최신 접근 방식인 온-보드 첨단 컴퓨팅 설계, V2X(vehicle-to-everything) 인프라 및 자율차량 보안에 대해 다룰 것이다.

- **11장**: 자율주행차량을 위한 첨단 컴퓨팅
- **12장**: Vehicle-to-Everything 인프라 혁신
- **13장**: 차량용 첨단 보안

1.6 사용된 오픈 소스 프로젝트

자율주행 시스템은 많은 기술과 모듈이 통합된 매우 복잡한 시스템이고 처음부터 모든 것을 구축하는 것은 불가능하고 비효율적이다. 따라서 독자가 자율주행 시스템을 구축할 수 있도록 책 전체에 걸쳐 많은 오픈 소스 프로젝트를 언급하였다. 또한 책 전체에서 PerceptIn의 자율주행 소프트웨어 스텍을 사용하여 모듈설계 아이디어를 제시하였다. 이 책에 사용된 오픈 소스 프로젝트는 다음과 같다.

- **CANopenNode** [14]: 무료이며 오픈 소스 CANopen 스텍은 CAN 버스 통신용
- **Open Source Car Control** [15]: 자율주행차량 기술의 개발을 촉진하기 위해 현대 자동차의 컴퓨터 제어를 가능케 하는 소프트웨어 및 하드웨어 설계의 집합체. 차량의 통신 네트워크와 제어 시스템을 연결하기 위한 소프트웨어로 모듈 안정적 기법
- **OpenCaret** [16]: 기아 쏘울(Soul) EV용 Level-3 고속도로 자동 조종 시스템 오픈 소스
- **NtripCaster** [17]: GNSS NTRIP(인터넷 프로토콜을 통한 RTCM의 네트워크 전송) Caster는 하나 이상의 데이터 스트림 소스(NTRIP Servers)에서 GNSS 데이터를 가져오고 이러한 데이터를 하나 이상의 최종 사용자(rovers)인 NTRIP Client에게 제공. 한 번에 둘 이상의 클라이언트에 데이터를 동시에 보내야 하거나 혹은 하나 이상의 데이터 스트림이 있는 경우 Caster가 필요
- **GPSD (GPS Daemon)** [18]: 시리얼 또는 USB 포트를 통해 호스트 컴퓨터에 연결된 하나 이상의 GNSS 수신기를 모니터링하여 센서의 위치 / 코스 / 속도에 대한 모든 데이터를 호스트 컴퓨터의 전송 제어 프로토콜 포트 2947에서 쿼리 할 수 있도록 하는 서비스 데몬. GPSD를 사용하면 다중의 위치 인식 클라이언트 애플리케이션이 경합

이나 데이터 손실없이 지원되는 센서에 대한 엑세스를 공유 할 수 있음. 또한 GPSD는 대부분의 GNSS 수신기에서 내보낸 NMEA 0183보다 구문 분석이 훨씬 더 쉬운 형식으로 쿼리에 응답

- **Kalibr** [19]: 캘리브레이션 문제를 해결하는 툴박스
  - 다중 카메라 보정: 비 범용 오버래핑 시야를 사용하는 카메라 시스템의 고유 및 부수적 캘리브레이션
  - 시각-관성 보정(카메라-IMU): 카메라 시스템과 관련된 IMU의 공간 및 시간 보정.
  - 롤링 셔터 카메라 보정: 롤링 셔터 카메라의 전체 고유 보정(투영, 왜곡 및 셔터 매개 변수)
- **OpenCV** [20]: OpenCV (Open Source Computer Vision Library)는 오픈 소스 컴퓨터비전 및 머신 러닝 소프트웨어 라이브러리. OpenCV는 컴퓨터비전 애플리케이션을 위한 공통 인프라를 제공하고 상용 제품에서 기계 인식의 사용을 가속화하기 위해 구축됨
- **ORB-SLAM2** [21]: 카메라 궤적과 희소 3D 재구성을 계산하는 단안, 스테레오 및 RGB-D 카메라 용 실시간 SLAM 라이브러리임. 루프를 검출하고 실시간으로 카메라를 재인식 할 수 있음
- **libELAS** [22]: 큰 이미지의 불일치 맵을 계산하기 위한 MATLAB wrappers가 포함된 cross-platform C ++ 라이브러리. 입력은 동일한 크기의 정류된 회색조 스테레오 이미지 쌍. 출력은 해당하는 변위 맵
- **Mask R-CNN** [23]: Keras 및 TensorFlow에서 객체 검출 및 인스턴스 세그맨테이션을 위한 심화학습 모델
- **바이두 아폴로** [24]: 아폴로는 자율주행 차량 개발, 테스트 및 전개를 가속화하는 유연한 고성능 구조
- **OpenStreetMap** [25]: 무료 편집이 가능한 세계 지도 제작 공동 프로젝트. 지도의 기반이 되는 지리 데이터는 프로젝트의 기본 출력으로 간주됨. 전 세계에서 지도 데이터의 제한된 사용 또는 가용성, 저렴한 휴대용 위성 내비게이션 장치의 출현으로 인해 OpenStreetMap이 생성되고 성장함

참고문헌

[1] U.S. Department of Energy (2017). Emissions from Hybrid and Plug-In Electric Vehicles. https://www.afdc.energy.gov/vehicles/electric_emissions.php (accessed 1 December 2017).

[2] MIT CSAIL (2016). Study: carpooling apps could reduce taxi traffic 75%. https://www.csail. mit.edu/news/study-carpooling-apps-could-reduce-taxi-traffic-75 (accessed 1 December 2017).

[3] VirginiaTech (2017). Automated vehicle crash rate comparison using naturalistic data. https://www.vtti.vt.edu/featured/?p=422 (accessed 1 December 2017).

[4] U.S. Department of Transportation (2016). U.S. Driving Tops 3.1 Trillion Miles in 2015. https://www.fhwa.dot.gov/pressroom/fhwa1607.cfm (accessed 1 December 2017).

[5] Moore, F.C. and Diaz, D.B. (2015). Temperature impacts on economic growth warrant stringent mitigation policy. Nature Climate Change 5 (2): 127-131.

[6] New York State Department of Transportation (2016). Average Accident Costs. https://www.dot.ny.gov/divisions/operating/osss/highway-repository/39D1F023EC4400C6E0530A3DFC0700C6 (accessed 1 December 2017). c01.

[7] Liu, S., Li, L., Tang, J. et al. (2017). Creating Autonomous Vehicle Systems, Synthesis Lectures on Computer Science, vol. 6, 1-186. Morgan & Claypool Publishers.

[8] Liu, S., Tang, J., Wang, C. et al. (2017). A unified cloud platform for autonomous driving. Computer (12): 42-49.

[9] Liu, S., Tang, J., Zhang, Z., and Gaudiot, J.-L. (2017). Computer architectures for autonomous driving. Computer 50 (8): 18-25.

[10] AutonomousStuff (2017). Lincoln MKZ Platform. https://autonomoustuff.com/product/ lincoln-mkz (accessed 1 October 2018).

[11] YouTube (2018). PerceptIn DragonFly Sensor Module https://www.youtube.com/watch?v=WQUGB-IqbgQ&feature=youtu.be (accessed 1 October 2018).

[12] Vega, P. (2018). UC Irvine grad works to make a self-driving car costing under $10,000. Los Angeles Times. http://www.latimes.com/socal/daily-pilot/news/tn-dpt-me-driverlesscars-20180105-story.html (accessed 8 January 2018).

[13] PerceptIn (2017). PerceptIn DragonFly Pod. https://www.perceptin.io/products (accessed 1 October 2019).

[14] GitHub (2019). CANopenNode. https://github.com/CANopenNode/CANopenNode (accessed 1 October 2019).

[15] GitHub (2019). Open Source Car Control. https://github.com/PolySync/oscc (accessed 1 October 2019). 16 GitHub (2019). OpenCaret. October 2019, https://github.com/frk2/opencaret (accessed 1 October 2019).

[17] GitHub (2019). NtripCaster. https://github.com/nunojpg/ntripcaster (accessed 1 October 2019).

[18] gpsd (2019). gpsd – a GPS sevice daemon. https://gpsd.gitlab.io/gpsd/index.html (accessed 1 October 2019).

[19] GitHub (2019). Kalibr. https://github.com/ethz-asl/kalibr (accessed 1 October 2019).

[20] OpenCV (2019). OpenCV. https://opencv.org (accessed 1 October 2019).

[21] GitHub (2019). ORB-SLAM2. https://github.com/raulmur/ORB_SLAM2 (accessed 1 October 2019).

[22] Geiger, A. (2019). libELAS. http://www.cvlibs.net/software/libelas (accessed 1 October 2019).

[23] GitHub (2019). Mask R-CNN. https://github.com/matterport/Mask_RCNN (accessed 1 October 2019).

[24] GitHub (2019). Baidu Apollo. https://github.com/ApolloAuto/apollo (accessed 1 October 2019).

[25] GitHub (2019). OpenStreetMap. https://github.com/openstreetmap (accessed 1 October 2019).

02

차량 내(in-vehicle) 통신 시스템

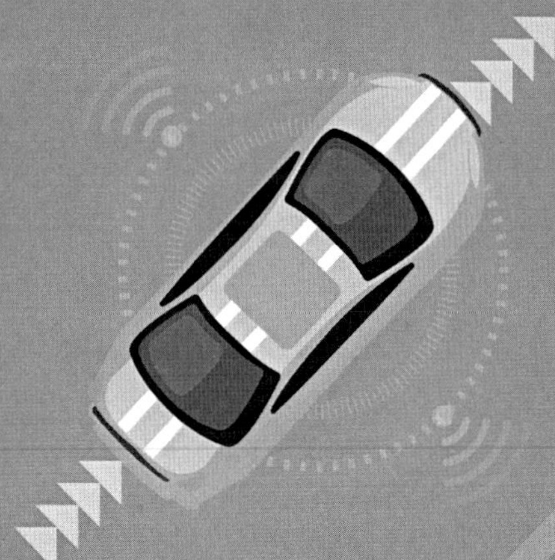

자율주행 차량과 로봇

02 차량 내(in-vehicle) 통신 시스템

2.1 개요

그림 2.1에서 볼 수 있듯이 하나의 모듈화된 차량 내부 통신 네트워크는 전자 제어 장치나 센서 등의 다른 구성 요소와 서로 통신한다. CAN 버스는 편의성으로 인해 오늘날 가장 널리 사용되는 차량 내부 통신 네트워크이다. 본 장에서는 차량 내 통신 시스템을 소개하고자 한다. 지능형 장치를 네트워킹하기 위한 완전성 높은 시리얼 버스인 CAN 버스, 그리고 자동차 제조업체 및 주요 공급업체들이 협력하여 개발한 내결함적 특성을 갖는 고속 버스 시스템인 FlexRay를 소개 한다. FlexRay는 차량 내부 통신 네트워크인 CAN을 점차적으로 대체할 것이 예상된다. 또한 여기서는 자동화에 사용되는 임베디드 시스템의 통신 프로토콜 및 장치 프로파일 규격인 CANopen, 그리고 객체지향적 방식으로 ANSI C로 작성된 무료 오픈소스인 CANopenStack인 CANopenNode을 소개하고자 한다. 본 장이 차량내 통신 네트워크에 대해 독자들이 충분히 이해하는데 도움이 되기 바란다.

2.2 CAN

CAN 버스는 지능형 장치를 네트워킹하기 위한 완전성 높은 시리얼 버스이다. CAN버스의 장치들은 자동차 및 산업 시스템의 공통적인 구성요소 중의 하나이다. CAN 인터페이스 장치를 사용하여 CAN 네트워크와 통신하는 애플리케이션을 개발할 수 있다[1, 2].

지난 수십 년 동안 자동차 기술 개선의 필요성으로 인해 엔진 타이밍, 안티-록 브레이크 시스템(anti-lock brake system) 및 전자배전 점화장치(distributor-less ignition)와 같은 기능을 위한 전자 제어 시스템의 사용이 증가해왔다. 기존 차량의 전자장치는 지점간(point to point) 시스템이었다. 차량 내에 전자장치가 증가할수록 무겁고, 비싸고, 부피가 큰 와이어 하네스가 만들어짐에 따라 지점간 배선은 더 이상 확장될 수 없었다.

지점간 배선을 제거하기 위해 자동차 제조업체는 전용배선을 차량 내부 네트워크로 교체하여 배선비용, 복잡성과 무게를 줄여 왔다. 1985년에 Bosch는 표준 차량 내 네트워크로 부상한 CAN을 개발했다.

그림 2.1 모듈 설계 구조

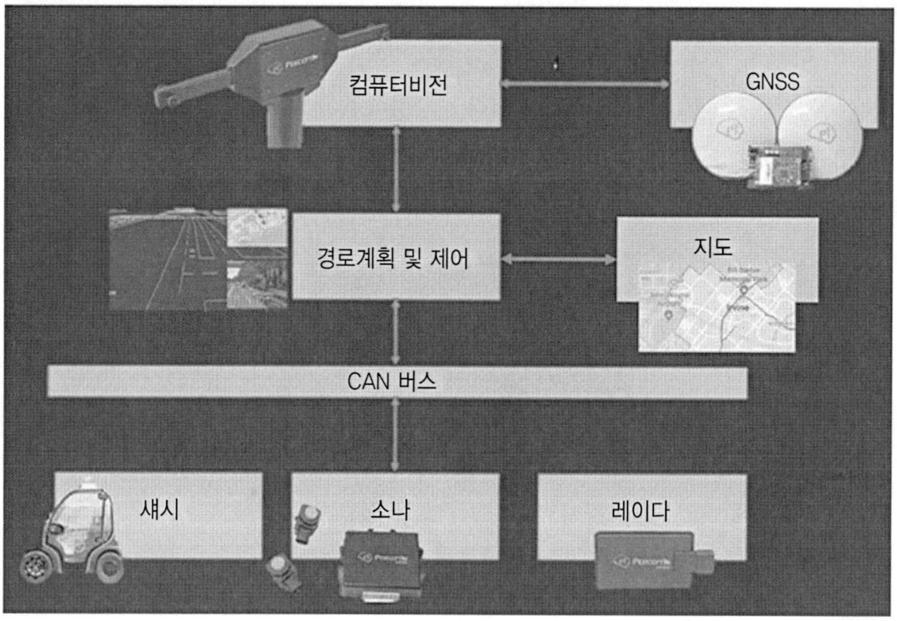

CAN은 저렴하고 내구성 높은 네트워크를 제공하며 장치들이 ECU를 통해 통신할 수 있도록 한다. CAN은 ECU가 시스템의 각 장치에 대한 아날로그 입력이 아닌 하나의 CAN 인터페이스를 가질 수 있도록 해서 자동차 전체 비용과 무게를 줄인다. 네트워크의 각 장치에는 CAN 컨트롤러 칩이 있으므로 지능적이라 할 수 있다. 전송된 모든 메시지는 네트워크의 모든 장치에서 볼 수 있으며 각 장치는 메시지가 적절한지 혹은 필터링 될 수 있는지를 결정할 수 있다.

자동차 산업에서 CAN 사용이 증가함에 따라 CAN(고속)은 국제 표준규격(ISO 11898)으로 제정되었다. 이후에는 저속 CAN이 차량 전자장치에 도입되었다. 마지막으로 일부 유닛 및 편의 장치를 위해 단선 CAN이 도입되었다. 인텔, 모토로라, 그리고 필립스와 같은 주요 반도체 제조업체는 CAN 칩을 개발하였다. 1990년대 중반까지 CAN은 DeviceNet 및 CANOpen을 포함한 많은 산업용장치 네트워킹 프로토콜의 기반이 되었다.

그림 2.2에서 볼 수 있듯이 CAN은 OSI 모델의 계층 1과 2에 적용되는 미디어 엑세스 제어(Media Access Control: MAC) 및 물리계층신호 PLS(physical layer signaling)를 명시한다. MAC은 비파괴적 비트단위 중재(nondestructive bit-wise arbitration)라는 기술을 사용하여 수행된다. 스테이션은 고유 식별자를 네트워크에 적용할 때 데이터가 정확하게 생성되고 있는지 살핀다.

그렇지 않은 경우 스테이션은 더 높은 우선순위의 메시지가 전송되고 있다고 가정하여 전송을 중단하고 수신 모드로 돌아간다. 우선순위가 가장 높은 메시지는 통과하고 우선순위가 낮은 메시지는 다른 시간에 다시 전송된다. 이 방식의 장점은 바로 네트워크 충돌이 데이터를 파괴하지 않고 결국 모든 스테이션이 네트워크에 엑세스할 수 있다는 것이다. 이

그림 2.2 CAN 프로토콜 계층

방식의 문제점은 중재가 비트 단위로 수행되어 모든 스테이션이 비트시간(실제로는 비트 시간 미만) 내에 서로를 수신해야 한다는 것이다.

500kbps 비트 전송률에서 비트 시간은 2000ns이므로 송수신기 및 케이블 지연에 많은 영향을 주지 않는다. 그 결과 CAN 네트워크는 일반적으로 짧고, 고속에서도 100m 미만인 경우가 많다. 이 거리를 늘리려면 데이터 전송률을 줄이거나 추가 장치가 필요하다.

CAN 전송은 생산자/소비자 모델을 사용하여 작동한다. 데이터가 어느 한 CAN 장치에 의해 전송될 때 다른 장치에서는 전달되지 않는다. 대신 메시지의 내용은 식별자에 의해 지정된다. 네트워크 내에서 고유해야 하는 이 식별자는 콘텐츠뿐만 아니라 메시지의 우선순위도 제공한다. 다른 모든 CAN 장치는 발신자의 메시지를 수신하고 관심 있는 메시지만 받는다.

이와 같은 데이터 필터링은 CAN 컨트롤러 칩의 통합적 구성 요소인 승인 필터(acceptance filter)를 사용하여 수행된다. 승인 기준에 실패한 메시지는 거부된다. 따라서 수신 장치는 발신자의 관심 메시지만 사용한다. 그림 2.3에서 볼 수 있듯이 CAN 프레임은 주로 식별자 필드, 제어 필드 및 데이터 필드로 구성된다. 제어 필드의 길이는 6비트이고 데이터 필드의 길이는 0-8바이트이며 식별자 필드는 표준 프레임 (CAN specification 2.0A)의 경우 11비트, 확장 프레임의 경우 29비트 (CAN specification 2.0B)이다. 소스 및 대상 노드 주소는 CAN 데이터 링크 계층 프로토콜을 사용하면 아무런 의미를 가지지 않는다.

버스 중재는 비파괴적 비트단위 중재 체계를 사용하여 수행된다. 둘 이상의 장치가 동시에 메시지를 전송할 수도 있다. “wired AND” 메커니즘을 사용하면 지배적(dominant) 상태(logic 0)가 열성(recessive) 상태(logic 1)를 덮어 쓰여진다. 다양한 송신기가 버스에 데이터를 전송하면 어느 지배적 비트가 자신의 열성 비트를 덮어쓴다는 사실을 발견할 때까지 자신의 완전한 데이터 전송을 동시다발적으로 비트 단위로 수신한다. 이것은 더 높은 우선순위 메시지를 가진 장치, 즉 더 낮은 이진값을 가지는 식별자가 존재하고 후 순위의 장치는 즉시 수신 모드로 전환하고 메시지 수신을 완료한다.

그림 2.3 CAN 메시지 형식

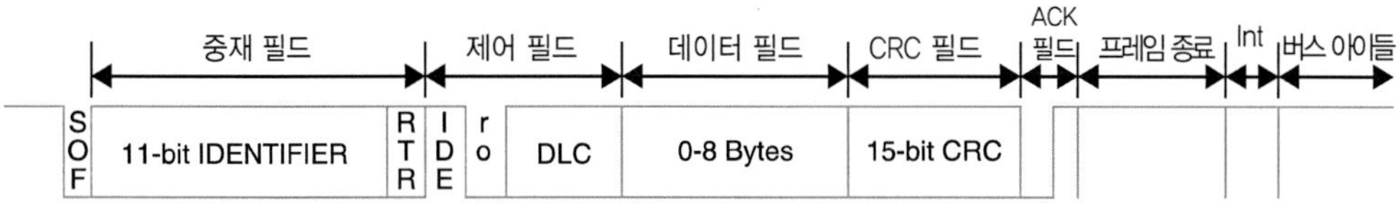

이러한 통신 방식을 사용하면 데이터는 전혀 손상되지 않으므로 처리량이 향상된다. 후 순위 장치는 차후에 다시 시도한다. 이 방식의 문제점은 모든 장치가 동일한 비트 시간 내에 그리고 샘플링 포인트 이전에 데이터를 확고하게 해야 한다는 것이다. 그렇지 않으면 데이터가 잘못 수신되거나 파괴될 수도 있기 때문이다. 따라서 케이블 거리에 영향을 미치는 타이밍 제약조건이 도입되었다.

2.3 FlexRay

FlexRay 버스는 자동차 제조업체 및 주요 공급 업체와 협력하여 개발된 결정성, 내결함성을 가진 고속 버스시스템이다[3]. FlexRay는 드라이브 바이 와이어(drive-by-wire) 응용을 위한 허용오차(error tolerance), 시간결정성 등의 성능 요구사항을 제공한다.

FlexRay의 많은 부분은 기복이 심한 환경에서 비용을 절감함과 동시에 최고의 성능을 제공할 수 있도록 설계되었다. FlexRay는 비차폐 연선 케이블을 사용하여 노드를 서로 연결한다. FlexRay는 각각 한 쌍 또는 두 쌍의 와이어로 구성된 단일 및 이중 채널 구성을 지원한다. 각 와이어의 차동신호는 고가의 차폐 없이도 네트워크 외부 노이즈의 영향을 줄인다. 대부분의 FlexRay 노드에는 일반적으로 송수신기 및 마이크로프로세서에 전원을 공급하는데 사용할 수 있는 전원 및 접지 와이어도 있다. 이중채널 구성은 향상된 내결함성과 증가된 대역폭을 제공한다.

대부분의 1 세대 FlexRay 네트워크는 배선비용을 낮추기 위해 하나의 채널만 사용하지만, 응용의 복잡성과 안전 요구사항이 증가함에 따라 미래의 네트워크에는 두 채널이 사용될 것으로 예상된다. FlexRay 버스는 신호-와이어 페어 간에 연결된 저항기 형태의 종단이 끝단에 필요하다. 멀티드롭(multi-drop) 버스는 끝단 노드에만 종단이 필요하다. 과도하거나 혹은 너무 적은 종단은 FlexRay 네트워크에 손상을 줄 수 있다. 특정 네트워크 구현은 다양하지만 일반적인 FlexRay 네트워크는 80Ω 에서 110Ω 사이의 케이블 임피던스를 가지며 이 임피던스와 일치하도록 끝단 노드가 종단된다. 종단은 FlexRay 노드를 테스트 셋업에 연결할 때 가장 빈번하게 발생하는 혼란의 원인 중 하나이다. 최신 PC 기반 FlexRay 인터페이스에는 배선을 단순화하기 위해 온-보드 종단 저항이 포함될 수 있다.

2.3.1 FlexRay 토폴로지

CAN과 달리 FlexRay는 단순한 멀티드롭 수동 연결뿐만 아니라 더 복잡한 네트워크를 위한 능동적 스타 커넥션을 포함한 다중 토폴로지를 지원한다. 차량의 레이아웃과 FlexRay 사용수준에 따라 올바른 토폴로지를 선택하는 것이 설계자가 주어진 설계에 대한 비용, 성능 및 안정성 최적화에 도움이 된다.

- **멀티드롭 버스**: FlexRay는 일반적으로 다중 ECU를 서로 연결하는 단일 네트워크 케이블을 다루는 간단한 멀티 드롭 버스 토폴로지에 사용된다. 이것은 CAN에서 사용되는 것과 동일한 토폴로지이며 OEM과 유사하기에 1 세대 FlexRay 차량에서 널리 사용되는 토폴로지이다. 이 토폴로지에서는 각 ECU는 버스의 코어 "trunk"에서부터 작은 거리로 세분화될 수 있다. 네트워크의 끝단에는 신호 반사 문제를 제거하는 종단 저항이 설치되어 있다. FlexRay는 CAN의 1 Mbit에 비해 최대 10Mbps의 높은 주파수에서 작동하므로 FlexRay 설계자는 네트워크를 올바르게 종단하고 배치하도록 주의하여 신호 무결성(integrity) 문제를 방지해야 한다. 멀티드롭 방식은 일반적으로 유사한 유형의 레이아웃을 공유하는 차량 하네스와 잘 맞아 설치가 단순해지고 차량 전체의 배선을 줄인다.
- **스타 네트워크**: FlexRay 표준은 개별 링크가 중앙 활성 노드에 연결되어 있는 "스타" 배치를 지원한다. 이 노드는 PC 이더넷 네트워크에 있는 허브와 기능적으로 유사하다. 활성 스타 배치는 더 먼 거리에 걸친 FlexRay 네트워크 작동과 네트워크의 일부에 장애가 발생할 경우 보다 안정적인 방식의 네트워크 분할을 가능하게 한다. 만약

스타 브랜치 중 하나가 잘리거나 단락되면 다른 레그(leg)에서 계속 작동한다. 단일의 긴 와이어는 대형 전기 모터의 전자기 방출과 같은 더 많은 주변 노이즈를 전달하는 경향이 있기 때문에 다중 레그를 사용하여 노출된 와이어의 양을 줄이고 노이즈 내성을 높일 수 있다.

- **하이브리드 네트워크**: 버스 및 스타 토폴로지를 결합하여 하이브리드 토폴로지를 형성할 수 있다. 향후 FlexRay 네트워크는 하이브리드 네트워크로 구성될 가능성이 높으며 이는 버스 토폴로지의 사용 편의성과 비용의 이점을 활용함과 동시에 차량에서 필요로 하는 스타 네트워크의 성능과 신뢰성을 적용할 수 있도록 하는 것이다.

2.3.2 FlexRay 통신 프로토콜

FlexRay 통신 프로토콜은 타임-트리거 프로토콜이며 예측 가능한 시간 프레임 (마이크로초까지)에 도착하는 결정적 데이터와 다양한 프레임을 처리하는 CAN과 동적 이벤트 구동 중심 데이터에 옵션을 제공한다. FlexRay는 사전 설정된 통신 사이클을 통해 핵심 정적프레임과 동적프레임의 혼합을 달성하며 이 사이클은 정적 및 동적 데이터를 위한 사전 정의된 공간을 제공한다. 이 공간은 네트워크 설계자가 네트워크를 통해 구성한다.

CAN 노드는 통신에 필요한 올바른 전송 속도만 파악하면 되지만 FlexRay 네트워크의 노드는 네트워크의 모든 부분이 어떻게 구성되어 있는지 파악해야 한다. 다른 멀티드롭 버스와 마찬가지로 한 번에 하나의 노드만이 버스에 전기적으로 데이터를 기록할 수 있다. 만약 두 개의 노드가 동시에 기록하면 버스에서 경쟁이 발생하게 되고 이로 인해 데이터가 손상된다. 버스에서 경쟁을 방지하기 위해 사용되는 다양한 방식이 있다. 예를 들어 CAN은 버스에서 우선순위가 더 높은 메시지가 전송되는 것을 확인하면 다른 노드에게 양보하는 중재 체계를 사용한다. 이 기술은 유연하며 확장하기 쉽지만 높은 데이터 속도는 불가능하며 적시에 데이터를 제공할 수 없다.

FlexRay는 시분할 다중엑세스(TDMA) 체계로 여러 노드를 관리한다. 모든 FlexRay 노드는 동일한 클럭에 동기화되고 각 노드는 버스에 기록할 차례를 기다린다. TDMA 체계에서는 타이밍이 일관적이기 때문에 FlexRay는 결정성 또는 네트워크의 노드에 대한 데이터 전달의 일관성을 보장할 수 있다. 이는 노드 간의 최신 데이터에 의존하는 시스템에 많은 이점을 제공한다. 임베디드 네트워크는 폐쇄형 구성이며 생산 제품에 조립된 후에는 변경되지 않는다는 점에서 PC 기반 네트워크와는 다르다. 이는 수행시간에 장치를 자동으로 검색하고 구성하는 추가 메커니즘을 필요로 하지 않는다.

표 2.1 CAN과 Flexray 비교

	CAN	FlexRay
대역폭	1 Mbps	10 Mbps
채널 수	1	2
프레임 데이터 길이	0~8	0~254
통신 방식	Dynamic arbitration	TDMA
복잡성	Low	High
결합성	No	Yes
유연성	One topology	Many different topologies

네트워크 구성을 미리 설계함으로써 네트워크 설계자는 상당한 비용을 절감하고 네트워크의 안정성을 높일 수 있다. FlexRay와 같은 TDMA 네트워크가 올바르게 작동하려면 모든 노드가 올바르게 구성되어야 한다. FlexRay 표준은 다양한 유형의 네트워크에 적용할 수 있고 네트워크 설계자는 다른 매개 변수 중에서 네트워크 업데이트 속도, 결정성 데이터 볼륨 및 동적 데이터 볼륨간에 균형을 맞출 수 있다. 모든 FlexRay 네트워크는 다를 수 있으므로 각 노드는 버스에 참여하기 전에 올바른 네트워크 매개 변수로 프로그래밍 되어야 한다.

표 2.1은 CAN과 FlexRay를 비교한 요약을 나타낸 것이다[4]. CAN은 오늘날 가장 널리 사용되는 프로토콜이며 사용이 간편하므로 이 장의 나머지 부분에서는 CAN에 중점을 둘 것이다.

2.4 CANopen

CANopen은 자동화에 사용되는 임베디드 시스템을 위한 통신 프로토콜 및 장치 프로파일 규격이다. OSI 모델 (그림 2.1 참조) 측면에서는 CANopen은 네트워크 계층을 포함하며 그 상위 계층을 구현한다. CANopen 표준은 주소지정 방식과 여러 개의 작은 통신 프로토콜 및 장치 프로파일에 의해 정의된 응용계층으로 구성된다[5].

CANopen 통신 프로토콜은 망 관리(NMT), 장치 모니터링 및 노드간 통신을 지원해왔으며 메시지 분할 및 비 분할을 위한 간단한 전송계층을 포함하고 있다. 데이터링크 및 물리계층을 구현하는 하위레벨 프로토콜은 일반적으로 CAN이지만 다른 통신수단(예: Ethernet Powerlink, EtherCAT)을 사용하는 장치도 CANopen 장치 프로파일을 구현할 수 있다.

기본적인 CANopen 장치 및 통신 프로파일은 CAN in Automation에서 발표한 CiA 301 규격에 주어져 있다. 보다 전문화된 장치를 위한 프로파일은 기본 프로파일을 토대로 구축되며 I/O 모듈을 위한 CiA401, 움직임 제어를 위한 CiA402와 같이 CAN in Automation에 수많은 다른 표준이 지정되어 있다.

모든 CANopen 장치는 제어 소프트웨어에서 특정 표준 기능을 구현해야 한다. 통신 유닛은 네트워크의 다른 노드와 통신을 위해 프로토콜을 구현한다. 장치의 시작 및 재설정은 상태 머신(state machine)을 통해 제어된다. 초기화, 사전운영, 운영 및 정지 상태들을 포함해야 한다.

상태간 전환은 각 장치에 NMT 통신개체를 실행하여 이루어진다. 객체사전(object dictionary)은 16비트 인덱스가 있는 변수들의 배열이다. 또한 각 변수는 8비트 하위 인덱스를 가질 수 있다. 이 변수를 사용하여 장치를 구성하고 환경을 반영할 수 있고 이 때 측정 데이터가 포함된다.

장치의 응용부분은 상태 기계가 작동 상태로 설정된 후에야 장치의 요청된 기능을 수행한다. 응용은 객체사전의 변수로 구성되며 데이터는 통신계층을 통해 송수신된다.

2.4.1 객체사전

CANopen 장치는 객체사전을 필히 유지해야 하며 이는 장치와의 구성과 통신에 사용된다. 객체사전의 항목은 다음과 같이 정의된다.

- **인덱스**: 사전에 있는 객체의 16 비트 주소
- **객체 이름**(객체 유형/크기): 항목에 있는 객체의 기호 유형 (예 : 배열, 레코드 또는 단순 변수)
- **이름**: 항목을 설명하는 문자열
- **유형**: 변수의 데이터 유형 (또는 배열의 모든 변수에 대한 데이터 유형)
- **속성**: 항목의 엑세스 권한에 대한 정보 (읽기/쓰기, 읽기 전용, 쓰기 전용)
- **필수/선택 필드**(M/O): 장치 규격을 준수하는 장치가 이 개체를 구현해야 하는지 여부를 정의

부울, 정수 및 부동 소수점과 같은 객체사전값에 대한 기본 데이터 유형은 표준에 정의되어 있고(비트 단위의 크기는 선택적으로 관련 유형 정의에 저장됨, 인덱스 범위는 0x0001–0x001F) 문자열, 배열 및 레코드와 같은 혼합 데이터 유형 또한 정의되어 있다 (인덱스 범위 0x0040–0x025F). 혼합 데이터 유형은 8비트 인덱스로 부(sub) 색인화 될 수 있다. 배열 또는 레코드에서 하위 인덱스 0의 값은 데이터 구조의 요소 개수를 나타내며 UNSIGNED8 유형이다.

2.4.2 프로파일 패밀리

CANopen은 CAN을 기반으로 하는 산업 자동화 시스템을 위한 표준화된 응용을 정의한다. CANopen 프로파일 군(profile family)은 "통신 프로파일"을 기반으로 하며 기본 통신 메커니즘 및 장치의 기능을 설명하기 위한 표준화된 형식을 명시한다.

디지털 및 아날로그 I/O 모듈, 드라이브, 작동 장치, 센서 또는 프로그래밍 가능한 컨트롤러와 같은 가장 중요한 장치 유형은 소위 "장치 프로파일"로 설명된다. 장치 프로파일에는 해당 유형의 표준 장치의 기능, 매개 변수 및 데이터가 명시된다. 표준화된 프로파일을 기

반으로 다른 제조업체의 장치는 버스를 통해 정확히 동일한 방식으로 엑세스할 수 있다. 따라서 다른 제조업체의 장치와의 상호 운용 및 치환이 가능하다.

CANopen 표준의 핵심 요소는 "객체사전"(OD)을 통한 장치 기능 서술이다. 객체사전은 두 섹션으로 나눌 수 있다. 첫 번째 섹션에는 장치식별, 제조업체 이름 등과 같은 일반 장치 정보와 통신 매개변수가 포함된다. 두 번째 섹션에서는 특정 장치 기능에 대해 서술한다. 16비트 인덱스와 8비트 하위 인덱스는 객체사전에서 "객체" 항목을 식별한다. 객체사전의 항목은 입력 및 출력신호, 장치 매개변수, 장치 기능 또는 네트워크 변수와 같은 장치의 "응용 프로그램 객체"에 대한 표준화된 엑세스를 제공한다.

ASCII 형식의 "전자 데이터 시트(Electronic Data Sheet : EDS)"를 통해 CANopen 장치의 기능과 특성을 서술할 수 있다. EDS는 네트워크에서 엑세스할 수 있는 장치의 모든 데이터와 기능을 설명하는 일종의 템플릿으로 이해해야 한다. 실제 장치 설정은 "DCF (Device Configuration File)"로 서술된다. EDS와 DCF는 데이터 파일 형태로 제공될 수 있으며, 인터넷에서 다운로드 하거나 장치 내부에 저장할 수 있다.

2.4.3 데이터 전송과 네트워크 관리

다른 필드 버스 시스템과 마찬가지로 CANopen은 "서비스 데이터 오브젝트(Service Data Objects: SDO)"를 통한 객체 사전 항목에 대한 엑세스 및 "PDO(Process Data Objects)"를 통한 프로세스 데이터 교환과 같은 두 가지 기본 데이터 전송 메카니즘을 구분한다. PDO는 생산자-소비자 원칙에 따라 브로드캐스트 메시지(broadcast message) 형태로 전송되며 이벤트-트리거(event-triggered), 추가 프로토콜 오버 헤드 없이 노드에서 요청이 가능하다. PDO는 최대 8데이터 바이트 전송에 사용될 수 있다.

동기화 메시지("동기화 PDO")와 관련하여 PDO의 전송 및 수락은 네트워크를 통해 동기화될 수 있다. 응용 프로그램 개체를 PDO의 데이터 필드에 맵핑하는 것은 객체 사전에 저장된 "PDO 맵핑"이라는 데이터 구조를 통해 구성할 수 있다. 이를 통해 애플리케이션의 특정 요구 사항에 따라 장치를 동적으로 구성할 수 있다.

SDO 채널 기반 데이터 전송은 두 노드 간의 클라이언트-서버 관계의 형태로 수행된다. 객체 사전 항목의 주소 지정은 항목의 인덱스와 하위 인덱스를 제공하므로 수행된다. 전송된 메시지의 길이는 매우 길 수 있다. 8 바이트 이상의 SDO 메시지 전송에는 추가적인 조각화 프로토콜 오버 헤드가 포함된다. 우선순위가 높은 표준화 된 이벤트 트리거 "비상 메시지"는 장치 오작동을 보고하기 위해 남겨둔다. 일반적인 시스템 시간은 시스템 시간 메시지를 통해 제공될 수 있다.

노드의 통신 상태 제어 및 모니터링은 NMT 기능에 의해 수행된다. 이것은 논리적 마스터-슬레이브 관계에 따라 구성되어 있다. 노드 모니터링을 위한 두 가지 메커니즘("node-guarding" 및 "heartbeat message")은 교대로 제공된다. CAN 메시지 식별자를 PDO 및 SDO에 배치하는 것은 객체 사전의 데이터 구조에서 식별자를 직접 수정하는 것으로 가능하며, 간단한 시스템 구조에서는 미리 정의된 식별자를 사용할 수 있다. 장치 프로파일 외에도 여러 특정 그룹에서 개발한 다양한 응용 프로파일을 현재 사용할 수 있으며, 다양한 제조업체에서 CANopen 기반 장치, 구성 및 테스트 도구, 인증된 CANopen 프로토콜 스텍을 통해 CANopen을 지원한다.

2.4.4 통신 모델

CANopen의 데이터 링크 계층인 CAN 버스는 11비트의 식별자, 원격 전송 요청(RTR) 비트 및 0-8 바이트 데이터로 구성된 짧은 패키지만 전송할 수 있다. CANopen 표준은 11비트 CAN 프레임 식별자를 4비트 기능 코드와 7비트 CANopen 노드 ID로 나눈다. 이것은 CANopen 네트워크의 장치 수를 127개로 제한한다(0은 브로드캐스트 용). CAN 버스 표준(CAN 2.0 B) 확장은 29비트의 확장 된 프레임 식별자를 제공하지만 확장된 식별자 범위를 필요로 하는 큰 CANopen 네트워크는 실제로 거의 볼 수 없다. CANopen에서 CANframe의 11비트 식별자는 통신 객체 식별자 또는 COB-ID로 알려져 있다. 전송 충돌의 경우 CAN 버스에서 사용되는 버스중재를 통해 가장 작은 식별자를 가진 프레임을 우선적으로 지연 없이 전송하여 해소한다. 시간이 중요한 기능(time critical function)에 낮은 코드 번호를 사용하면 지연 시간을 최소화 할 수 있다.

CANopen 노드 간의 통신에는 다양한 종류의 통신 모델이 사용된다. 마스터-슬레이브 관계에서는 하나의 CANopen 노드가 마스터로 지정되어 슬레이브에 데이터를 보내거나 요청한다. NMT 프로토콜은 마스터-슬레이브 통신 모델 중 하나이다.

클라이언트-서버 관계는 SDO 프로토콜에서 구현되며, SDO 클라이언트는 데이터(객체사전 인덱스 및 하위 인덱스)를 SDO 서버로 전송하고 SDO 서버는 요청된 데이터(주어진 인덱스에 있는 객체 사전의 내용)를 포함하는 하나 이상의 SDO 패키지로 응답한다. 생산자-소비자 모델은 Heartbeat 및 Node Guarding 프로토콜에서 사용된다. 생산자-소비자의 푸시 모델에서 생산자는 특정 요청 없이 소비자에게 데이터를 보내는 반면, 풀 모델(pull model)에서는 소비자가 생산자에게 데이터를 요청해야 한다.

2.4.5 CANopenNode

CANopenNode는 무료이고 오픈 소스인 CANopen Stack은 객체지향방식의 ANSI C로 작성되었다[6]. 이는 독립형 애플리케이션 또는 실시간 운영체제 방식으로 마이크로컨트롤러에서 실행된다. 스텍에는 마스터 기능이 포함된다.

CANopenNode는 다음의 CANopen 기능을 구현한다.

- 장치를 시작, 중지, 재설정하는 NMT 슬레이브. 간단한 NMT 마스터
- Heartbeat 생산자-소비자 오류 제어
- 프로세스 변수의 빠른 교환을 위한 PDO 연결 및 동적 맵핑
- 모든 매개 변수의 서비스 엑세스를 위한 SDO 신속, 분할 및 블록 전송
- SDO 마스터
- 긴급 메시지
- 생산자-소비자 동기화
- 비휘발성 저장소

CANopenNode 자체에는 마이크로 컨트롤러에 대한 완전한 작동 코드를 가지고 있지 않다. 다른 마이크로 컨트롤러용 스택과 드라이버가 있는 라이브러리에 불과하다. CANopenNode에는 샘플 코드가 포함되어 있고, 샘플 코드는 실제로 CAN 하드웨어에 엑세스하지 않는 템플릿 드라이버가 있는 모든 시스템에서 컴파일 되어야 한다. CANopenNode

는 특정 하드웨어 및 특정 애플리케이션을 통해 프로젝트에 포함된 깃(git) 하위 모듈로 사용되어야 한다.

그림 2.4 일반적인 CANopenNode 구현 흐름도

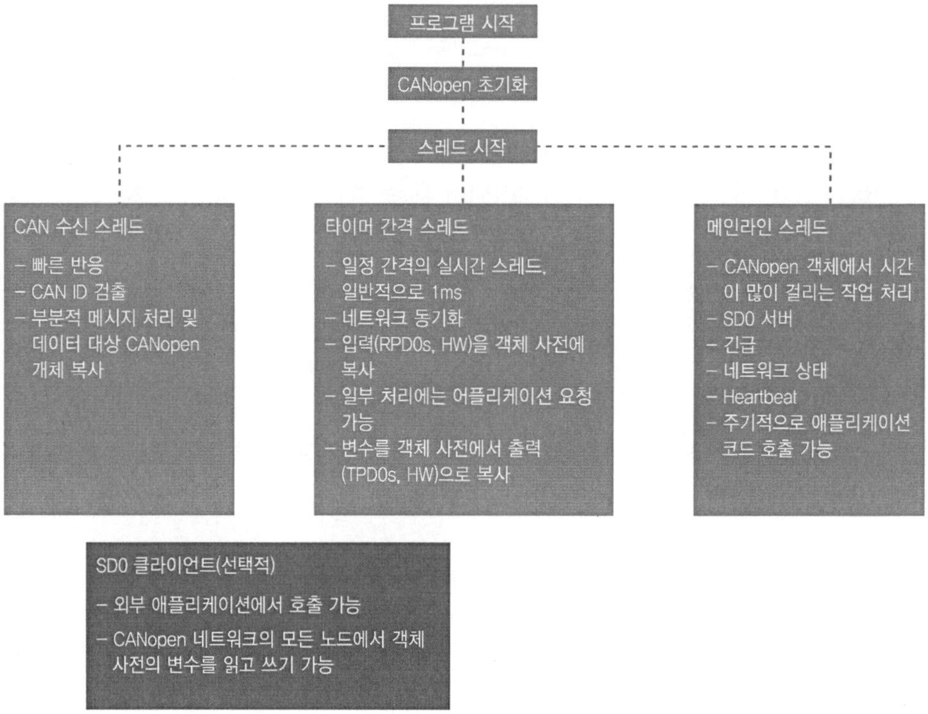

그림 2.4는 일반적인 CANopenNode 구현의 흐름도를 보여주고 있다. 프로그램이 시작되면 CANopen 초기화를 호출하고 여러 스레드를 생성한다. CAN 수신 스레드는 CAN 메시지를 수신하고, 그리고 메시지 처리 및 대상 CANopen 객체로 데이터 복사를 통해 빠른 응답을 제공한다. 타이머 간격 스레드는 객체 사전에 대한 입력 및 출력을 처리하기 위해 매 밀리 초마다 동작되는 실시간 스레드이다. 메인라인(mainline) 스레드는 해당 애플리케이션 코드를 호출하여 시간이 많이 걸리는 작업을 처리한다.

참고문헌

[1] National Instruments (2017). Controller Area Network (CAN) Tutorial. http://download.ni.com/pub/devzone/tut/can_tutorial.pdf (accessed 1 October 2018).

[2] Contemporary Controls (2017). CAN Tutorial. https://www.ccontrols.com/pdf/CANtutorial. pdf (accessed 1 October 2018).

[3] National Instruments (2017). FlexRay Automotive Communication Bus Overview. http://www.ni.com/white-paper/3352/en (accessed 1 October 2018).

[4] Forsberg, A. and Hedberg, J. (2012). Comparison of FlexRay and CAN-bus for real-time communication. IEEE Transactions on Industrial Electronics 58 (3).

[5] CAN in Automation (2017). CANopen. https://www.can-cia.org/canopen (accessed 1 October 2019).

[6] GitHub (2019). CANopenNode. https://github.com/CANopenNode/CANopenNode (accessed 1 October 2019).

03

자율주행 로봇 및 차량을 위한 섀시 기술

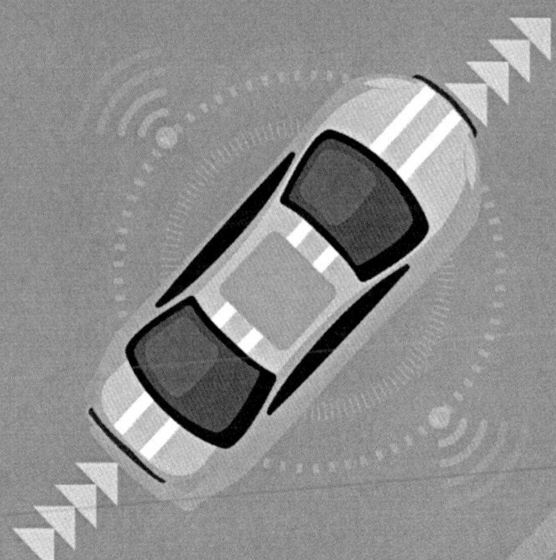

자율주행 차량과 로봇

03 자율주행 로봇 및 차량을 위한 섀시 기술

3.1 개요

그림 3.1에 나타낸 바와 같이 섀시는 경로계획 및 제어 모듈에서 발생한 명령을 실행하며 자율주행차량 또는 로봇의 "물리적 본체"이기도 하다. 이 장에서는 자율주행 로봇 및 차량용 섀시 기술을 소개한다. 이 장은 세 부분으로 이루어져 있는데, 먼저 자율주행차량과 로봇을 만드는 데 필요한 기본 섀시 기술, 그 중에서도 드라이브-바이-와이어를 간략하게 소개한다. 드라이브-바이-와이어는 기존의 기계 제어를 대체하는 전자 시스템을 의미한다[1]. 드라이브-바이-와이어 기술은 속도 또는 방향에 대한 직접적, 물리적 제어를 케이블, 유압 및 기타 방법으로 운전자에게 제공하는 것이 아니라 전자 제어를 사용하여 브레이크를 활성화하고, 조향을 제어하며 기타 기계 시스템을 작동시킨다. 일반적으로 제어, 브레이크-바이-와이어 및 스티어-바이-와이어(steer-by-wire)가 전자제어로 대체되는 세 가지 주요 차량 제어 시스템이다.

두 번째로 두 개의 오픈 소스 프로젝트 OSCC(Open Source Car Control)와 OpenCaret을 소개한다[2, 3]. OSCC는 오늘날 차량의 컴퓨터 제어를 통해 자율주행차량 기술개발을 촉진하게 한 소프트웨어 및 하드웨어 설계의 집합체이다. 이는 차량의 통신 네트워크 및 제어 시스템과 인터페이스하기 위한 소프트웨어를 사용하는 모듈식의 안정적 기법이다. OpenCaret은 OSCC를 기반으로 구축되어 오늘날 차량을 위한 L3 고속도로 자동 조종 시스템을 구현한다. 특히 이번 프로젝트는 기아 쏘울 EV를 자율주행 차량 섀시로 전환하는 세부 정보를 담고 있다.

마지막으로 상이한 섀시에 대한 추상화 계층(abstraction layer)을 제공하는 PerceptIn 섀시 소프트웨어 적층 계층 사례연구를 자세히 소개한다. 섀시 제조업체는 PerceptIn의 자율주행 기술 스택을 쉽게 통합하여 기존 섀시를 자율주행차량으로 변환할 수 있다.

그림 3.1 모듈 설계 구조

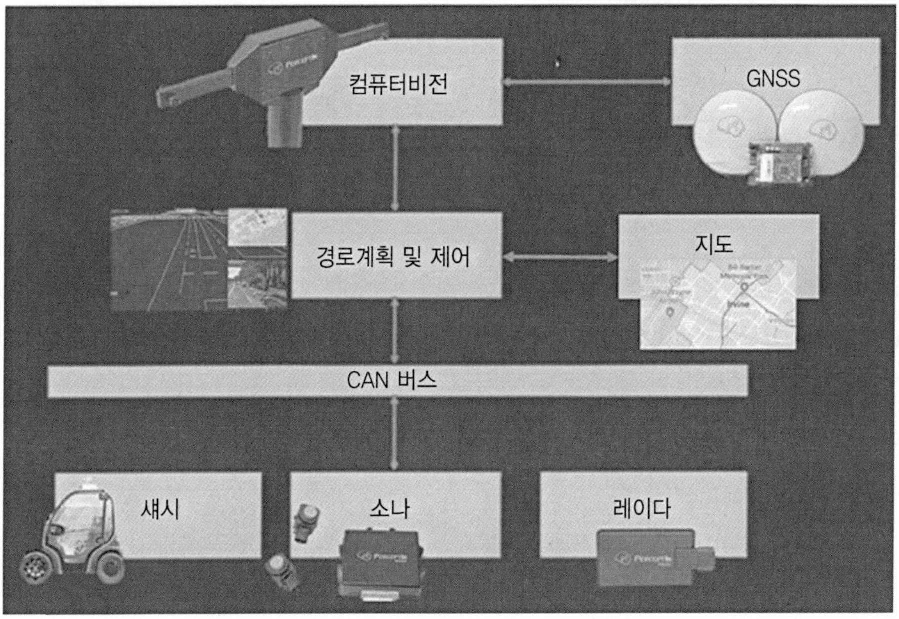

3.2 쓰로틀-바이-와이어

기계식 케이블을 사용하여 가속 페달을 쓰로틀에 연결하는 기존의 쓰로틀 제어 장치와 달리 쓰로틀-바이-와이어 시스템은 일련의 전자 센서 및 액추에이터를 사용한다. 그림 3.2에서 볼 수 있듯이 전자 쓰로틀 제어(ETC)를 사용하는 차량에서는 가속페달을 통해 전기기계식 액추에이터가 쓰로틀을 열도록 하는 신호를 보낸다.

일반적인 ETC 시스템은 가속 페달 모듈, 전자 쓰로틀 유닛(ETB)를 통해 열고 닫을 수 있는 쓰로틀 밸브, 파워트레인 제어모듈 또는 엔진 제어 모듈(PCM 또는 ECM)로 구성된다. ECM은 임베디드 시스템인 전자 제어장치의 한 유형으로 가속 페달 위치센서, 엔진 속도 센서, 차량 속도센서 및 크루즈 컨트롤 스위치를 포함하는 여러 센서에서 측정된 데이터로부터 계산하여 필요한 쓰로틀 위치를 결정하는 소프트웨어를 사용한다. 그리고 전기 모터는 ECM 내의 폐루프 제어 알고리즘을 통해 쓰로틀 밸브를 원하는 각도로 여는데 사용된다. 쓰로틀 밸브는 ETB의 일부분이다. 쓰로틀 제어 센서가 장착된 차량에서는 쓰로틀 개방은 가속 페달을 얼마나 밟았는지에 따라 결정된다.

그림 3.2 쓰로틀 전자 제어

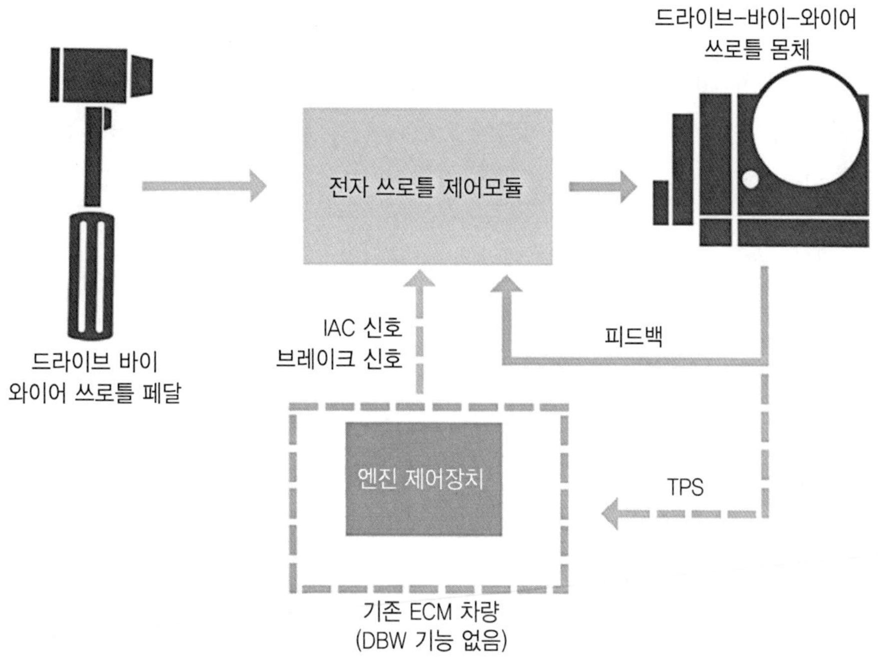

3.3 브레이크-바이-와이어

브레이크-바이-와이어 시스템은 전자 유압식에서 전기 기계식에 이르는 다양한 기술로 구성되며, 둘 다 고장 안전을 염두에 두고 설계할 수 있다. 전통적인 유압 브레이크는 마스터 실린더와 여러 개의 슬레이브 실린더를 사용한다. 운전자가 브레이크 페달을 밟게 되면 마스터 실린더에 물리적으로 압력을 가한다. 대부분의 경우 이 압력은 진공 또는 유압 브레이크 부스터에 의해 증폭된다. 그리고 압력은 브레이크 라인을 통해 브레이크 캘리퍼 또는 휠 실린더로 전달된다.

안티-록 브레이크 시스템은 운전자의 입력 없이도 차량의 브레이크를 자동으로 작동시킬 수 있다는 점에서 현대적인 브레이크-바이-와이어 기술의 초기 선구자였다. 이는 유압 브레이크를 활성화하는 전자 액추에이터에 의해 수행되며, 이 기반 위에 여러 다른 안전 기술이 구축되었다.

전자 안정도 제어, 접지마찰력 제어 및 자동 브레이크 시스템은 모두 안티-록 브레이크 시스템에 의존하며 부차적으로 브레이크-바이-와이어 기술과도 관련이 있다. 전자유압식 브레이크-바이-와이어 기술을 사용하는 차량에서는 각 휠에 있는 캘리퍼는 여전히 유압식으로 작동되고 있다. 그러나 브레이크 페달을 밟아 작동되는 마스터 실린더에는 직접 연결되지 않는다. 대신 브레이크 페달을 밟으면 일련의 센서들이 작동된다.

제어 장치는 각 휠에 필요한 제동력을 결정하고 필요에 따라 유압 캘리퍼를 작동한다. 전기 기계식 브레이크 시스템에는 유압 구성 요소가 전혀 없다. 이러한 브레이크-바이-와이어 시스템은 여전히 센서를 사용하여 필요한 브레이크 힘의 양을 결정하지만 그 힘은 유압 장치를 통해 전달되지 않는다. 대신에 전기 기계식 액추에이터를 사용하여 각 휠에 있는 브레이크를 작동한다.

3.4 스티어-바이-와이어

대부분의 차량은 조향 휠에 물리적으로 연결된 랙(rack)과 피니언(pinion) 장치 또는 웜(worm)과 섹터(sector) 조향 기어를 사용한다. 조향 휠이 회전하면 랙과 피니언 장치 또는 조향 박스도 회전한다. 그리고 랙과 피니언 장치는 타이로드(tie rod)를 통해 볼 조인트에 토크를 가하며, 조향 박스는 일반적으로 피트먼의 암(pitman's arm)을 통해 조향 링키지(linkage)를 조작한다.

스티어-바이-와이어 기술이 장착된 차량에는 조향 휠과 타이어가 물리적으로 연결되어 있지 않다. 더 나아가 스티어-바이-와이어 시스템은 기술적으로 조향 휠을 전혀 사용할 필요가 없다. 조향 휠을 사용하는 경우 일반적으로 어떤 유형의 조향 느낌의 에뮬레이터를 사용하여 운전자에게 피드백을 제공한다. 휠의 방향제어는 전기 모터를 통해 설정되며 이는 운전자의 조향 휠 입력을 모니터링 하는 ECU에 의해 작동된다.

3.5 오픈 소스 차량 제어

자율주행 로봇 및 차량에 활용되는 드라이브-바이-와이어 기술에 대해 자세히 알고 싶다면 OSCC가 좋은 시작점이 될 것이다[2]. OSCC는 자율주행차량 기술개발을 촉진하기 위해 오늘날 자동차의 컴퓨터 제어를 가능하게 하는 소프트웨어 및 하드웨어 설계의 집합체이다. 이는 차량의 통신 네트워크와 제어 시스템을 인터페이스하는 소프트웨어를 사용하는 모듈식의 안정적 방법이다.

개발자는 OSCC를 사용하여 차량에 제어 명령을 전송하고, 차량의 OBD-II CAN (Controller Area Network) 네트워크로부터 제어 메시지를 읽고, 조향 방향 및 휠 속도와 같은 현재 차량 제어상태에 대한 리포트를 전달할 수 있다. 제어명령은 조향 휠 토크 센서, 쓰로틀 위치 센서 및 브레이크 위치 센서를 통해 차량 구성 요소 ECU에 발급된다.

이 하위 레벨 인터페이스는 OSCC가 공장 안전지침을 변경하거나 CAN 메시지를 스푸핑(spoofing)하거나 고급 운전자 지원 시스템 기능을 해킹하지 않고도 차량에 대한 전체 범위의 제어를 제공함을 의미한다. OSCC는 현재 2014년형 혹은 그 이후 기아 쏘울(가솔린 및 EV)만 지원하지만 응용 프로그램 인터페이스(API)와 펌웨어는 손쉽게 새로운 차량 지원을 추가하도록 설계되어있다.

3.5.1 OSCC APIs

OSCC 제어 CAN에 대한 CAN 채널의 오픈 및 클로즈.

```
oscc_result_t oscc_open( uint channel );
oscc_result_t oscc_close( uint channel );
```

위의 방법은 OSCC 사용에서의 시작과 끝 포인트이다. oscc_open은 지정된 CAN 채널에서 소켓 연결을 열어 펌웨어 모듈에서 신속하게 보고서를 수신하고 명령을 보낼 수 있도록 한다. oscc_close는 연결을 종료 할 수 있다.

모든 OSCC 모듈 활성화 및 비활성화

```
oscc_result_t oscc_enable( void );
oscc_result_t oscc_disable( void );
```

펌웨어 모듈에 대한 CAN 연결을 초기화 한 후 이러한 방법을 사용하여 시스템을 활성화 또는 비활성화 할 수 있다. 이러한 방식을 통해 어플리케이션이 펌웨어로 명령을 보낼 시기를 선택할 수 있다. 명령은 시스템이 활성화 된 경우에만 전송할 수 있지만 리포트는 언제든지 수신할 수 있다.

해당 모듈에 대한 제어 명령 게시.

```
oscc_result_t publish_brake_position( double normalized_position );
oscc_result_t publish_steering_torque( double normalized_torque );
oscc_result_t publish_throttle_position( double normalized_position )
```

위의 명령은 지정된 펌웨어 모듈에 이중 값을 전달한다. 이중 값은 브레이크와 쓰로틀의 경우 [0.0, 1.0]이고 조향의 경우 [−1.0, 1.0]이며 −1.0은 시계 반대 방향이고 1.0은 시계 방향이다. API는 원하는 상태를 달성하기 위해 차량에 스푸핑된 전압으로 보낼 적절한 값을 구성한다. API에는 차량의 예상 범위를 벗어나는 전압이 전송되지 않도록 하는 안전 검사도 포함되어 있다.

OSCC 보고서 및 온보드 진단(OBD) 메시지를 처리하기 위한 콜백 함수 등록.

```
oscc_result_t subscribe_to_brake_reports( void(*callback)(oscc_brake_report_s
*report) );

oscc_result_t
subscribe_to_steering_reports( void(*callback)(oscc_steering_report_s
*report) );

oscc_result_t
subscribe_to_throttle_reports( void(*callback)(oscc_throttle_report_s
*report) );

oscc_result_t subscribe_to_fault_reports( void(*callback)(oscc_fault_report_s
*report) );

oscc_result_t subscribe_to_obd_messages( void(*callback)(struct can_frame
*frame) );
```

모듈에서 리포트를 수신하려면 애플리케이션이 OSCC API를 포함하는 콜백 핸들러(callback handler)를 등록해야 한다. 콜백 함수에 대한 적절한 리포트가 API의 소켓 연결에서 수신된다면 리포트를 소프트웨어로 전달한다.

3.5.2 하드웨어

OSCC는 스티어링-바이-와이어 및 쓰로틀-바이-와이어와 함께 제공되는 2014 기아 쏘울을 기반으로 한다. 이 두 시스템의 액추에이터는 전자적으로 제어할 수 있고 이러한 시스템은 액추에이터를 완전하게 제어할 수 있도록 활용될 수 있다.

그러나 이 차량에는 전자 제어식 브레이크가 없으므로 브레이크-바이-와이어 시스템이 통합되어야 한다. 브레이크 압력을 제어하기 위해 액추에이터를 기아 브레이크 시스템에 추가 할 수 있다. 기아 쏘울의 종방향, 횡방향 제어를 달성하려면 세 개의 개별 자동차 시스템이 필요하며 이는 기존 차량 CAN 버스와의 인터페이스, 추가 마이크로프로세서 그리고 액추에이터 구축이다. 차량에 도입된 각 제어 모듈은 아두이노 컨트롤러를 중심으로 구축된다.

- **하드웨어 게이트웨이**: 기아 쏘울에는 몇 가지 CAN 버스가 탑재되어 있다. OBD-II CAN 네트워크에는 조향 휠 방향, 휠 속도 및 브레이크 압력과 같은 차량 상태 정보가 있다. 이 정보는 비례적분미분(PID) 제어 및 경로계획과 같은 알고리즘에 유용하다. 차량의 OBD-II 버스를 공유함으로 차량의 기본 메시지를 방해할 가능성을 가지기 보다는 OSCC에는 명령 및 리포트가 전송과 수신이 가능한 Control CAN이라는 자체 CAN 버스가 있다. CAN 게이트웨이는 차량의 기본 OBD-II 버스와 Control CAN 사이의 다리 역할을 하여 관련된 OBD-II 메시지를 OBD-II 버스에서 Control CAN 버스로 전달하고 OBD-II 메시지는 OBD에 지원된 애플리케이션에서 사용될 수 있다. CAN 게이트웨이는 Control CAN 버스와 OBD-II CAN 버스 모두에 위치하지만 OBD-II CAN 버스에서 Control CAN 버스 방향으로만 CAN 메시지를 발행한다.
- **하드웨어 스티어링**: 기아 쏘울의 스티어링 시스템은 EPAS(electric power assisted steering) 시스템이다. 스티어링 칼럼(steering column)에는 고전류 DC 모터와 토크 센서가 포함되어 있다. 토크 센서는 조향 휠에 가해지는 힘의 방향과 크기를 측정하고 EPAS 마이크로프로세서로 아날로그 신호를 출력한다. 그리고 마이크로프로세서는 모터를 제어하여 차량 조향을 보조한다.
- **하드웨어 쓰로틀**: 기아 쏘울의 쓰로틀 시스템은 ETC 시스템이다. 쓰로틀 유닛과 가속 페달 사이를 기계적 케이블로 연결하는 것을 대신하여 가속 페달과 쓰로틀 유닛에 위치 센서가 있다. ETC 시스템은 ETC 마이크로프로세서에서의 가속도 위치 센서(APS) 입력을 제거하고 스푸핑된 위치 값을 삽입하여 제어 할 수 있다. 페달 위치 센서는 아날로그 신호를 출력하는 다중 위치 센서를 사용한다.
- **하드웨어 브레이크**: 아쉽게도 기아 쏘울의 제동은 전통적인 기계 시스템을 사용하며 출고 규격 쏘울은 전자적으로 제동을 제어 할 수 없다. 2004-2009 프리우스와 같이 전자 제어식 브레이크 시스템이 장착된 차량 모델은 몇 가지 있다. 프리우스 모델은 마이크로프로세서 없이도 프리우스 ECU를 통해 전자적으로 제어되는 액추에이터를 사

용한다. 이 장치에는 7개의 압력 센서, 10개의 비례 솔레노이드, 축전기, 펌프, 진단 구성 요소 및 압력 경감 밸브가 있다. 이 장치는 자동차 폐차장에서 구할 수 있고 스톡 브레이크 시스템에 영향을 미치지 않으며, 더 나아가 바이 와이어 제어를 추가하지 않고 기존 기아 브레이크 시스템에 설치할 수 있다.

3.5.3 펌웨어

브레이크 펌웨어는 브레이크 페달 센서 값 판독, 현 상태에 대한 리포트 전송 및 제어 CAN에서 브레이크 명령과 오류 리포트 수신을 전담한다. 브레이크 펌웨어가 브레이크 명령 메시지를 수신하면 ECU 연결에 따라 설정된 하이 및 로우 스푸핑 신호를 출력하여 제동 요청을 보낸다. 오류 리포트가 수신될 경우 브레이크 모듈은 비활성화 된다.

스티어링 펌웨어는 토크 센서 값 판독, 현 상태에 대한 리포트 전송 및 제어 CAN에서 스티어링 명령과 오류 리포트 수신을 전담한다. 스티어링 펌웨어가 스티어링 명령 메시지를 수신하면 ECU 연결에 따라 설정된 하이 및 로우 스푸핑 신호를 출력하여 토크 요청을 보낸다. 오류 리포트가 수신될 경우 스티어링 모듈은 비활성화 된다.

쓰로틀 펌웨어는 APS 값 판독, 현 상태에 대한 리포트 전송 및 제어 CAN에서 쓰로틀 명령과 오류 리포트 수신을 전담한다. 쓰로틀 펌웨어가 쓰로틀 명령 메시지를 수신하면 ECU 연결에 따라 설정된 하이 및 로우 스푸핑 신호를 출력하여 쓰로틀 요청을 보낸다. 오류 리포트가 수신될 경우 쓰로틀 모듈은 비활성화 된다.

3.6 OpenCaret

OpenCaret은 OSCC 위에 구축되어 현대 자동차의 L3 고속도로 자동 조종 시스템을 가능하게 한다 [3]. 특히 이 프로젝트에는 기아 쏘울 EV를 드라이브 바이 와이어 섀시로 전환하는 세부 정보가 포함되어 있으며, 이번 절에서 소개한다.

3.6.1 OSCC 쓰로틀

페달 위치 센서는 아날로그 신호를 출력하는 여분의 중복 위치 센서를 사용한다. 센서 위치 값의 전체 범위는 “닫힌 쓰로틀”에서 ”열린 쓰로틀“까지의 전체 쓰로틀 범위와 관련되어 있다. 두 개의 스푸핑된 위치 센서 값을 입력하여 쓰로틀을 제어 할 수 있다. 기아 ECU는 센서에서 나오는 불연속 아날로그 신호를 검출하여 가속 페달 위치 센서의 오류 검출을 구현한다. 만약 불연속성이 나타나면 차량은 고장 상태로 되며 가속 페달의 맵핑이 크게 감소하는 증상이 나타난다. 이를 극복하기 위해서는 새로운 쓰로틀 마이크로프로세서는 스푸핑된 위치를 검출하기 전에 센서 위치 값과 스푸핑된 값 사이를 보간한다. 릴레이는 스톡(stock) 페달 위치 센서와 스푸핑된 위치에서 ETC 마이크로프로세서의 입력을 전환하는데 사용된다.

- **1 단계:** 가속 페달 위치 센서 설치
- **2 단계:** 페달 위치 센서 분리 및 쓰로틀 케이블 연결
- **3 단계:** 전원 장치를 비상 정지 전원 버스에 연결
- **4 단계:** 모듈을 게이트웨이 모듈 제어 CAN 버스에 연결

3.6.2 OSCC 브레이크

기아 쏘울 EV의 브레이크 모듈은 두 부분으로 구성된다. 첫 번째 부분은 신호 스푸핑이고 두 번째 부분은 후미등 스위치이다. 브레이크 페달을 수정하려면 (i)브레이크 페달 스트로크 센서와 (ii) 미등 스위치를 분리해야 한다.

설치: 차량 제어 모듈(VCM)은 제동을 위한 스트로크 센서 개폐와 더불어 후미등 스위치를 위한 NO(Normally Open) 및 NC(Normally Closed) 릴레이를 제어한다.

- **1 단계:** 브레이크 페달 스트로크 센서 및 후미등 스위치 제거
- **2 단계:** 페달 스트로크와 후미등 스위치를 위한 VCM 컨넥터 설치

3.6.3 OSCC 조향

EPAS 모터는 EPAS 마이크로프로세서의 토크 센서 입력을 제거하고 스푸핑된 토크를 입력하여 제어할 수 있다. 기아 ECU는 센서에서 나오는 아날로그 신호의 불연속성을 검출하여 토크 센서의 오류 검출을 시행한다. 만약 불연속성이 나타나면 차량은 고장 상태로 되며 파워 스티어링 불능 징후가 나타난다. 이를 극복하기 위해 새로운 토크 스푸핑 마이크로프로세서는 스푸핑된 신호를 검출하기 전에 토크 센서 값과 스푸핑 된 값 사이를 보간한

그림 3.3 기아 쏘울의 드라이브-바이-와이어 조향

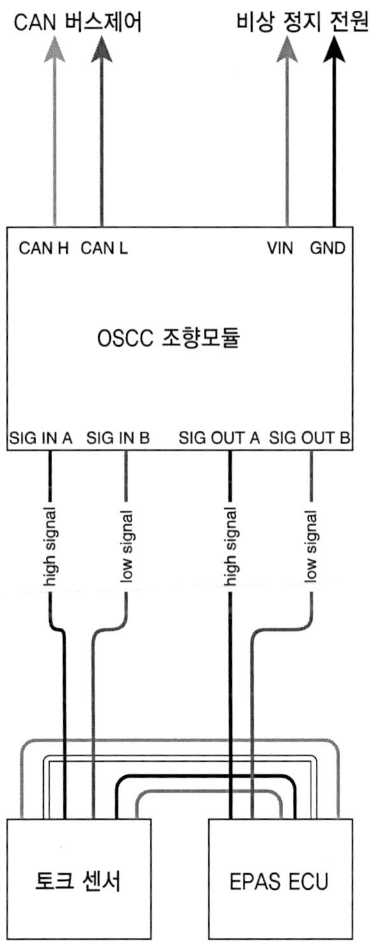

최종 조향모듈 배선

다. 릴레이는 스톡 토크 센서와 스푸핑 된 토크에서 EPAS 마이크로프로세서의 입력을 전환하는 데 사용된다. 기아 쏘울의 드라이브-바이-와이어 조향 시스템은 그림 3.3과 같다.

3.7 PerceptIn 섀시 소프트웨어 적응계층

이 섹션에서는 PerceptIn의 섀시 소프트웨어 적응 계층의 한 예를 살펴보고 PerceptIn이 다른 차량 섀시를 어떻게 관리하고 상호 작용하는지에 대한 세부 정보를 살펴보려 한다[4]. 그림 3.4는 PerceptIn의 섀시 소프트웨어 적응 계층의 구조를 제공한다. 경로 계획 및 제어 모듈은 제어 명령을 생성하고 섀시 모듈로 보내져 실행된다. 또한 소나 및 레이다와 같은 인식 센서는 수동 인식을 위한 섀시 모듈과 능동 인식을 위한 인식 모듈 모두와 상호 작용한다[5, 6].

섀시 모듈의 핵심은 세 부분으로 구성된다.

- VehicleControlUnit: 이 인터페이스는 개발자가 CAN 통신 프로토콜의 세부 사항을 완전히 이해할 필요가 없도록 다양한 섀시 플랫폼에 대한 추상적 개념을 제공한다. 대신 개발자가 새로운 섀시 플랫폼을 통합하려면 VehicleControlUnit 가상 인터페이스에서 새 클래스를 얻고 그리고 핵심 기능만 구현하면 된다.
- Sensors: 이 인터페이스는 CAN 버스에 연결된 센서, 주로 레이다 및 소나와 같은 수동 인식 센서에 대한 추상적 개념을 제공한다. 이 인터페이스를 사용하면 개발자는 센서의 작동하는 방식에 대한 세부 정보 없이도 인식 데이터를 쉽게 얻을 수 있다.
- PassiveSafety: 개발자는 이 인터페이스에서 수동 인식 논리를 구현하고 조정할 수 있다. 예를 들어, 개발자는 레이다 또는 소나가 2m 전방에 있는 장애물을 검출하면 차량을 정지하도록 결정할 수 있다. 이 경우 개발자는 Sensor 인터페이스에서 수동 인식 센서 데이터를 가져 와서 PassiveSafety 인터페이스에서 이 로직을 구현해야 한다.

그림 3.4 PerceptIn 섀시 인터페이스

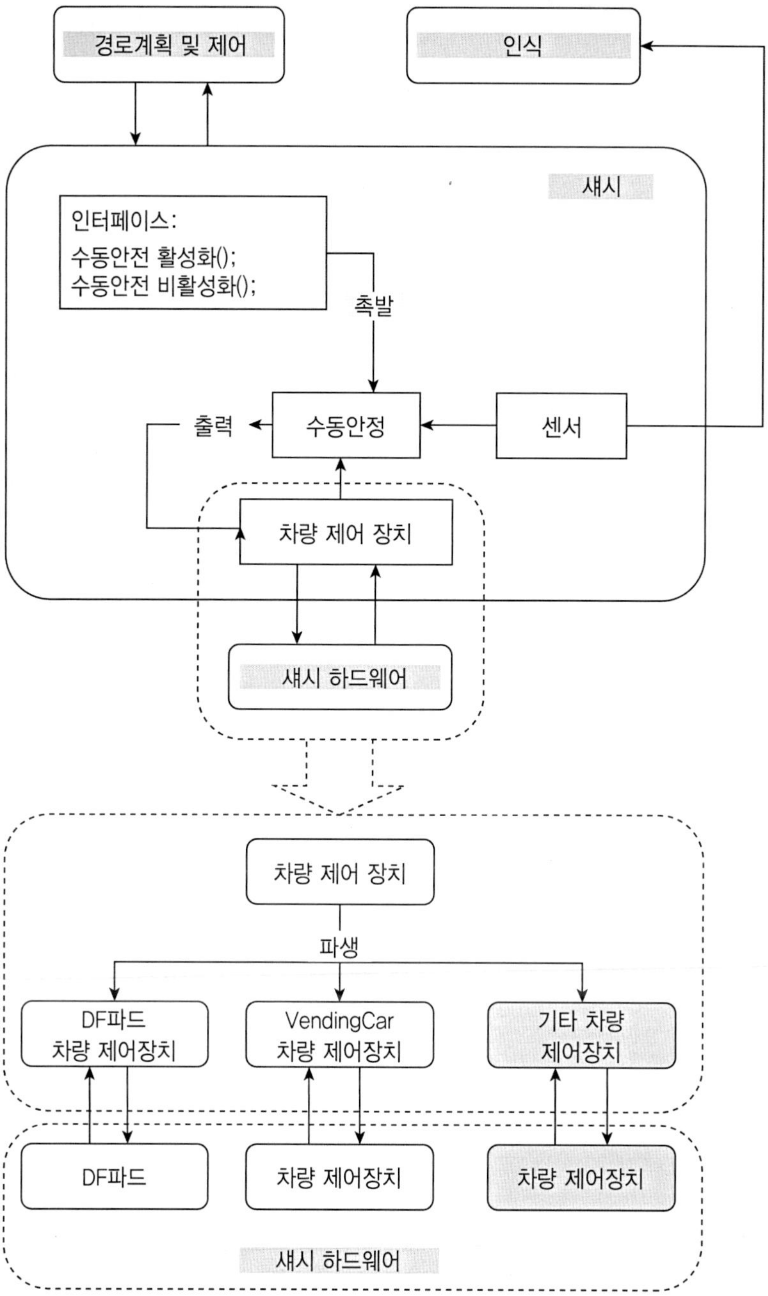

그림 3.5는 하드웨어 설정 다이어그램을 보여주고 있다. 간단하게 보게 되면 두 개의 CAN 버스 설정을 사용하여 섀시 플랫폼이 하나의 CAN 버스를 차지하고 수동 인식 센서가 다른 CAN 버스를 차지하도록 할 수 있다. 그런 다음 두 CAN 버스는 CAN 카드를 통해 제어 컴퓨터에 연결된다. 물론 모든 센서와 섀시를 동일한 CAN 버스에 배치하는 것도 가능하며 이 경우에는 섀시에 어떤 CAN ID를 사용할지에 대해 섀시 공급자와 동조해야 한다.

그림 3.5 CAN버스 연결 설정

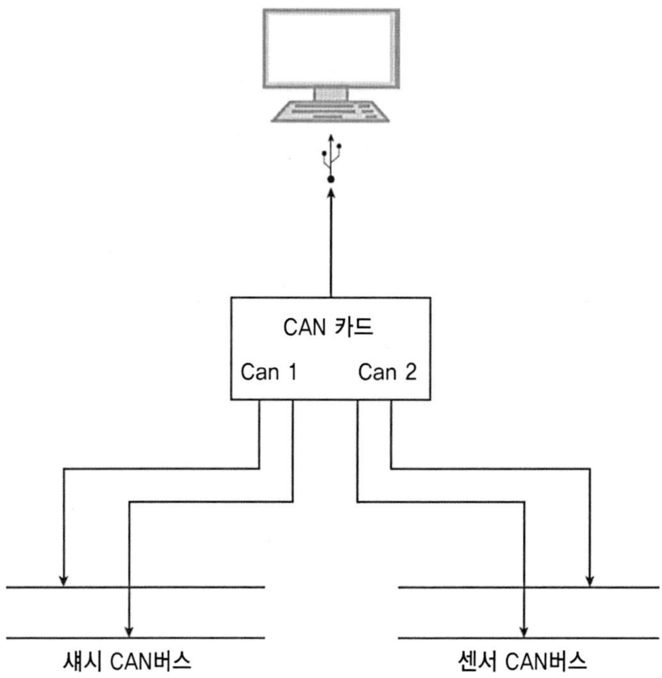

그림 3.6은 DragonFly 파드 소프트웨어 인터페이스를 보여주고 있다. 각각의 새로운 섀시 플랫폼에 대해 가상 인터페이스 VehicleControlUnit과 SetSpeed, SetBrake, SetAngle, GetSpeed, GetBrake 및 GetAngle을 포함한 필수 기능을 구현해야 한다. 이러한 기능은 경로계획 및 제어 모듈이 섀시와 상호 작용하는데 필요하다.

그림 3.6 DragonFly 파드 소프트웨어 인터페이스

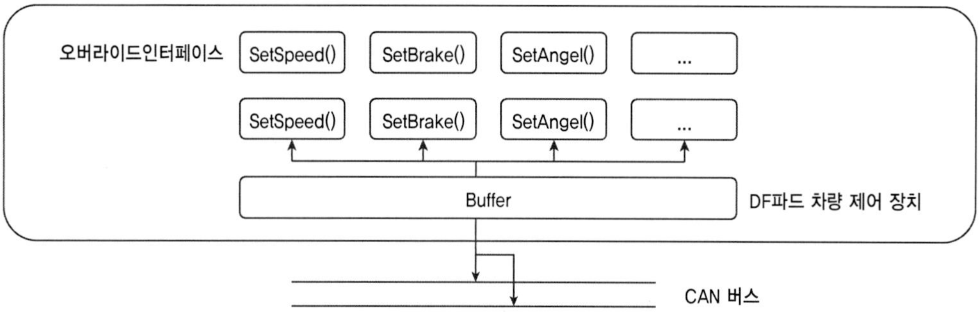

소프트웨어 인터페이스 정의는 다음과 같다.

```
// error code definitions
enum ErrCode {
  OK = 1,
  CAN_ERR = -1,
  BOUND_ERR = -2,
  TIME_OUT =-3
}

ErrCode SetSpeed (float val)
// this function sets the current speed of the chassis

ErrCode SetBrake (float val)
// this function sets the brake value, ranging from 0 to 100, with 100
being the strongest brake.

ErrCode SetSteeringAngle (float val)
// this function sets the steering angle, with positive being left,
and negative being right.

float GetSpeed ()
// this function gets the current speed of the chassis.

float GetBrake ()
// this function gets the current brake value

float GetSteeringAngle ()
// this function gets the current steering angle
```

```
// the following data structure defines how we store chassis status
ChassisData {
  float speed;
  float angle;
  float brake;
}
boost::signal2::connection SubscribeToChassisData(void(ChassisData&)
call_back)
// this function subscribes chassis data so that every time there is
an update from the chassis, the subscriber will receive a notification
```

참고문헌

[1] YouTube (2012). Nissan drive by wire. https://www.youtube.com/watch?v=MH7e5aUDWYY&feature=youtu.be (accessed 1 November 2018).

[2] GitHub (2017). Open Source Car Control. https://github.com/PolySync/oscc (accessed 1 October 2018).

[3] GitHub (2018). Drive by Wire Installation. https://github.com/frk2/opencaret/wiki/Drive-by-wire-Installation (accessed 1 October 2018).

[4] PerceptIn (2017). PerceptIn DragonFly Pod. https://www.perceptin.io/products (accessed 1 November 2018).

[5] YouTube (2018). DragonFly 77 GHz millimeter Wave Radar. https://www.youtube.com/watch?v=ZLOgcc7GUiQ (accessed 1 December 2018).

[6] YouTube (2018). DragonFly Sonar.

04

소나와 mmWave 레이다 기반 수동 인식

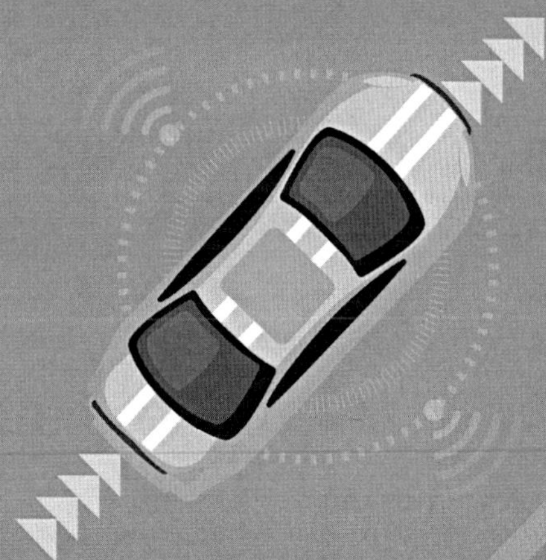

자율주행 차량과 로봇

04 소나와 mmWave 레이다 기반 수동 인식

4.1 개요

자율주행 시스템에는 일반적으로 능동형과 수동형의 두 가지 인식 시스템이 있다. 능동 인식이란 검출된 장애물이 경로계획 및 제어모듈로 전송되어 의사 결정을 돕고, 그리고 경로계획 및 제어모듈이 인지된 환경에 따라 명령목록의 생성을 의미한다. 수동 인식이란 장애물이 검출될 때 가공되지 않은 원래 데이터가 의사 결정을 위한 경로계획 및 제어모듈에 공급되지 않음을 의미한다. 대신 가공되지 않은 원래 데이터는 빠른 의사 결정을 위해 CAN 버스를 통해 섀시로 직접 전송된다. 이 경우 간단한 결정 모듈이 섀시에서 구현되어 단거리에서 장애물이 검출되더라도 차량을 정지시킬 수 있다. 이 설계의 주된 이유는 근거리에서 장애물이 검출되면 완전한 의사 결정 파이프라인을 거치지 않고 가능한 한 빨리 차량을 정지시키기 위함이다. 이것은 보행자뿐만 아니라 승객의 안전을 보장하는 가장 좋은 방법이다.

따라서 우리의 모듈설계 구조에는 보호의 3계층이 있으며 이는 장거리 장애물 검출을 위한 컴퓨터비전(능동 인식), 중거리 장애물 검출용 밀리미터웨이브(mmWave) 레이다 및 단거리 장애물 검출을 위한 소나 등이다. 인식 시스템을 설계하는 방법에 따라 mmWave 레이다는 능동 인식에도 도움이 될 수 있다. 그림 4.1에서 볼 수 있듯이 mmWave 레이다 및 소나 센서는 수동 인식에 사용될 수 있다. 이 장에서는 먼저 mmWave 레이다 기술의 기본 사항을 소개한 후 수동 인식을 위한 mmWave 레이다와 소나를 배치하는 방법을 설명하고자 한다.

4.2 mmWAVe 레이다의 기초

mmWave는 단파장 전자기파를 사용하는 특수한 등급의 레이다 기술이다[1]. 이 절에서는 mmWave 레이다의 기초에 대해 소개하고자 한다. 보다 구체적이고 자세한 내용은 문헌[2]를 참고하기 바란다.

레이다 시스템은 경로에 있는 물체가 반사하는 전자기파 신호를 전송한다. 반사된 신호를 수신함으로써 레이다 시스템은 물체의 범위, 속도 및 각도를 결정할 수 있다.

mmWave 레이다는 전자기 스펙트럼에서 단파장으로 간주되는 밀리미터 범위의 파장으로 신호를 전송하며 이는 이 기술의 장점 중 하나이다. 결과적으로 단파장 적용으로 인한 하나의 장점은 mmWave 신호를 처리하는데 필요한 시스템, 즉 안테나와 같은 구성 요소의 크기가 작아진다는 것이다. 또 다른 장점으로는 높은 정확도가 있다. 약 76-81GHz에서 작동하는 mmWave 시스템, 즉 4mm의 파장을 갖는 시스템은 밀리미터 단위까지 작은 움직임을 검출할 수 있다.

완전한 mmWave 레이다 시스템에는 송신(TX) 및 수신(RX) 무선주파수(RF) 구성 요소와 더불어 클로킹과 같은 아날로그 구성 요소, 아날로그-디지털 변환기(ADC), 마이크로컨트롤러 장치(MCU), 디지털 신호 프로세서(DSP)와 같은 디지털 구성 요소를 포함하고 있다.

그림 4.1 모듈 설계 구조

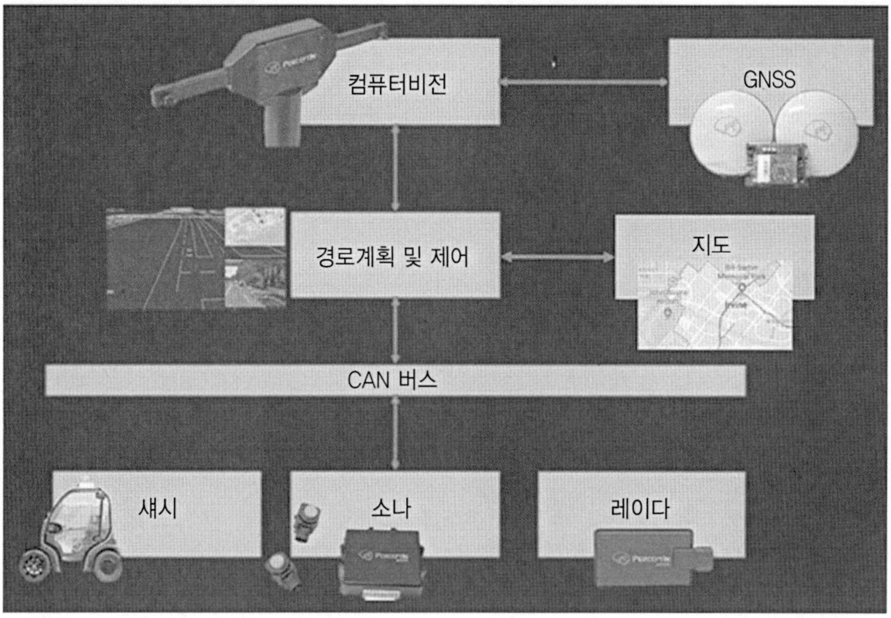

특수한 등급의 mmWave 기술을 주파수변조 연속파형(FMCW)라고 한다. 이름에서 알 수 있듯이 FMCW 레이다는 거리와 방향 및 속도를 측정하기 위해 주파수 변조 신호를 지속적으로 전송한다[3].

4.2.1 거리 측정

레이다 시스템의 기본 개념은 경로에 있는 물체가 반사하는 전자기 신호의 전송이다. FMCW 레이다에 사용되는 신호에서 주파수는 시간에 따라 선형적으로 증가한다. 이러한 유형의 신호를 **처프(chirp)**라고 한다.

FMCW 레이다 시스템은 처프신호를 전송하고 그 경로에 있는 물체에서 반사된 신호를 포착한다. 그림 4.2는 FMCW 레이다에 관한 주요 RF 구성요소의 단순화된 블록 다이어그램을 나타내고 있다. 레이다는 다음과 같이 작동한다.

그림 4.2 FMCW 레이다 블록 다이어그램

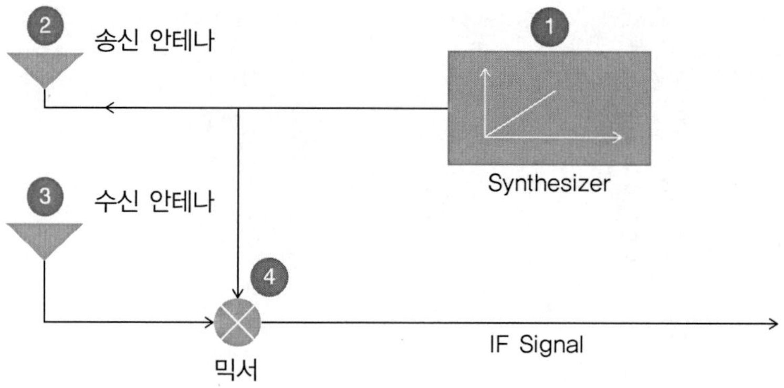

- 신시사이저(synth)는 처프신호를 생성함
- 송신 안테나(TX ant)를 통해 처프신호 전송
- 물체의 처프 반사로 반사된 처프신호 생성 및 수신 안테나(RX ant)에서 신호 포착
- "믹서"는 RX 및 TX 신호를 결합하여 IF 신호를 생성. 주파수 믹서는 두 신호를 결합하여 새로운 신호를 새로운 주파수로 생성하는 전자 부품.

믹서의 출력은 TX 처프와 RX 처프의 순간 주파수 차이와 같은 순간 주파수를 갖는다. 특히 출력의 위상은 TX 처프와 RX 처프의 위상차와 같다. 따라서 믹서 출력의 초기 위상은 처프가 방출된 시점에 해당하는 TX 처프 위상과 RX 처프 위상 간의 차이이다. 믹서 출력의 위상으로부터 검출된 물체의 거리를 파악할 수 있다.

4.2.2 속도 측정

속도를 측정하기 위해 FMCW 레이다는 t_c의 간격을 가지는 두 개의 처프를 전송한다. 반사된 각 처프는 FFT(고속 푸리에 변환)를 통해 처리되어 물체의 거리를 측정하며 이 기술을 range-FFT라고 한다. 각 처프에 해당하는 range−FFT는 동일한 위치에서 피크를 가지는데 반해 위상은 달라진다. 따라서 측정된 위상차를 이용하여 검출 된 물체 속도 v_c를 측정할 수 있다.

두 개의 처프 기반 속도 측정 방법은 동일한 측정 시간에서 레이다로부터 같은 거리에서 다른 속도로 움직이는 물체가 여러 개 있을 때는 사용될 수 없다. 이러한 물체는 동일한 거리에 있기 때문에 동일한 IF 주파수로 반사 처프를 생성한다. 이에 따라 range-FFT는 동일한 거리에 있는 물체들에서 반사한 신호들을 단일 피크로 생성한다. 이런 경우에서 속도를 측정하기 위해서 레이다 시스템은 두 개 이상의 처프를 전송해야 한다. N 개의 동일한 간격의 처프 세트를 전송하며 이 처프 세트를 **처프 프레임(chirp frame)**이라고 한다.

4.2.3 각도 탐지

FMCW 레이다 시스템은 반사된 신호에서 수평면을 기준으로 방향을 추정할 수 있다. 방향 추정은 물체 거리의 작은 변화가 range-FFT의 피크에서 위상 변화를 가져온다는 결과를 기반으로 한다. 이 결과는 최소 2 개의 RX 안테나를 사용하여 방향 추정을 수행한다. 물체에서 각 안테나까지의 거리 차이는 FFT 피크에서의 위상 변화를 발생시킨다. 이 위상 변화로부터 반사된 신호의 방향을 추정할 수 있다.

4.3 mmWave 레이다 배치

그림 4.3은 mmWave 레이다 센서를 차량에 설치하는 방법에 대한 샘플 배치를 보여주고 있다. 이 경우 레이다 장치를 차량 전면 중앙에 배치하여 차량 앞 15 ~ 20m 거리를 검출한다(그림 4.4). 물체가 검출 거리에 들어가는 경우 레이다 센서는 물체를 쉽게 검출할 수 있으며 수동 검출을 위해 섀시로 혹은 능동 검출을 위해 메인 컴퓨팅 유닛으로 검출된 결과를 전송할 수 있다. 대부분의 저속 자율주행 차량의 경우 제동 거리는 1m 미만이다. 이를 통해 능동 인식에는 5m, 수동 인식에는 5m 이내의 검출 거리를 구성할 수 있다. 이 임계값은 소프트웨어 인터페이스를 사용하여 쉽게 변경할 수 있다.

그림 4.3 mmWave 레이다 구성 예시

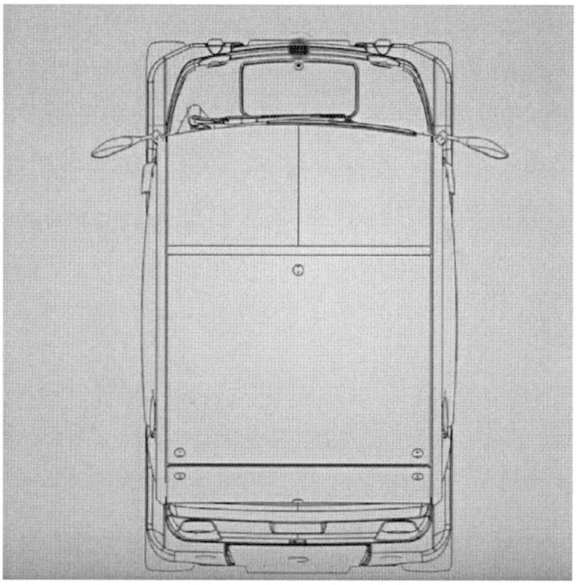

그림 4.4 mmWave 검출 거리

그림 4.5는 레이다를 활성화하기 위한 하드웨어 테스트 세트를 보여주고 있다. 기본적으로 레이다는 CAN 버스에 연결되어 있으므로 레이다를 USB 장치에 연결하려면 USB CAN 카드가 필요하다. 또한 레이다 센서에 전원을 공급하려면 전원 공급 장치가 필요하다. 레이다 센서가 CAN 카드에 연결되면 CAN 카드는 USB를 통해 컴퓨터에 연결될 수 있고 검출 데이터 읽을 수 있다. 5 분이면 원활하게 설치할 수 있다.

그림 4.5 하드웨어 세트

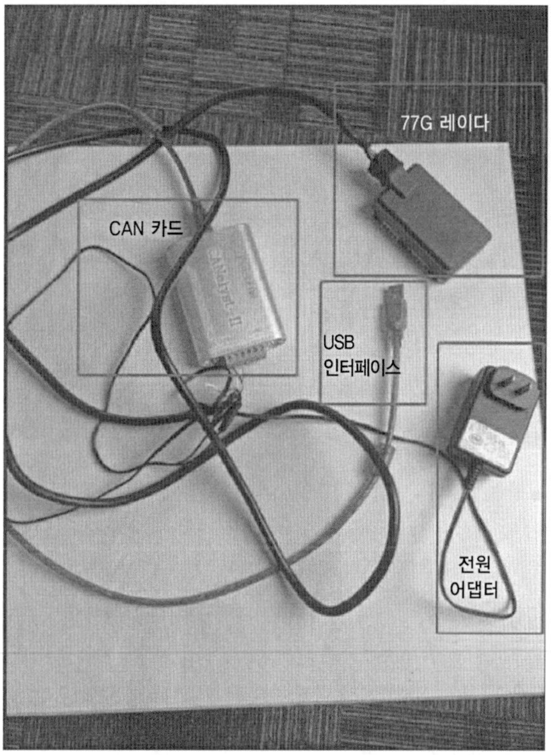

그림 4.6은 이해하기 쉬운 mmWave 레이다의 사용자 인터페이스(UI)를 보여주고 있으며, 이 인터페이스는 검출된 모든 물체를 조감도로 비추며 UI에서 검출된 장애물의 방향과 거리를 표시한다. 이러한 수동 인식 결과는 경로계획 및 제어 모듈이 지능적인 움직임 결정을 내리는 데 필요하다. 작동중인 mmWave 레이다의 데모 비디오는 문헌 [4]에서 찾을 수 있다. 그림 4.7은 이 장치의 하드웨어 규격을 보여주고 있다[5].

그림 4.6 레이다 검출 UI

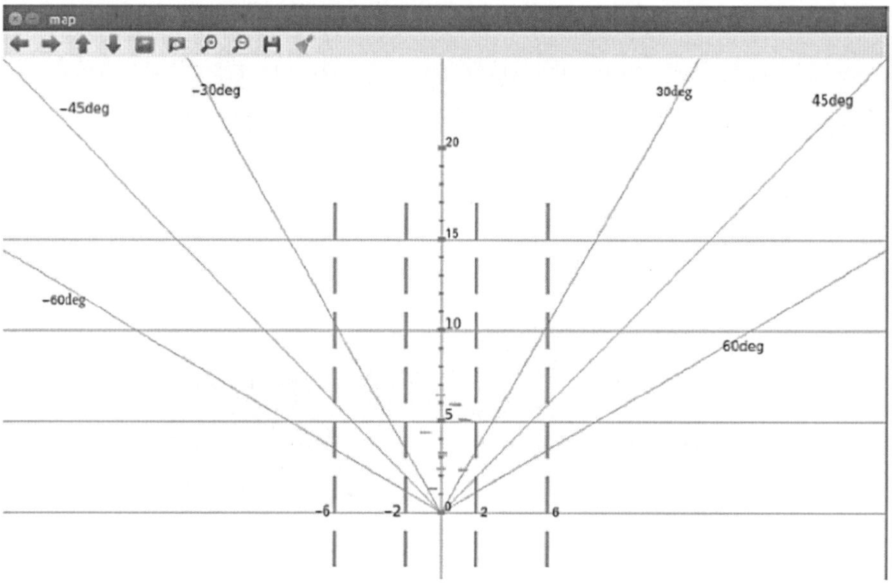

그림 4.7 레이다 하드웨어 규격

- Coverage	
Horizontal Angle [deg]:	120 (±60)
Vertical Angle [deg]:	10 (±5)
Maximum Range [m]:	30
Update Interval [ms]:	50
Maximum Tracking Targets:	64
- Accuracy	
Range [m]:	± 5%
Angle Resolution [deg]:	± 1
- Others	
DC Voltage [V]:	9~36
DC Power [W]:	< 3
Size [mm]:	102.5 × 52 × 28.5
Output Interface:	CAN (500 Kbps)

다음 코드 스니펫(code snippet)은 레이다 데이터에 대한 간단한 데이터 구조를 보여주고 있으며 이는 물체 인덱스, 물체와의 범위 혹은 거리, 물체의 반경 속도, 물체의 반경 방향 가속도, 방위각 및 신호 강도 또는 파워를 포함하고 있다. 또한 독자들이 레이다 데이터를 획득하여 수동 또는 능동 인식 논리를 구축할 수 있도록 매우 간단한 소프트웨어 응용 프로그램 인터페이스(API)를 제공한다.

```
struct MWR_Data {
  int index; // object index (range: 0 - 63)
  float Range; // usually the range is within 30 meters.
  float RadialVelocity; // radial velocity
  float RadialAcc; // radial acceleration
  float Azimuth;  // azimuth angle with clockwise direction.
  float Power;  // detection signal strength
  MWR_Data(int i, float Rg, float RV, float RA, float Az, float Pw)
      : index(i), Range(Rg), RadialVelocity(RV), RadialAcc(RA), Azimuth(Az),
        Power(Pw) {}
};
MWRadar mwr_radar;
std::vector<MWR_Data> data;  // data means the radar's data
// Read the latest 10 frame.
mwr_radar.Read(data,10)
// Read the latest frame
mwr_radar.Read(data,1)
```

4.4 소나 배치

소나 센서는 사람이 들을 수 없는 고주파의 음파를 방출한 후 음파가 다시 반사되어 돌아오는 시간차를 통해 거리를 계산한다. 이것은 레이다가 물체에 부딪힌 후 전파가 돌아오는데 걸리는 시간을 측정하는 방법과 유사하다.

소나는 레이다 및 LiDAR가 검출 할 수 없는 특정 물체를 검출할 수 있다. 예를 들어 레이다 또는 빛 기반 센서는 투명한 플라스틱을 정확하게 검출하는데 어려움을 겪지만 소나 센서는 이런 상황에서 전혀 문제가 없다. 또한 소나 센서는 검출하는 물체의 색상에 영향을 받지 않는다. 반면에 물체가 소리를 흡수하는 재료로 만들어 지거나 혹은 물체의 특정한 형태에 따라 음파를 수신기에서 먼 방향으로 반사하게 되면 판독 값을 신뢰할 수 없다.

특히, 사용 시나리오에서 소나 센서는 최후의 보루로 사용되며 섀시가 즉각적인 위험에 대처할 수 있도록 차량 주변 3m 거리를 검출한다.

그림 4.8은 차량에 소나를 설치하는 방법에 대한 샘플 구성을 보여주고 있다. 이 경우 소나 장치를 차량 전면 중앙에 배치하여 차량 앞의 3 ~ 5m 거리를 포착하도록 할 수 있다 (그림 4.9). 물체가 검출 거리에 들어가는 경우 소나 센서는 수동 인식을 위한 물체를 쉽게 검출할 수 있다. 작동중인 mmWave 소나의 데모 비디오는 문헌 [6]에서 찾을 수 있다.

그림 4.8 소나 구성 예시

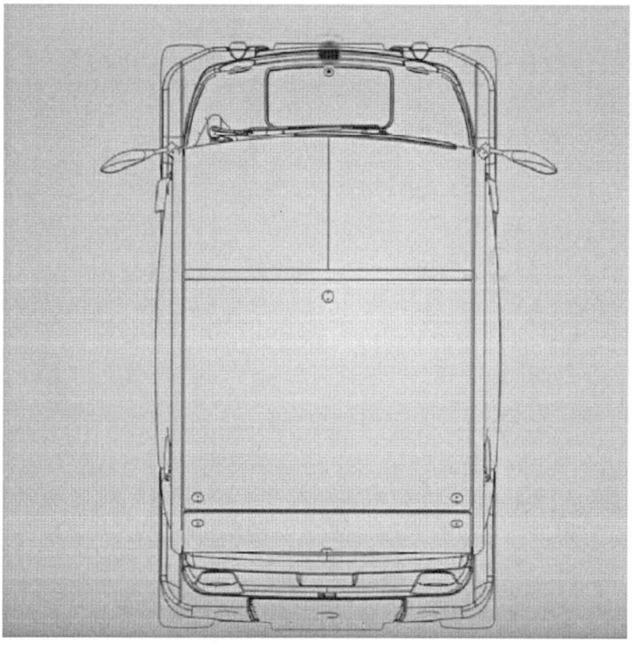

그림 4.9 소나 검출 거리

그림 4.10은 소나를 활성화하기 위한 하드웨어 테스트 세트를 보여주고 있다. 기본적으로 소나 센서는 CAN 버스에 연결되어 있으므로 소나를 USB 장치에 연결하려면 USB CAN 카드가 필요하다. 또한 소나 센서에 전원을 공급하려면 전원 공급 장치가 필요하다. 소나 센서가 CAN 카드에 연결되면 CAN 카드는 USB를 통해 컴퓨터에 연결될 수 있고 검출 데이터 읽을 수 있다. 5 분이면 원활하게 설치할 수 있다.

그림 4.10 하드웨어 세트

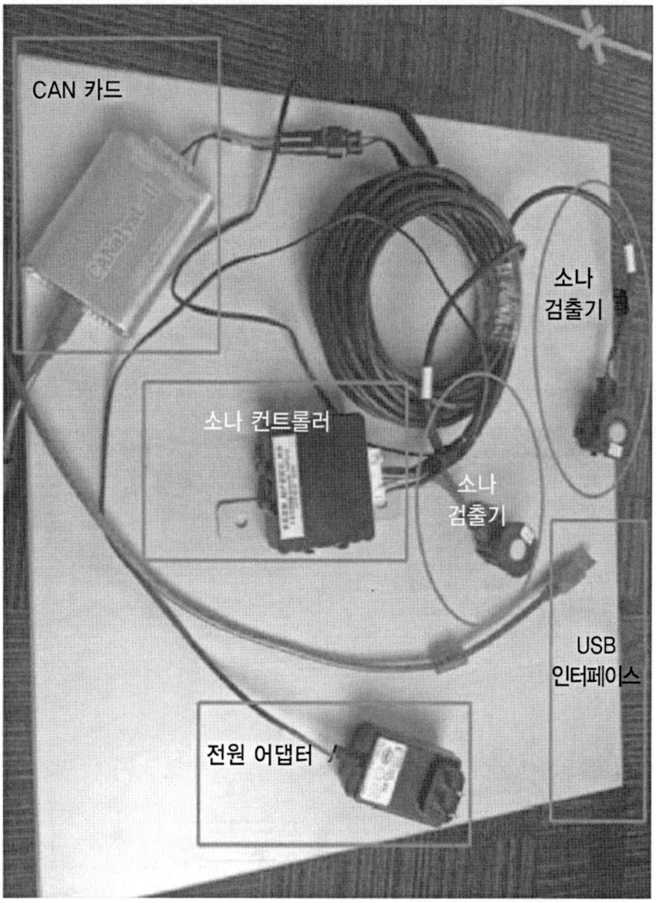

그림 4.11은 이해하기 쉬운 소나의 UI를 보여주고 있다. 두 개의 검출 장치를 통해 UI는 검출된 모든 물체를 조감도로 비추며 UI에는 검출된 장애물과의 거리를 표시한다. 그림 4.12는 이 장치의 하드웨어 규격을 보여주고 있다[5].

그림 4.11 소나 검출 UI

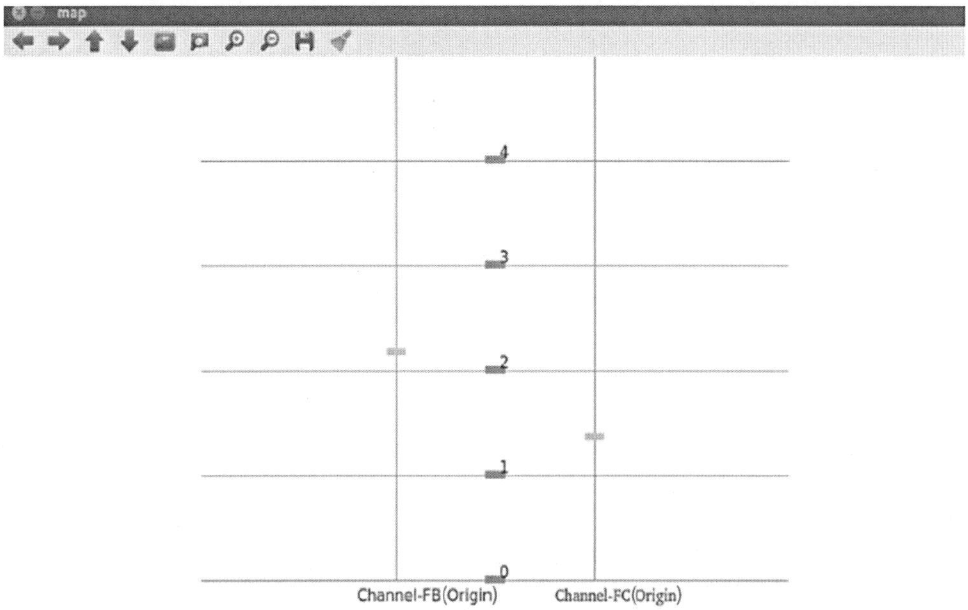

그림 4.12 소나 센서 규격

- Probe Beam Angle	
Horizontal Direction:	85°
Vertical Direction:	30°
Ultrasonic Frequency:	58 ± 1 kHz
Waterproof Level:	IPx9
Detection Distance:	< 3 m
Blind Zone:	< 30 cm
Operating Voltage:	12 V
Communication Type:	CAN (500 Kbps)

다음 코드 스니펫은 소나 데이터에 대한 간단한 데이터 구조를 보여주며 두 개의 검출 거리(하나는 왼쪽 검출 장치, 다른 하나는 오른쪽 검출 장치)를 포함한다. 또한 소나 데이터를 획득하여 수동 인식 논리를 구축할 수 있는 매우 간단한 소프트웨어 API를 제공한다.

```
struct USR_Data {

  unsigned short left_front; // object range detected by "FB" channel,
unit in millimeter.
  unsigned short right_front; // object range detected by "FC" channel,
unit in millimeter.
};

  USR sonar;
  USR_Data usr_data;
  sonar.Read(usr_data);
```

참고문헌

[1] Hasch, J., Topak, E., Schnabel, R. et al. (2012). Millimeter-wave technology for automotive radar sensors in the 77 GHz frequency band. IEEE Transactions on Microwave Theory and Techniques 60 (3): 845-860.

[2] Iovescu, C. and Rao, S. (2017). The fundamentals of millimeter wave sensors. http://www.ti.com/lit/wp/spyy005/spyy005.pdf (accessed 1 February 2019).

[3] Hymans, A.J. and Lait, J. (1960). Analysis of a frequency-modulated continuous-wave ranging system. Proceedings of the IEE-Part B: Electronic and Communication Engineering 107 (34): 365-372.

[4] YouTube (2018). DragonFly 77 GHz millimeter Wave Radar. https://www.youtube.com/watch?v=ZLOgcc7GUiQ (accessed 1 September 2019).

[5] PerceptIn (2018). Products. https://www.perceptin.io/products (accessed 1 September 2019).

[6] YouTube (2018). DragonFly Sonar.

05

실시간 이동측위 범지구 위성 항법 시스템 기반 위치추정

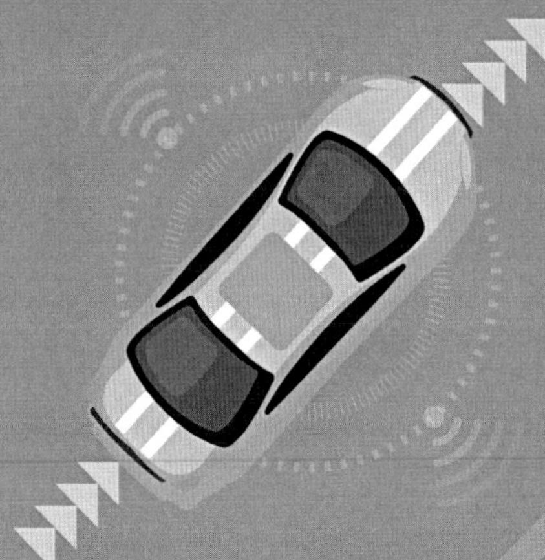

자율주행 차량과 로봇

05 실시간 이동측위 범지구 위성 항법 시스템 기반 위치추정

5.1 개요

휴대폰과 같은 상용 위성항법장치(GPS) 수신기는 일반적으로 최상의 경우에 미터 수준의 정확도를 제공할 수 있다. 그러나 이 정확도는 자율주행차량에는 충분하지 않으며 센티미터 수준의 위치추정이 필요하다. 센티미터 정확도를 달성하는 한 가지 기술은 실시간 이동측위(RTK) 범지구 위성항법 시스템(GNSS)이다. 그림 5.1에서 볼 수 있듯이 이 장에서는 RTK GNSS를 사용한 현지화와 자율주행 기술 스텍에서의 역할을 소개한다. GNSS 기술에 대한 개요를 살펴본 후 고정밀 위치추정(30cm 이하)를 위한 RTK GNSS 시스템 설정의 단계별 세부 가이드를 소개한다. RTK는 반송파 기반 거리측정 기술이며 코드 기반 위치추정 측정기술에 비해 훨씬 더 정확한 거리 및 위치추정을 제공한다.

이 장의 나머지 부분에서는 우선 GNSS 기술을 5.2 절에서 소개한다. 그리고 5.3 절에서 RTK-GNSS 구조에 대해 논의한다. 5.4, 5.5 및 5.6 절에서는 기지국 수정 신호 또는 해상 무선기술위원회(RTCM) 서비스 신호를 전달하는 클라우드 서버를 설정하는 방법을 소개한다. 클라우드 서버가 좋은 선택이 아닌 경우, RTCM 신호를 전달하는 FreeWave 라디오를 설정하는 방법도 소개한다.

그림 5.1 모듈 설계 구조

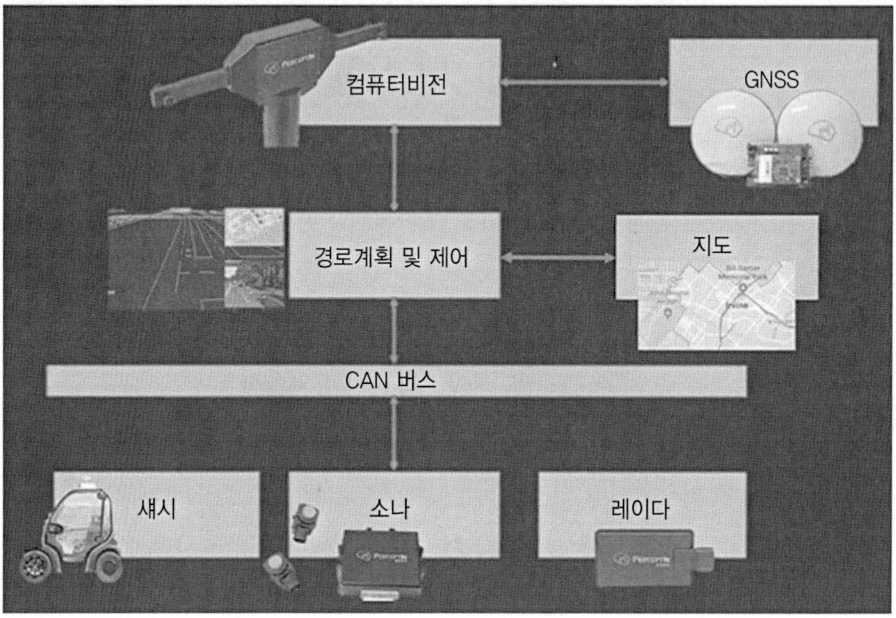

5.2 GNSS 기술 개요

GNSS에는 GPS, GLONASS(GLObal NAvigation Satellite System), Galileo 및 BeiDou와 같은 여러 위성 시스템이 존재한다. 여기서는 GPS를 예시로 사용하여 GNSS의 개요를 기술한다. GPS는 GPS 수신기에서 처리가 가능한 코딩된 위성신호를 제공하여 수신기를 통해 위치, 속도 및 시간을 추정할 수 있도록 한다[1]. 이 기능이 작동하려면 4개의 위성 신호가 필요하며 이를 통해 GPS는 3차원 위치와 수신기 시간의 타임 오프셋으로 계산이 가능하다. 이 GPS 위성의 배치는 지구 표면에서 약 20,200km의 고도를 가지는 거의 원형 궤도의 6개의 궤도면에 분산되어 있으며 적도에 대해 55° 기울어져있고 궤도주기는 약 11시간 58분이다.

위성에서 생성된 신호는 기본 주파수 $f_o = 10.23$MHz의 생성에서 유래된다[1]. 신호는 원자시각(atomic clocks)으로 타임스탬프(time stamp)되며 하루에 10^{-13}초의 범위의 오차를 가진다. L-band의 두 반송파 신호 L1 및 L2는 f_o의 정수 곱셈 연산에 의해 생성된다. 반송파 L1 및 L2는 코드에 의해 2상 변조되어 수신기에 위성 시각 값을 제공하고 궤도 파라미터와 같은 정보를 전송한다. 코드는 +1 또는 -1 상태의 시퀀스로 구성되며 이들은 이진 값 0 또는 1에 해당한다. 2상 변조는 코드 상태가 변경될 때마다 반송파 위상을 180° 변경하여 수행된다. 위성신호에는 위성궤도, 궤도 섭동, GPS 시간, 위성시각, 전리층 파라미터 및 시스템 상태 메시지 등에 대한 정보가 포함된다. 내비게이션 메시지는 각 프레임별 1500비트를 포함하는 25개의 프레임으로 구성되며 각 프레임은 300비트의 5개의 서브프레임으로 세분화된다.

GNSS 시스템에서 다음으로 중요한 부분은 기준 좌표계의 정의이며 이는 위성 움직임 설명, 관측 가능한 위성 모델링 및 결과 해석에 매우 중요하다. GNSS가 작동하려면 두 가지 기준 시스템이 필요하며 이는 (i)공간기준, 즉 위성 움직임의 설명을 위한 관성 기준 시스템과 (ii)지구기준, 즉 관측소의 위치와 위성 측지결과에 대한 설명을 위한 지상 기준 시스템이다. 공간기준과 지구기준 사이의 변환 파라미터는 잘 알려져 있고 이를 GNSS 수신기 및 후처리 소프트웨어에서 직접 사용하면 두 시스템을 통해 지구기준 시스템에서 수신기의 위치를 계산한다. 지상기준 시스템은 관례상 3개의 축으로 정의되며, Z축은 Conventional International Origin(CIO)에서 정의한 지구 회전축과 일치한다. X축은 평균 그리니치 자오선과 연관되고 Y축은 Z축과 X축에 직교하여 오른손 좌표계를 구성한다. GPS는 WGS84를 기준 시스템으로 사용하고 WGS84는 지심 등위 회전 타원체와 관련이 있다[2].

최근 몇 년 동안 여러 성상도를 지원하는 GNSS 수신기의 출현은 상공의 GNSS 위성 수가 증가함에 따라 꾸준한 속도를 유지하고 있다. 새로운 GNSS 성상도 발전으로 대부분의 새로 구매한 장치는 다중 성상도를 지원할 것으로 예상된다. 다중 성상도 지원의 이점으로는 그림자가 있는 영역에서의 가용성 증가, 그리고 더 많은 위성의 시야에 따른 높은 정확도 및 독립 시스템의 스푸핑의 어려움에 따른 강인성 향상이 있다.

이론적으로는 GNSS를 사용하면 오류없이 완벽한 위치추정 결과를 얻을 수 있다. 그러나 GNSS에서 오류가 발생할 수 있는 부분이 여러 곳 존재하며 오류가 발생할 수 있는 잠재적

원인은 다음과 같다.

- **위성 시각**: GNSS 위성 원자 시각의 매우 미세한 오차는 수신기가 계산한 위치추정에 심각한 오류를 발생시킬 수 있다. 대략 10ns의 오차로 인해 3m의 위치 오류가 발생한다.
- **궤도 에러**: GNSS 위성은 매우 정확하고 잘 알려진 궤도로 이동한다. 그러나 위성 시각과 마찬가지로 궤도는 약간씩 다르다. 위성 궤도가 변경되면 지상관제 시스템이 위성에 보정을 보내고 위성 궤도력이 업데이트된다. GNSS 지상 관제 시스템의 수정에도 불구하고 궤도에 여전히 작은 오류가 있어 최대 ± 2.5m의 위치 오류가 발생할 수 있다.
- **전리층 지연**: 전리층은 지구에서 80km에서 600km 사이의 대기층이다. 이 층에는 이온이라고 하는 전하를 띤 입자가 들어 있다. 이러한 이온은 위성 신호를 지연시키고 상당한 양의 위성 위치 오류(일반적으로 ±5m)를 유발할 수 있다. 전리층 지연은 태양활동, 연중 시간, 계절, 시간 및 위치에 따라 다르다. 이로 인해 전리층 지연이 계산된 위치에 얼마나 영향을 미치는지 예측하기가 매우 어렵다. 전리층 지연은 전리층을 통과하는 신호의 무선주파수에 따라 달라진다.
- **대류권 지연**: 대류권은 지구 표면에 가장 가까운 대기층이다. 대류권 지연의 변화는 대류권의 습도, 온도 및 대기압의 변화로 인해 발생한다. 대류권 환경은 지역 내에서 매우 유사하기 때문에 기지국과 이동국(rover) 수신기는 매우 유사한 대류권 지연을 경험한다. 이를 통해 RTK GNSS가 대류권 지연을 보상할 수 있다. 이에 대해서는 다음 절에서 설명하고자 한다.
- **다중 경로**: 다중 경로는 GNSS 신호가 건물 벽과 같은 물체에서 GNSS 안테나로 반사될 때 발생한다. 반사된 신호는 안테나에 도달하기 위해 더 먼 거리를 이동하기 때문에 반사된 신호는 약간 지연되어 수신기에 도착한다. 이 지연된 신호로 인해 수신기가 잘못된 위치를 계산할 수 있다.

이러한 오류에 대한 자세한 설명은 문헌 [3-6]을 참고하기 바란다.

5.3 RTK GNSS

경험적으로 보면 대부분의 다중 성상도 상용 GNSS 시스템은 반경 2m 이하의 위치추정 정확도를 제공한다. 이것은 사람 운전자에게는 충분할 수 있지만 자율주행 차량이 도로를 따라가려면 도로가 어디에 있는지 파악해야 한다. 특정 차선을 유지하려면 차선이 어디에 있는지 파악해야 하며 자율주행차량이 차선을 유지하기 위한 위치추정 필요조건은 데시미터 단위 수준이다. 다행히도 RTK 및 차동 GNSS는 데시미터 수준의 위치추정 정확도를 제공한다. 이 하위 절에서는 RTK 및 차동 GNSS의 작동 방식을 설명하려고 한다.

RTK의 기본 개념은 그림 5.2에 설명된 것처럼 기지국과 이동국간의 공통적인 오류를 줄이고 제거하는 것이다. RTK GNSS는 위성 시각의 오류, 불완전한 궤도, 전리층 지연 및 대류권 지연을 줄여 높은 정확도를 달성한다. 그림 5.1은 RTK GNSS의 기본 개념을 보여주고 있다. 이러한 GNSS 오류를 수정하는 좋은 방법은 위치가 정확히 알려진 기지국에 GNSS 수신기를 설치하는 것이다. 기지국 수신기는 위성 데이터로부터 위치를 계산하고 해당 위치를 실제 알려진 위치와 비교하여 차이를 확인한다. 이를 통해 오류 수정 값을 얻을 수 있고 이는 차량으로 전달될 수 있다.

구체적으로 살펴보면 RTK는 반송파 기반 거리 측정을 사용하며 코드 기반 위치 측정 기술보다 훨씬 더 정확한 거리 및 위치추정을 제공한다. 코드 기반 위치 측정은 C/A(coarse acquisition) 코드 수신기를 통해 데이터를 수집하는 하나의 처리 기술이며 위성의 의사난수(pseudorandom) 코드에 포함된 정보를 사용하여 위치를 계산한다. 차동 보정을 진행한 이 처리 기술은 5m 정확도를 제공한다. 반송파 기반 거리 측정은 반송파 위상 수신기를 통해 데이터를 수집하는 또 다른 처리 기술이며 라디오 반송파 신호를 사용하여 위치를 측정한다. 반송파 신호는 의사난수 코드보다 훨씬 더 높은 주파수를 갖으며 의사난수 코드 하나만 사용하는 것보다 더 정확하다. 의사난수 코드는 기준을 좁히고 반송파 코드는 기준을 더욱 좁힌다. 차동 보정을 진행한 이 처리 기술은 서브미터 정확도를 제공한다. 반송파 기반 거리 측정에서는 위성과 차량 사이의 반송파 주기 수를 결정한 다음 여기에 반송파 파장을 곱하여 거리를 측정한다. 측정된 거리에는 여전히 위성 시각, 천체력, 전리층 및 대류권 지연과 같은 소스의 오류가 포함된다. 이러한 오류를 제거하고 반송파 기반 측정의 높은 정밀도를 활용하려면 기지국에서 차량으로 전송된 측정값을 반영한 RTK 실행이 필요하다.

RTK GNSS를 통해 차량은 모호성 해상도(ambiguity resolution) 및 차동 보정을 통합하는 알고리즘을 사용하여 위치를 찾는다. 차량이 달성할 수 있는 위치 정확도는 기지국과의 거리 및 차동 보정의 정확도에 따라 달라진다. 보정의 정확도는 기지국의 알려진 위치와 기지국의 위성 관측 품질과 연관되어 있다. 따라서 입지 선정은 간섭 및 다중 경로와 같은 환경 영향을 최소화하는 데 중요하고 이는 기지국과 차량 수신기 및 안테나의 품질과도 연관되어 있다.

RTK-GNSS 시스템은 RTK 반송파 위상차 기술의 위성 위치 측정 방법을 사용하여 고정밀 위치추정을 얻는다. 그림 5.3은 RTK GNSS 시스템을 설정하는 방법을 보여주고 있다.

그림 5.2 RTK GNSS

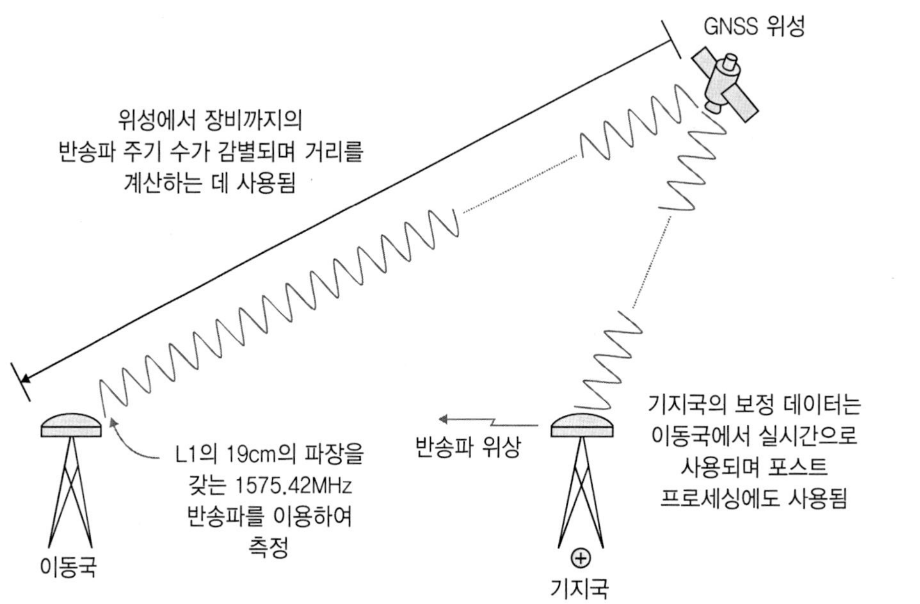

- 먼저 기지국(GPS Base) 수신기의 안테나를 고정된 위치에 설치한다. 설치 요구 사항은 그림 5.4와 같다.

- 둘째, 일정 기간 동안 자체 위치추정을 수행하고 평균값을 계산하여 기지국 수신기의 고정 좌표를 설정한다.
- 셋째, 기지국 수신기와 라즈베리 파이(NtripServer)를 시리얼 케이블로 연결하고 기지국의 위치 좌표와 수 된 위성 정보를 클라우드서버(NtripCaster)로 실시간 전송한다.
- 넷째, 이동국은 시리얼 포트 COM2로 라즈베리 파이(NtripClient)와 연결하여 클라우드서버로부터 차등 보정 데이터를 수신하는 동시에 위성 신호를 수신하여 RTK 위치추정을 해결한다.
- 마지막으로 이동국은 시리얼 포트 COM1을 통해 위치추정 데이터를 출력한다.

그림 5.3 RTK GNSS 구조

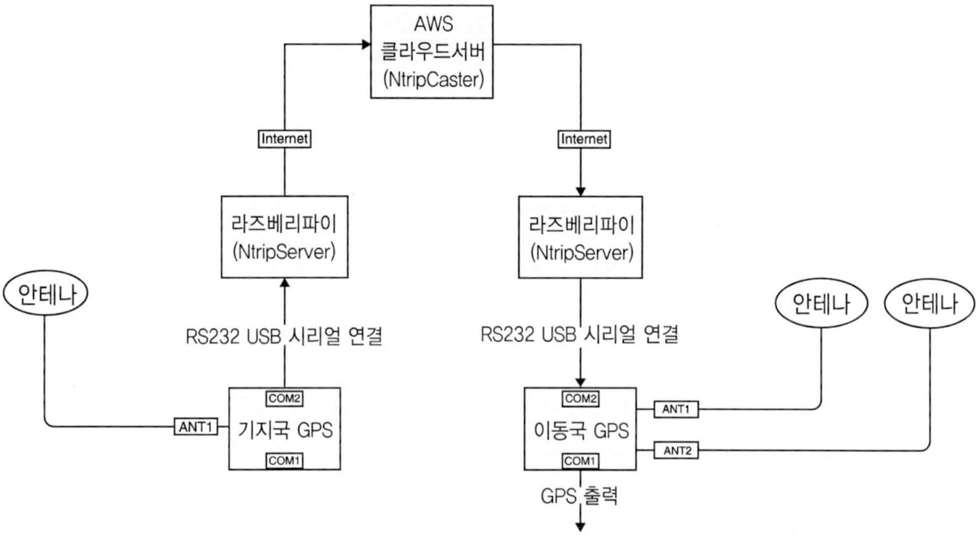

그림 5.4 GPS 안테나 설치 필요사항

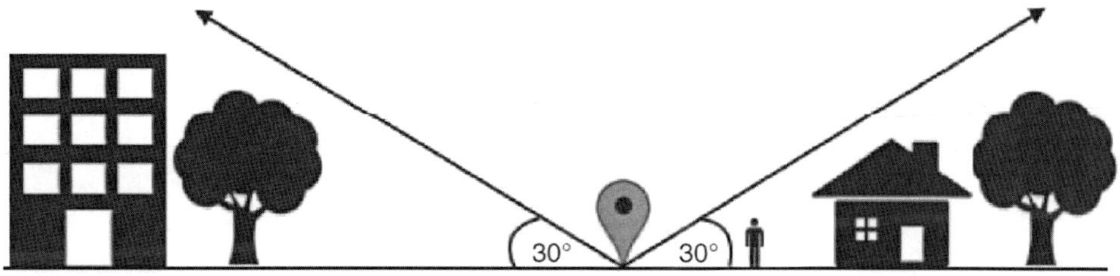

5.4 RTK-GNSS NtripCaster 셋업 단계

아마존 웹 서비스(Amazon Web Services: AWS)에서 NtripCaster를 설정한다고 하면 openssh를 사용하여 AWS 인스턴스(instance)에 로그인 할 수 있다. 샘플 명령은 다음과 같다.

```
sudo ssh -i /path/my-key-pair.pem ec2-user@instance-
name.compute-1.amazonaws.com
```

5.4.1 NtripCaster 설정

먼저 다음 명령을 사용하여 NtripCaster를 설치해야 한다.

```
ubuntu@ip-instance:~$ git clone https://github.com/roice/ntripcaster
ubuntu@ip-instance:~$ sudo apt-get install gcc
ubuntu@ip-instance:~$ cd ntripcaster/
ubuntu@ip-instance:~/ntripcaster$ cd ntripcaster0.1.5/
ubuntu@ip-
instance:~/ntripcaster/ntripcaster0.1.5$ sudo ./configure
ubuntu@ip-instance:~/ntripcaster/ntripcaster0.1.5$ sudo apt-get
install make
ubuntu@ip-instance:~/ntripcaster/ntripcaster0.1.5$ make
ubuntu@ip-instance:~/ntripcaster/ntripcaster0.1.5$sudo make
install
```

설치가 완료되면 다음 명령을 사용하여 NtripCaster를 설정해야 한다.

```
ubuntu@ip-instance:~/ntripcaster/ntripcaster0.1.5$ cd /usr/local
ubuntu@ip-instance:/usr/local$ cd ntripcaster/
ubuntu@ip-instance:/usr/local/ntripcaster$ cd conf/
ubuntu@ip-instance:/usr/local/ntripcaster/conf$ ls
ubuntu@ip-instance:/usr/local/ntripcaster/conf$ sudo mv
ntripcaster.conf.dist ntripcaster.conf
ubuntu@ip-instance:/usr/local/ntripcaster/conf$ sudo mv
sourcetable.dat.dist sourcetable.dat
```

다음으로 다음 명령을 사용하여 구성 파일을 수정해야 한다.

```
ubuntu@ip-instance:/usr/local/ntripcaster/conf$ sudo vi
ntripcaster.conf
```

그리고 다음 항목을 설정해야 한다.

- location, rp_email, and server_url
- encoder_password
- server_name and port
- logdir path and logfile name
- Add mount point. The format is:

예시: /mount:user0:123456,user1:123456

mountpoint name	user0 name	user0 password	user1 name	user1 password	more users
mount	user0	123456	user1	123456	...

```
ubuntu@ip-10-0-0-191:/usr/local/ntripcaster/conf$ more ntripcaster.conf
#################################
# NtripCaster configuration file #
##########################################################################

############### Server Location and Resposible Person ###########################
# Server meta info with no fuctionality.

location China-SZ
rp_email support@perceptin.io
server_url https://www.perceptin.io                (1)

############################ Server Limits #####################################
# Maximum number of simultaneous connections.

max_clients 100
max_clients_per_source 100
max_sources 40

########################### Server passwords ###################################
# The "encoder_password" is used from the sources to log in.

encoder_password ######                            (2)

###################### Server IP/port configuration #############################
# The server_name specifies the hostname of the server and must not be set to
# an IP-adress. It is very important that server_name resolves to the IP-adress
# the server is running at.
# For every port, the server should listen to, a new port line can be added.

server_name PI_NtripServer
#port 80
port 2101                                          (3)

######################### Main Server Logfile ##################################
# logfile contains information about connections, warnings, errors etc.

logdir /usr/local/ntripcaster/logs
logfile ntripcaster.log                            (4)

############################ Access Control ####################################
# Here you specify which users have access to which mountpoints,
# one line per mount.
#
# Syntax: /<MOUNTPOINT>:<USER1>:<PASSWORD1>,<USER2>:<PASSWORD2>,...,<USERn>:<PASSWORDn>
#
# /<MOUNTPOINT>: name of the mountpoint. Must start with a slash.
# <USERi>: name of the user that has access to <MOUNTPOINT>.
# <PASSWORDi>: password of <USERi>.
#

# example:
#/mount0:user0:pass0,user1:pass1,user2:pass2
/mount : user0 : 123456, user1 : 123456            (5)
```

```
ubuntu@ip-instance:/usr/local/ntripcaster/conf$ sudo vi
sourcetable.dat
```

sourcetable.dat 파일의 끝에 다음 형식으로 새 소스 데이터를 추가해야 한다. 마운트 포인트 및 네트워크는 ntripcaster.conf 파일의 마운트 포인트 이름 및 user0 이름과 일치해야 한다.

```
#CAS;www.euref-ip.net;2101;EUREF-IP;BKG;0;DEU;50.12;8.69;http://www.euref-ip.net/home
#CAS;rtcm-ntrip.org;2101;NtripInfoCaster;BKG;0;DEU;50.12;8.69;http://www.rtcm-ntrip.org/home
#NET;EUREF;EUREF;B;N;http://www.epncb.oma.be/euref_IP;http://www.epncb.oma.be/euref_IP;http://igs.ifag.de/index_ntrip_reg.htm;none
#NET;IGS;BKG;B;N;http://igscb.jpl.nasa.gov/;none;http://igs.ifag.de/index_ntrip_reg.htm;none
STR;mount;Shen Zhen;RTCM 3.2;1004,1008;1;GPS;PI;CHN;22.58;113.93;0;0;PI;none;B;N;115200;
```
(1)

SourceTable.data에서 한 행은 마운트 포인트를 나타낸다. 각 줄은 세미콜론으로 구분되며 그 의미는 다음 표와 같다.

Number	Name	Description
1	STR	type:STR/CAS/NET
2	mount	Mountpoint
3	Shen Zhen	identifier
4	RTCM 3.2	Differential data format
5	1004,1008	format-details
6	1	Carrier phase data: 0 – none 1 – Single frequency 2 – Dual frequency
7	GPS	Navigation System, e.g. GPS, GPS+GLONASS
8	PI	network
9	CHN	country
10	22.58	latitude
11	113.93	longitude
12	0	Need to send NMEA: 0 – no need 1 – need
13	0	Base station type: 0 – Single base station 1 – network
14	PI	The name of the software that generated this data stream
15	none	Compression algorithm
16	B	Access protection: N – None B – Basic D – Digest
17	N	Y/N
18	115200	baud rate

5.4.2 NtripCaster 시작

위의 단계를 완료하면 NtripCaster를 시작할 수 있다.

```
ubuntu@ip-instance:~$ cd /usr/local/ntripcaster/bin
ubuntu@ip-
instance:/usr/local/ntripcaster/bin$ sudo ./ntripcaster
```

NtripCaster 서버에 로그인하고 다음 명령을 사용하여 서버 상태를 확인한다.

```
ubuntu@ip-instance:~$ ps -aux | grep ntrip
```

Ntripcaster 명령을 실행한다.

```
ubuntu@ip-instance:~$ cd /usr/local/ntripcaster/bin
ubuntu@ip-
instance:/usr/local/ntripcaster/bin$ sudo ./ntripcaster
```

그리고 nohup 명령을 사용하여 NtripCaster 프로세스를 백그라운드에서 실행할 수 있다.

```
ubuntu@ip-instance:~$ cd /usr/local/ntripcaster/bin
ubuntu@ip-
instance:/usr/local/ntripcaster/bin$ nohup ./ntripcaster
```

5.5 라즈베리 파이에서 NtripServer와 NtripClient의 설정

5.5.1 라즈베리 파이 시스템 설치

그림 5.5는 라즈베리 파이 설정 절차를 보여주고 있다. 라즈베리 파이의 하드웨어 버전은 Raspberry Pi 3 Model B+ 이다.

- **Windows 시스템에서 라즈베리 파이 시스템을 다운로드 한다.:**
  https://www.raspberrypi.org/downloads/raspbian/. 데스크톱 및 권장 소프트웨어의 Raspbian Stretch를 선택하고 Download ZIP을 클릭하여 시스템 이미지 파일 다운로드 한다.

그림 5.5 라즈베리 파이 설정

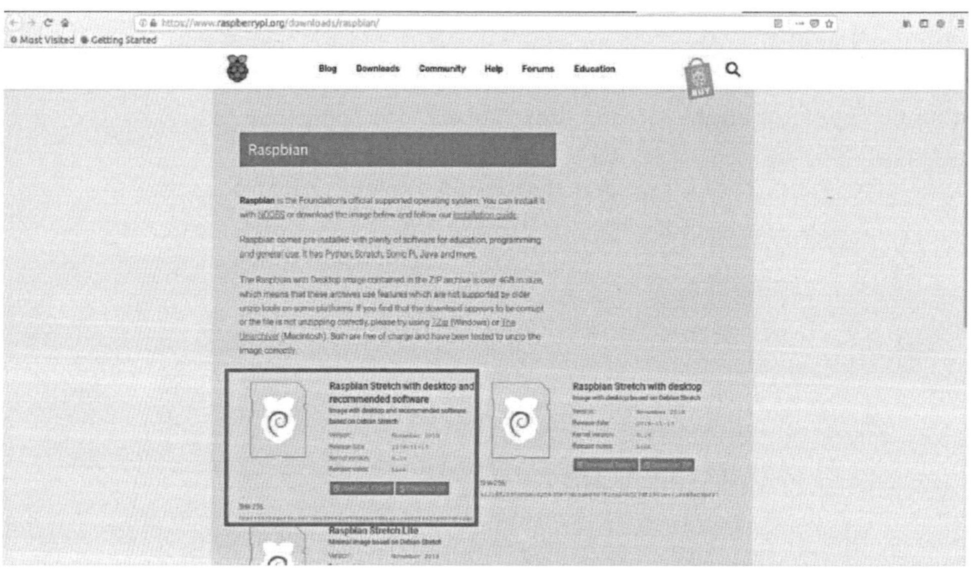

그림 5.6 SD 카드 설정

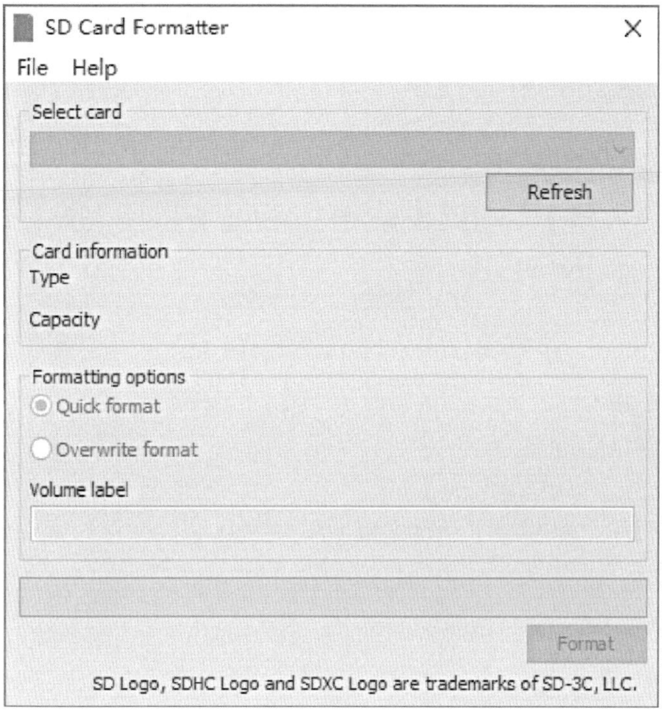

- 그림 5.6은 SD/TF(TransFlash) 카드 설정 절차를 보여주고 있다. Windows systems: SD card formatter에서 TF 카드 포맷 도구를 다운로드 및 설치한다. 라즈베리 파이 TF 카드를 FAT32 형식으로 포맷한다.
- Windows system:win32diskimager에서 시스템 이미지 파일 복사 도구를 다운로드하여 설치한다. 라즈베리 파이 시스템 이미지를 TF 카드에 복사한다.
- 시스템 이미지 파일을 복사한 후 TF 카드를 열고 root directory에 새 txt 파일을 만들고 확장자 없이 ssh로 이름을 변경한다. 이 파일은 ssh 기능을 열기 위한 것이다.
- 라즈베리 파이에 TF 카드를 삽입한 후 모니터, 키보드, 마우스를 연결하고 전원을 켠다. 부팅 설정 마법사에서 라즈베리 파이 암호를 설정하고 와이파이에 연결한다(네트워크 케이블을 통해 네트워크에 연결할 수도 있다).
- 부팅 설정 마법사를 완료한 후 RTKLIB를 설치하고 라즈베리 파이 엑세스 포인트를 생성한다.

■ RTKLIB를 설치 및 컴파일하고 터미널을 열고 다음 명령을 실행한다.

git clone https://github.com/tomojitakasu/RTKLIB.git

cd /RTKLIB/app/str2str/gcc

make //Compile and generate the str2str executable file

■ 라즈베리 파이 엑세스 포인트를 생성하고 터미널에서 다음 명령을 실행한다.

sudo apt-get install vim

git clone https://github.com/oblique/create_ap

cd create_ap

sudo make install

sudo apt-get install util-linux procps hostapd iproute2 iw haveged dnsmasq

sudo create_ap wlan0 eth0 access-point-name password//Create a 와이파이 access point

참고

(a) 라즈베리 파이가 와이파이 엑세스 포인트를 생성할 때 먼저 와이파이 연결을 끊어야 한다. 그렇지 않으면 명령이 잘못 실행되고 프롬프트가 표시된다. 어댑터는 동시에 스테이션과 엑세스 포인트가 될 수 없다.

(b) 'sudo create_ap wlan0 eth0 access-point-name password &'를 '/etc/rc.local 파일에 추가하고 시작 시 와이파이 엑세스 포인트를 자동으로 생성하도록 라즈베리 파이를 설정한다. 설정 예는 다음과 같다.

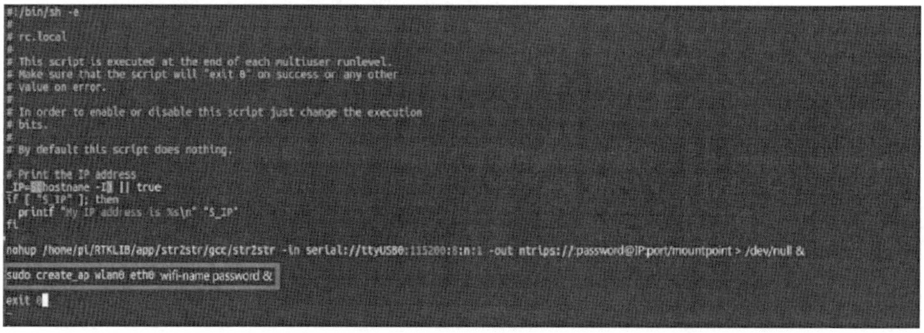

- 와이파이 엑세스 포인트를 설정한 후에는 노트북을 사용하여 라즈베리 파이 와이파이에 연결할 수 있고 'ssh pi@192.168.12.1'을 통해 라즈베리 파이에 로그인 할 수 있다.

5.5.2 라즈베리 파이에서의 RTKLIB-str2str 실행

5.5.2.1 기지국 측면에서의 NtripServer 실행

그림 5.7은 기지국의 회로 연결 다이어그램을 보여주고 있다. 라즈베리 파이의 역할은 4G 터미널을 연결하고 네트워크를 통해 NTRIP caster로 차동 신호를 전송하는 것이다.

라즈베리 파이가 4G 터미널에 연결되고 인터넷에 엑세스할 수 있게 되면 NTRIP caster를 실행한다. 명령은 다음과 같다.

```
sudo home/pi/RTKLIB/app/str2str/gcc/str2str -in
serial://ttyUSB0:115200:8:n:1   \
-out ntrips://:password@IP:port/mountpoint
```

정상적인 실행 후 결과는 다음과 같다.

```
2018/06/05 07:34:45 [CC---]      338527 B    3680 bps (0) 60.205.8.49/RTCM32_GGB
2018/06/05 07:34:50 [CC---]      340894 B    3916 bps (0) 60.205.8.49/RTCM32_GGB
2018/06/05 07:34:55 [CC---]      343199 B    3688 bps (0) 60.205.8.49/RTCM32_GGB
2018/06/05 07:35:00 [CC---]      345566 B    3924 bps (0) 60.205.8.49/RTCM32_GGB
2018/06/05 07:35:05 [CC---]      347871 B    3675 bps (0) 60.205.8.49/RTCM32_GGB
2018/06/05 07:35:10 [CC---]      350238 B    3934 bps (0) 60.205.8.49/RTCM32_GGB
2018/06/05 07:35:15 [CC---]      352543 B    3684 bps (0) 60.205.8.49/RTCM32_GGB
2018/06/05 07:35:20 [CC---]      354910 B    3918 bps (0) 60.205.8.49/RTCM32_GGB
2018/06/05 07:35:25 [CC---]      357215 B    3676 bps (0) 60.205.8.49/RTCM32_GGB
2018/06/05 07:35:30 [CC---]      359582 B    3936 bps (0) 60.205.8.49/RTCM32_GGB
2018/06/05 07:35:35 [CC---]      361887 B    3680 bps (0) 60.205.8.49/RTCM32_GGB
2018/06/05 07:35:40 [CC---]      364254 B    3916 bps (0) 60.205.8.49/RTCM32_GGB
2018/06/05 07:35:45 [CC---]      366559 B    3678 bps (0) 60.205.8.49/RTCM32_GGB
```

그림 5.7 라즈베리 파이와 GNSS 기지국 연결

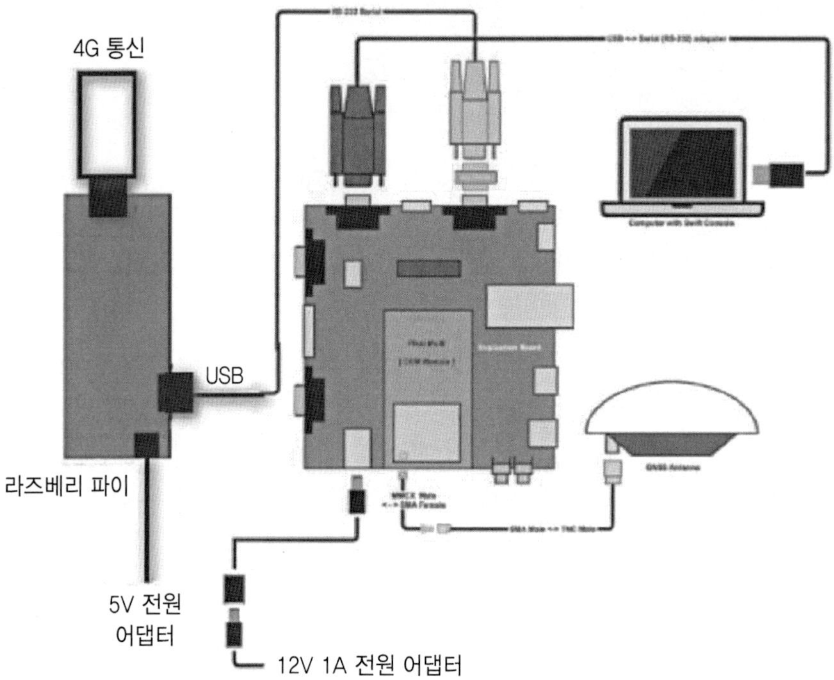

그리고 라즈베리 파이의 /etc/rc.local 파일에 다음 명령을 작성하여 시작할 때 NTRIP server를 자동으로 실행하도록 라즈베리 파이를 설정한다. 설정 예는 다음과 같다.

```
nohup  /home/pi/RTKLIB/app/str2str/gcc/str2str -in
serial://ttyUSB0:115200:8:n:1  \
-out ntrips://:password@IP:port/mountpoint > /dev/null &
```

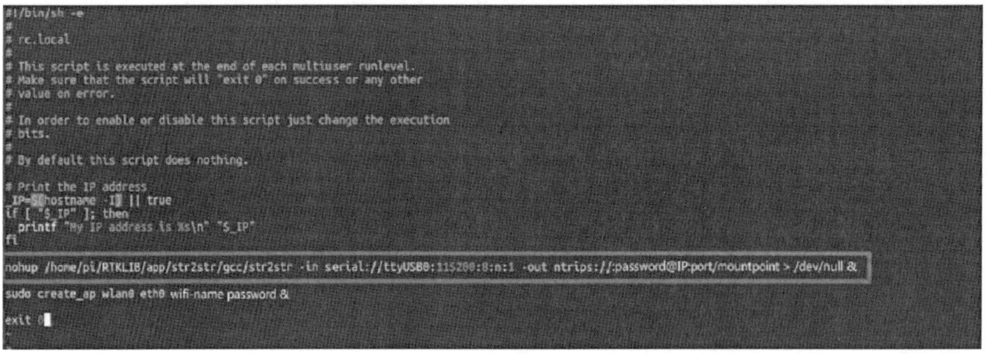

```
#!/bin/sh -e
#
# rc.local
#
# This script is executed at the end of each multiuser runlevel.
# Make sure that the script will "exit 0" on success or any other
# value on error.
#
# In order to enable or disable this script just change the execution
# bits.
#
# By default this script does nothing.

# Print the IP address
_IP=$(hostname -I) || true
if [ "$_IP" ]; then
  printf "My IP address is %s\n" "$_IP"
fi

nohup /home/pi/RTKLIB/app/str2str/gcc/str2str -in serial://ttyUSB0:115200:8:n:1 -out ntrips://:password@IP:port/mountpoint > /dev/null &

sudo create_ap wlan0 eth0 wifi-name password &

exit 0
```

5.5.2.2 GNSS 이동국에서의 NtripClient 실행

라즈베리 파이의 역할은 4G 터미널을 연결하고 NTRIP caster에서 네트워크를 통해 차동 신호를 수신하는 것이다. 라즈베리 파이가 4G 터미널에 연결되고 인터넷에 엑세스할 수 있게 되면 str2str 프로그램을 실행하여 NTRIP caster에서 차동 신호를 수신한다. 명령은 다음과 같다.

```
sudo /home/pi/RTKLIB/app/str2str/gcc/str2str -in \
ntrip://user:password:@IP:port/mountpoint -out
serial://ttyUSB0:115200:8:n:1
```

그런 다음 라즈베리 파이의 /etc/rc.local 파일에 다음 명령을 작성하여 시작할 때 NTRIP client를 자동으로 실행하도록 라즈베리 파이를 설정한다. 설정 형식은 다음과 같다.

```
nohup /home/pi/RTKLIB/app/str2str/gcc/str2str -in \
ntrip://user:password@IP:port/mountpoint -out
serial://ttyUSB0:115200:8:n:1 >/dev/null &
```

5.6 기지국 및 GNSS 이동국의 설정

5.6.1 기지국 하드웨어 셋업

그림 5.8은 기지국 셋업 구조를 보여주고 있으며 그림 5.9는 기지국 셋업에 필요한 구성요소를 보여주고 있다. 그림 5.10은 기지국 셋업 단계를 보여주고 있다. 그림 5.11은 기지국 수신기를 PC에 연결하는 방법을 그리고 그림 5.12는 기지국 안테나를 설치하는 적절한 방법을 보여주고 있다(예를 들어 지붕 위와 같이 하늘이 열린 곳).

그림 5.8 기지국 설정

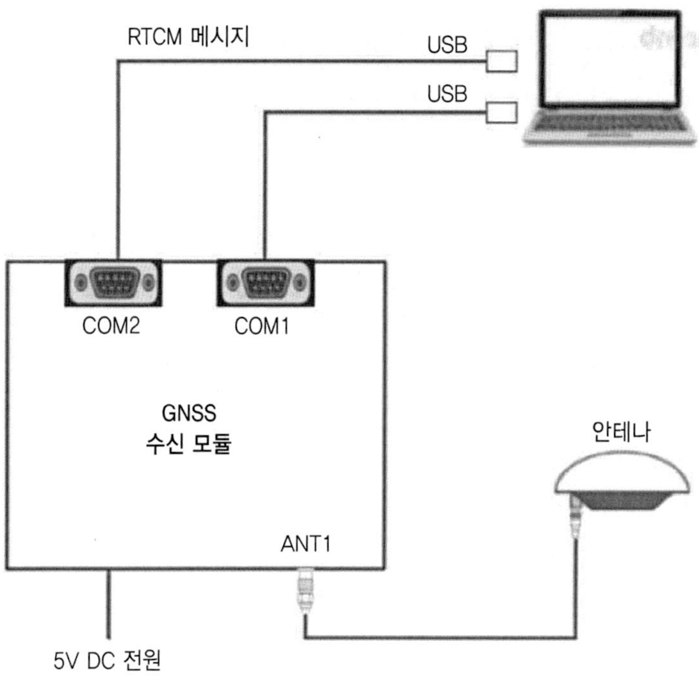

그림 5.9 구성

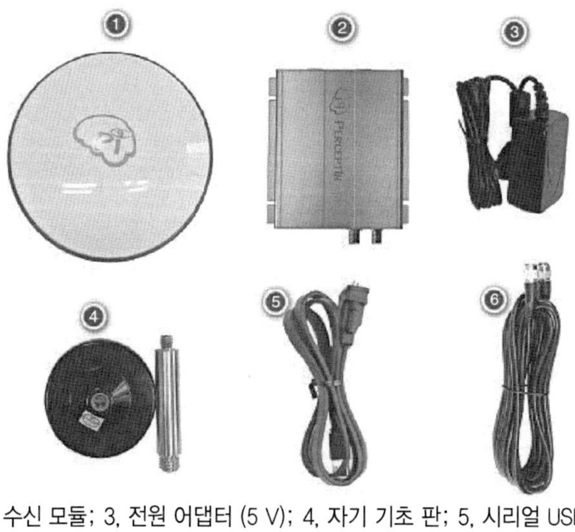

1. 안테나; 2. GNSS 수신 모듈; 3. 전원 어댑터 (5 V); 4. 자기 기초 판; 5. 시리얼 USB 커넥터; 6. 안테나 케이블(TNC male to TNC male).

그림 5.10 단계별 설치

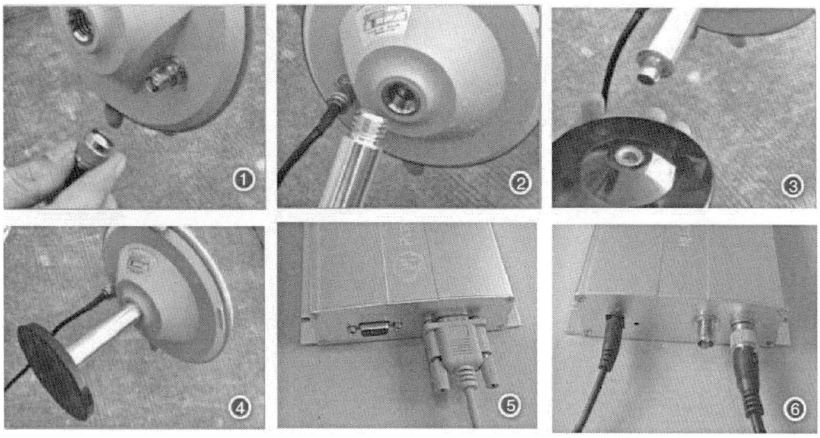

5.6.2 기지국 소프트웨어 셋업

먼저 다음 명령을 입력한다.

```
sudo apt-get install cutecom
sudo cutecom
```

그림 5.11 PC 연결

그림 5.12 GNSS 기지국 안테나 설치 위치

그런 다음 아래와 같이 PC(/dev/ttyUSB0)에서 COM1 시리얼 장치번호를 확인한 다음 "Open device"를 클릭한다. 그림 5.13은 장치 셋업 인터페이스를 보여주고 있다. 다음으로 기본 안테나 위치를 셋업한다.

명령 줄에 "freset"을 입력하고 "Enter" 버튼을 누른다. 그림 5.14는 freset 명령을 입력하는 방법을 보여주고 있다. 그림 5.15는 "freset" 명령이 성공적으로 실행될 경우 표시되는 내용을 보여주고 있다.

그림 5.13 장치 설정 인터페이스

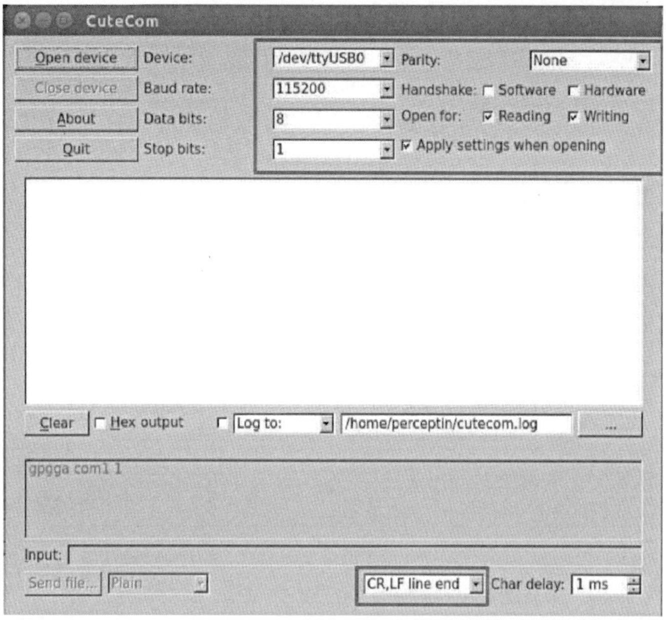

그림 5.14 freset 명령 입력 화면

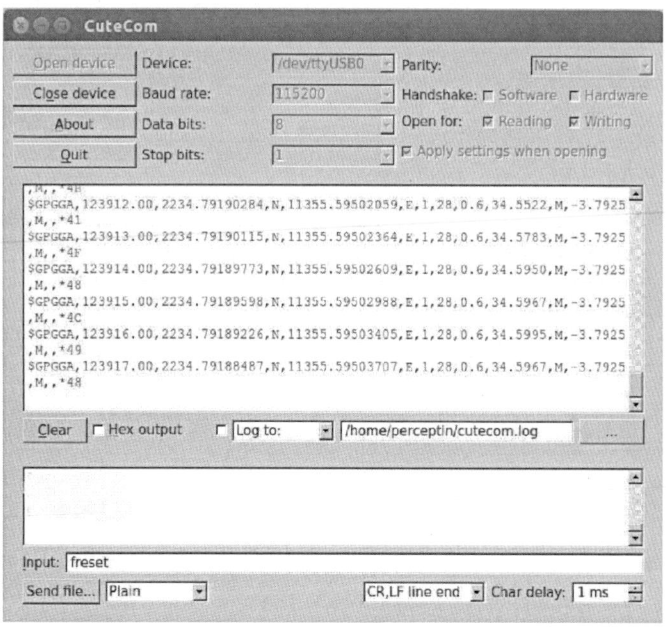

그림 5.15 freset 명령 입력 후 화면

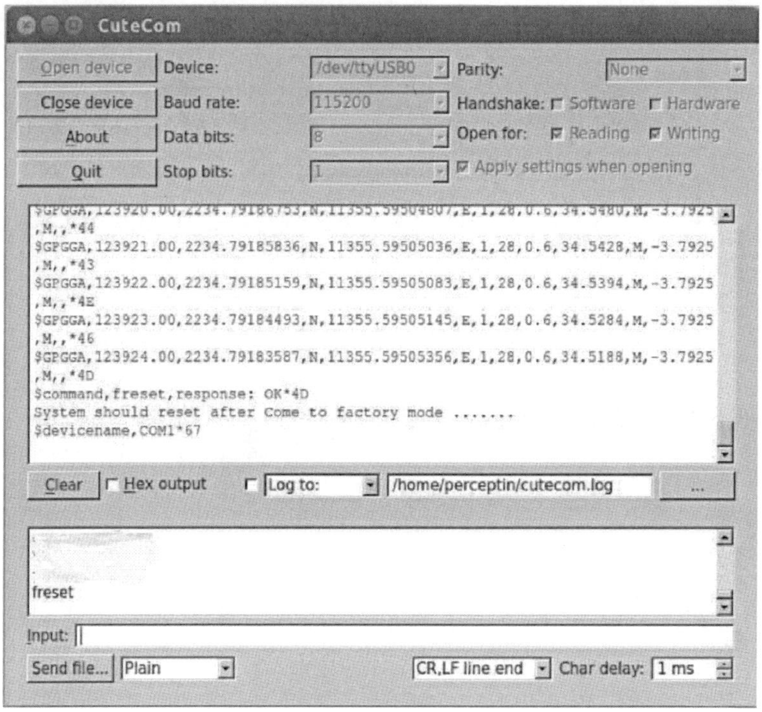

다음 명령을 입력한다.

gpgga com1 1

//출력 GPGGA 주파수를 1Hz로 설정한다. 성공적으로 실행되면 "$ command, gpgga com1 1, response : OK * 49"와 GPGGA 메시지가 표시된다[7]. 그림 5.16에서 이 부분을 보여준다.

그림 5.16 "gpgga com1 1" 명령 입력 후 화면

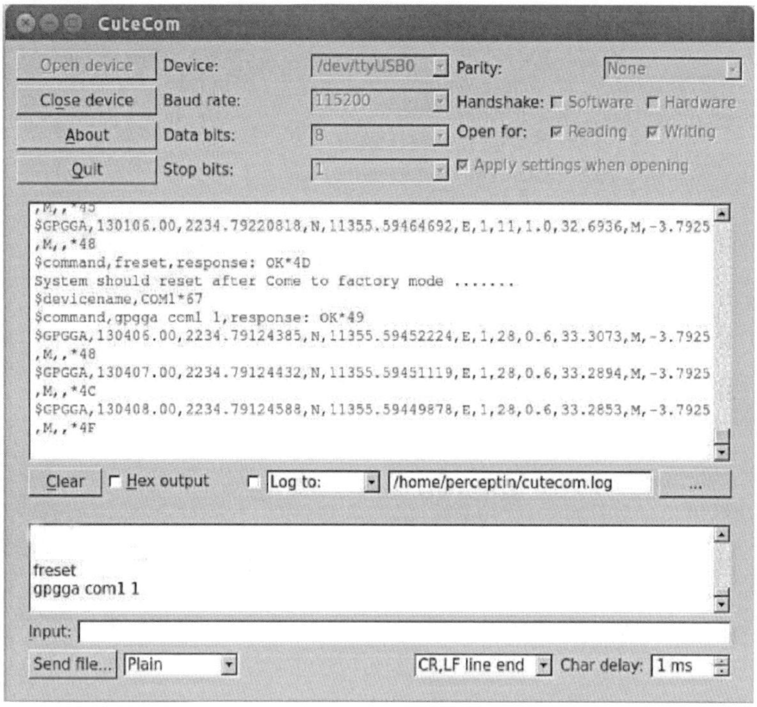

다음 명령을 입력한다.

mode base time 60 1.5 2.5

//이 명령이 성공적으로 실행되면 "$ command, mode base time 60 1.5 2.5, response OK * 78"이 표시된다. 그런 다음 GPGGA fix status가 7 일 때는 60 초를 기다려야 한다. 이 과정으로 기지국이 정상적으로 설정된다.

그림 5.17 "mode base time 60 1.5 2.5" 명령 입력 후 화면

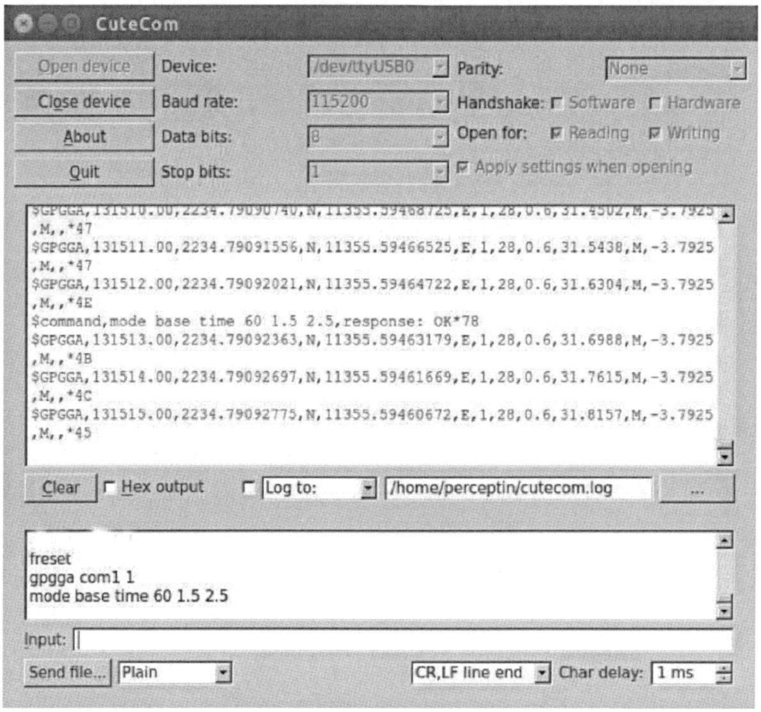

그림 5.17은 "command successful" 스크린 샷을 보여주며 그림 5.18은 적절한 GPGGA fix status를 보여주고 있다.

$ GPGGA,045526.002234.79008586,N,11355.59480467,E,7,25,0.6,34.7453, M, -3.7924,M.,*43

그림 5.18 GPGGA fix status

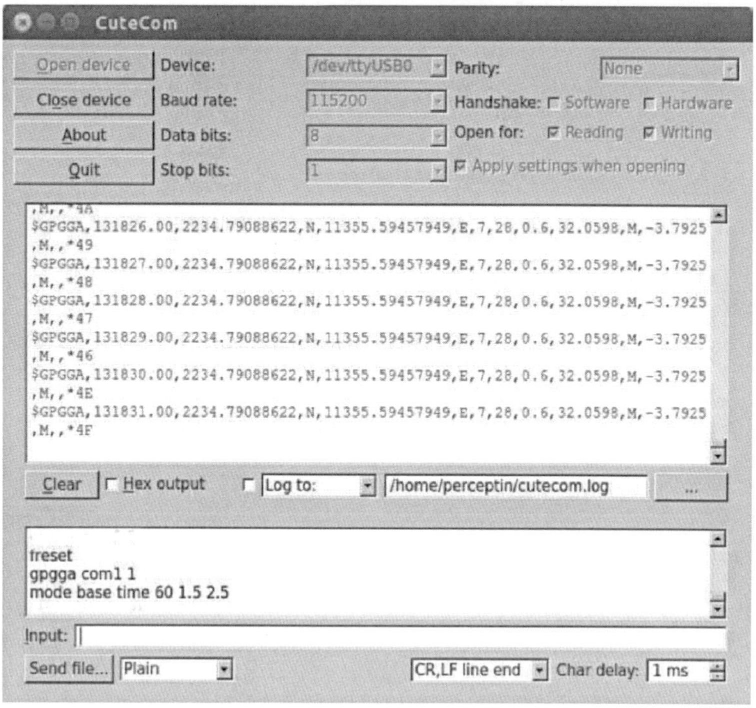

다음 명령을 입력한다.

rtcm1006 com2 10

// 성공하면 "$ command, rtcm1006 com2 10, response OK * 03"이 표시된다.

다음 명령을 입력한다.

rtcm1033 com2 10

// 성공하면 "$ command, rtcm1033 com2 10, response OK * 05"가 표시된다.

다음 명령을 입력한다.

rtcm1074 com2 1

// 성공하면 "$ command, rtcm1074 com2 1, response OK * 36"이 표시된다.

다음 명령을 입력한다.

rtcm1124 com2 1
// BDS correction 메시지를 설정한다. 명령이 성공하면 "$command,rtcm1124 com2 1, response OK * 32"가 표시된다.

다음 명령을 입력한다.

rtcm1084 com2 1
//GLONASS 수정 메시지를 설정한다. 명령이 성공하면 "$ command, rtcm1084 com2 1, response OK * 39"가 표시된다.

다음 명령을 입력한다.

rtcm1094 com2 1
// Galileo 수정 메시지를 설정한다. 명령이 성공하면 "$ command, rtcm1094 com2 1, response OK * 38"이 표시된다.

다음 명령을 입력한다.

saveconfig
// 구성 저장, 명령이 성공하면 $ command, saveconfig, response OK * 55"가 표시된다.

참고

보다 정확한 기지국 신호를 얻으려면 긴 base time을 설정해야 한다.
예: 모드 기본 시간 7200 1.5 2.5.

일반적으로 매우 안정적인 기지국 신호를 얻기 위해 기본 시간을 최소 2시간으로 설정한다.

기본 안테나 위치를 수동으로 설정하려면 다음 명령을 실행할 수 있다.

mode base latitude longitude altitude

예: mode base 22.5798755945 113.926580413 34.1254713577
//기지국 위치는 위도 = 22.5798755945, 경도 = 113.926580413, 고도 = 34.1254713577 이다. 위도와 경도의 단위는 도이고 고도의 단위는 미터이다.

처음 구성한 후 기지국을 다시 시작할 때 대기 시간 (mode base time 7200 1.5 2.5)을 건너뛰려면 GPS 위치의 평균값을 얻은 후 기본 안테나 위치를 수동으로 설정해야한다. 예시:

GPGGA 메시지:
$GPGGA,045526.002234.79008586, N,11355.59480467,E, 7,25,0.6,34.7453,M,−3.7924,M,,*43

GPGGA 메시지에서 위도 형식은 ddmm.mm이고 경도 형식은 dddmm.mm이다. 위도와 경도의 형식을 다음과 같이 계산하여 각도로 변환해야 한다.

$$\text{Latitude} = 22 + (34.79008586 / 60) = 22.579834764$$

$$\text{Longitude} = 113 + (55.59480467 / 60) = 113.926580078$$

그리고 다음 명령을 실행한다.

```
mode base 22.579834764 113.926580108 34.7453
saveconfig
```

Linux에서 NtripCaster 연결:
RTKLIB의 str2str 모듈은 NtripServer 및 NtripClient를 설정하는 데 사용된다.

Linux에서 NtripServe 설정 단계:
RTKLIB 컴파일

```
git clone https://github.com/tomojitakasu/RTKLIB.git
cd /RTKLIB/app/str2str/gcc
make
```

```
perceptin@perceptin-TM1704:~/RTKLIB/RTKLIB-master/app/str2str/gcc$ ls
binex.o      javad.o     preceph.o  rtcm3e.o   sbas.o      str2str      ublox.o
crescent.o   makefile    rcvraw.o   rtcm3.o    skytraq.o   str2str.o
geoid.o      novatel.o   rt17.o     rtcm.o     solution.o  stream.o
gw10.o       nvs.o       rtcm2.o    rtkcmn.o   ss2.o       streamsvr.o
```

NtripCaster에 대한 테스트 기지국 COM2 출력

PC (/dev/ttyUSB1)에서 COM2 시리얼 장치 번호를 확인한 후 다음 명령을 실행한다.

```
sudo /home/perceptin/RTKLIB/RTKLIB-
master/app/str2str/gcc/str2str   -in  \
serial://ttyUSB1:115200:8:n:1  -out
ntrips://:password@IP:PORT/Mountpoint
```

데이터가 NtripCaster에 연결된 경우 다음이 표시된다.

```
2018/06/05 07:34:45 [CC---]     338527 B     3680 bps (0) 60.205.8.49/RTCM32_GGB
2018/06/05 07:34:50 [CC---]     340894 B     3916 bps (0) 60.205.8.49/RTCM32_GGB
2018/06/05 07:34:55 [CC---]     343199 B     3688 bps (0) 60.205.8.49/RTCM32_GGB
2018/06/05 07:35:00 [CC---]     345566 B     3924 bps (0) 60.205.8.49/RTCM32_GGB
2018/06/05 07:35:05 [CC---]     347871 B     3675 bps (0) 60.205.8.49/RTCM32_GGB
2018/06/05 07:35:10 [CC---]     350238 B     3934 bps (0) 60.205.8.49/RTCM32_GGB
2018/06/05 07:35:15 [CC---]     352543 B     3684 bps (0) 60.205.8.49/RTCM32_GGB
2018/06/05 07:35:20 [CC---]     354910 B     3918 bps (0) 60.205.8.49/RTCM32_GGB
2018/06/05 07:35:25 [CC---]     357215 B     3676 bps (0) 60.205.8.49/RTCM32_GGB
2018/06/05 07:35:30 [CC---]     359582 B     3936 bps (0) 60.205.8.49/RTCM32_GGB
2018/06/05 07:35:35 [CC---]     361887 B     3680 bps (0) 60.205.8.49/RTCM32_GGB
2018/06/05 07:35:40 [CC---]     364254 B     3916 bps (0) 60.205.8.49/RTCM32_GGB
2018/06/05 07:35:45 [CC---]     366559 B     3678 bps (0) 60.205.8.49/RTCM32_GGB
```

NtripCaster에 대한 기지국 COM2 출력이 성공하면 COM2 USB를 기지국 라즈베리 파이에 연결해야 한다.

5.6.3 GNSS 이동국 셋업

5.6.3.1 이동국 하드웨어 셋업

이동국은 위치와 차량 방향을 출력하는 두 개의 GNSS 안테나로 구성된다. 그림 5.19는 이동국 하드웨어 설정 구조를 보여주고 있다. 그림 5.20은 이동국에 필요한 부품을 보여주고 있다. 그림 5.21은 이동국에 안테나를 설치하는 적절한 방법을 보여주고 있다. 그림 5.22는 적절한 케이블 연결을 보여주고 있다.

그림 5.19 이동국 하드웨어 설정

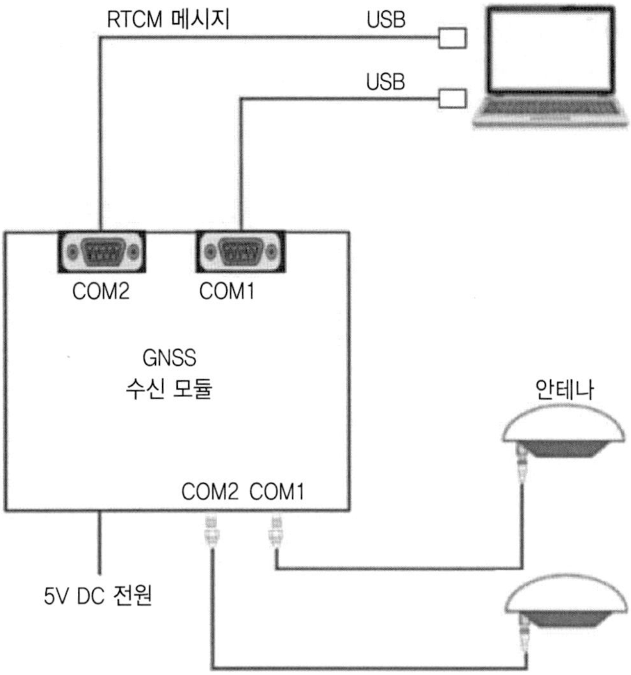

그림 5.20 이동국 하드웨어 구성

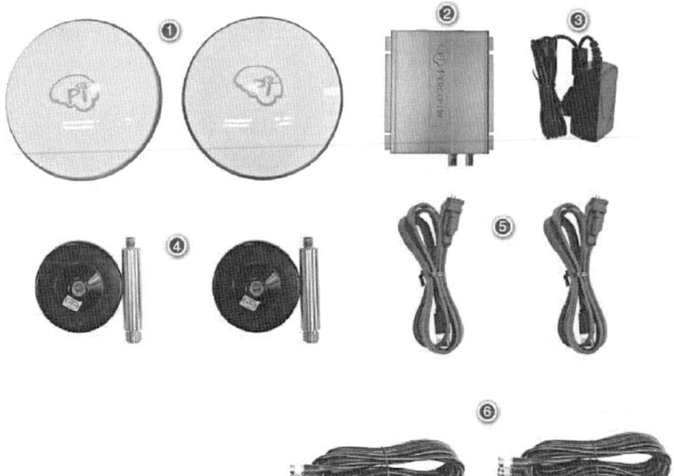

1. GNSS 안테나; 2. GNSS 수신 모듈; 3. 전원 어댑터(5V); 4. 자기 기초 판; 5. 시리얼 USB 커넥터; 6. GNSS 안테나 케이블 (TNC male to TNC male)

그림 5.21 이동국 안테나 설치

그림 5.22 케이블 연결

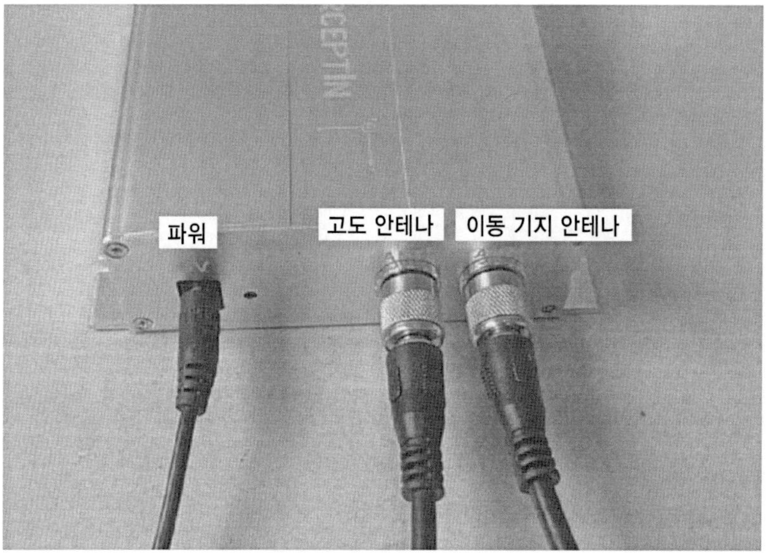

5.6.3.2 이동국 소프트웨어 셋업

GNSS 모듈에 연결(그림 5.23) :

(5) 이동국 COM1 시리얼을 PC에 연결한다.

(6) sudo cutecom //Open serial port 툴

(7) PC (/ dev / ttyUSB0)에서 이동국 COM1 시리얼 장치번호를 확인한 다음 "Open device" 클릭한다.

그림 5.23 GNSS 모듈 연결

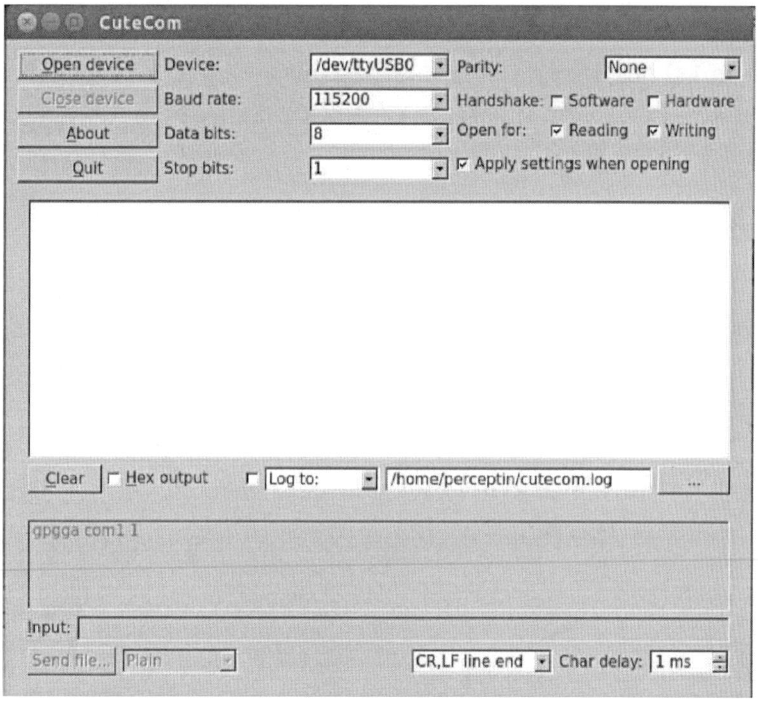

com1 출력 주파수 설정

(1) 다음 명령을 입력한다.

gpgga com1 0.05
//gpgga com1 출력 주파수를 20Hz로 설정한다. 명령이 성공하면 "$command, gpgga com1 0.05, response OK * 63"이 표시된다.

(2) 다음 명령을 입력한다.

gprmc com1 0.05
//gprmc com1 출력 주파수를 20Hz로 설정한다. 명령이 성공하면 "$command, gprmc com1 0.05, response OK * 7E"가 표시된다.

(3) 다음 명령을 입력한다.

gphdt com1 0.05
//gphdt com1 출력 주파수를 20Hz로 설정한다. 명령이 성공하면 "$command, gphdt com1 0.05, response OK * 7A"가 표시된다.

(4) 다음 명령을 입력한다.

headinga com1 0.05
//headinga com1 출력 주파수를 20Hz로 설정한다. 명령이 성공하면 "$ command, headinga com1 0.05, response OK * 1C"가 표시된다.

(5) 다음 명령을 입력한다.

saveconfig
//구성 저장, 명령이 성공하면 "$command, saveconfig, response OK * 55"가 표시된다.

Linux에서 NtripCaster 연결:
RTKLIB의 str2str 모듈은 NtipServer 및 NtripClient를 설정하는 데 사용된다.

Linux에서 NtripClient 설정 단계:

이동국 COM2 시리얼을 PC에 연결하고 PC(/dev/ttyUSB1)에서 이동국 COM2 시리얼 장치 번호를 확인한다.

이동국 COM2의 NtripCaster에서의 RTCM 데이터 수신을 테스트하려면 다음 명령을 실행한다.

```
sudo /home/perceptin/RTKLIB/RTKLIB-
master/app/str2str/gcc/str2str   -in \
ntrip://:user:password@IP:PORT/Mountpoint   -out
serial://ttyUSB1:115200:8:n:1
```

NtripCaster에서 RTCM 데이터를 성공적으로 수신하면 데이터 크기와 속도가 화면에 표시되고 COM1 출력 GPGGA 메시지에 fix status(값은 4)가 표시된다.

이동국 COM2가 NtripCaster에서 RTCM 데이터를 성공적으로 수신하면 COM2 USB를 이동국 라즈베리 파이에 연결해야 한다. 그림 5.24는 이동국 출력화면을 보여주고 있다.

그림 5.24 이동국 출력화면

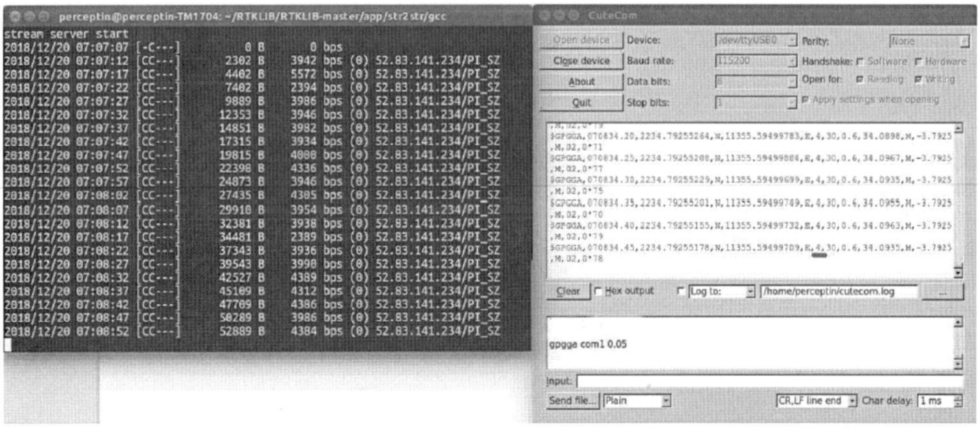

5.7 FreeWave 라디오 기본구성

이전 절에서는 기지국에서 RTK 수정 데이터를 스트리밍 하도록 클라우드 서버를 설정하는 방법에 대해 살펴봤다. 그러나 클라우드 서버를 설정을 원하지 않을 경우 FreeWave 라디오를 사용하여 RTCM 데이터를 전송할 수 있다.

만약 FreeWave 라디오를 사용하여 RTCM 데이터를 전송하는 경우 클라우드 서버 계정과 라즈베리 파이가 필요하지 않으며 기지국의 COM2 시리얼 인터페이스와 이동국을 FreeWave 라디오로 연결하기만 하면 된다. FreeWave 라디오에 의한 RTK-GNSS 데이터 전송 체계는 그림 5.25에 나와있다.

그림 5.25 FreeWave 라디오에 의한 RTK-GNSS 데이터 전송 방식

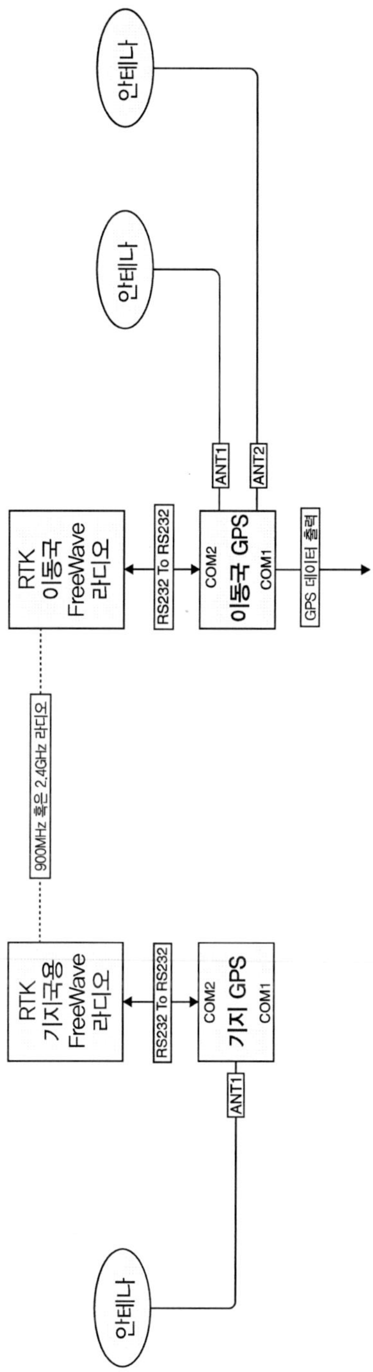

FreeWave 900MHz 또는 2.4GHz 라디오는 RTK-GNSS 수신기 평가에 사용된다. 이러한 라디오는 올바르게 구성되어야 한다. 이제 RTK 베이스 및 RTK 이동국 라디오의 구성 단계를 설명하고자 한다. 간단한 시리얼 터미널 프로그램 또는 FreeWave Tool Suite를 사용하여 라디오를 구성할 수 있다. 터미널 프로그램은 다음과 같다.

(1) Linux 용 터미널 프로그램 설치

```
sudo apt-get install gtkterm
```

(2) 라디오 하드웨어 설정

직선 RS-232 케이블을 사용하여 RS-232 포트를 통해 라디오를 컴퓨터에 연결한다. 컴퓨터에 RS-232 포트가 없으면 USB-RS-232 어댑터를 사용하면 된다. FreeWave 라디오에는 6-30 VDC 전원 공급장치가 필요하다. 설정하는 동안 라디오에 전원을 공급하려면 라디오에 포함된 벽면 전원 어댑터 또는 12V 배터리를 사용한다.

(3) 라디오 프로그래밍 모드 진입

프로그래밍 모드에서 라디오를 설정하려면 다음 단계를 따르면 된다.

- 라디오 보드에 안테나를 부착. 안테나가 부착되지 않은 상태에서 라디오에 전원을 공급해서는 안됨.
- 라디오의 RS-232 포트를 PC에 연결하고 필요한 경우 USB-RS-232 어댑터를 사용
- 라디오 전원 공급
- 터미널 프로그램을 열고 포트 매개 변수를 19200 bps, 8 비트, no parity, stop bit, no flow control로 구성
  (a) CoolTerm에서 옵션 버튼을 클릭하고 매개 변수를 설정한 다음 연결 버튼을 클릭
  (b) GtkTerm에서 Configuration 클릭 → Port(Shift + Ctrl + s)
- 라디오 보드의 전원 입력 옆에 있는 라디오 프로그래밍 버튼 누름. 보드에 있는 세 개의 LED(Light-Emitting Diode)가 모두 녹색으로 표시되어야 하며 그림 5.26 및 5.27과 같이 터미널 화면에 메뉴가 표시됨.

그림 5.26 CoolTerm의 900MHz 또는 2.4GHz 라디오 프로그래밍 화면

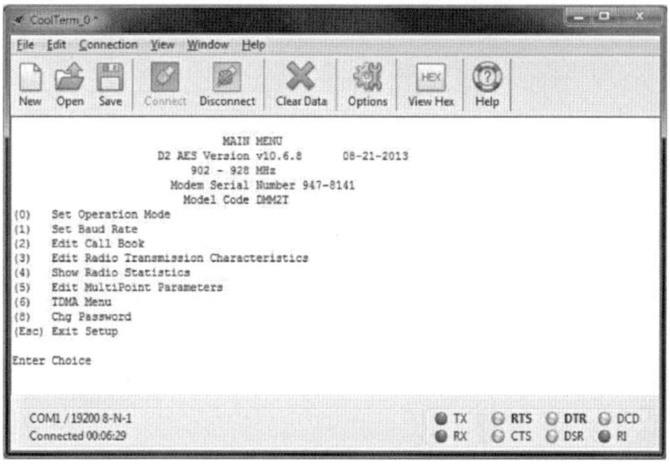

그림 5.27 GtkTerm의 900MHz 또는 2.4GHz 라디오 프로그래밍 화면

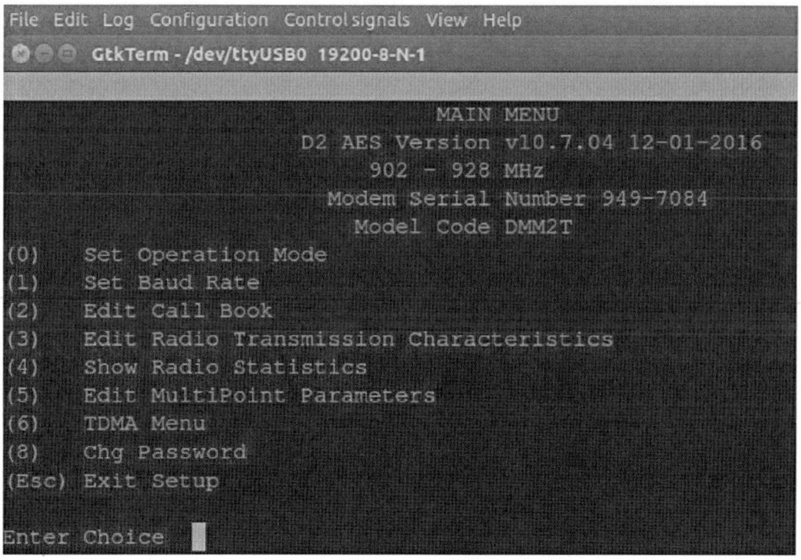

(4) RTK 기지국 용 라디오 프로그래밍

라디오를 RTK 기지국 수정 송신기로 프로그래밍하려면 다음 단계를 따르면 된다. 이 라디오는 Point-to-MultiPoint Master로 작동한다. 수정 사항을 여러 이동국에 동시 전송할 수 있다.

- (3) 번 항목의 설명대로 무선 프로그래밍 모드 진입
- 0 (Set Operation Mode) 입력
  - (a) 2 (Point-to-MultiPoint Master) 입력
  - (b) Esc를 눌러 메인 메뉴로 복귀
- 1 (Set Baud Rate) 입력
  - (a) 1 (115200) 입력
  - (b) Esc를 눌러 메인 메뉴로 복귀
- 5 (Edit MultiPoint Parameters) 입력
  - (a) 0 (Number Repeaters) 입력
    - 0 입력
  - (b) 1 (Master Packet Repeat)
    - 0 입력
  - (c) 2 (Max Slave Retry) 입력
    - 0 입력
  - (d) 6 (Network ID) 입력
    - 255를 제외한 0 ~ 4095 범위의 원하는 네트워크 ID 값을 입력하고 Enter를 누르기(값 255는 Netwrok ID 대신 Call Book을 활성화 함). 기지국 라디오 번호의 마지막 3 자리 또는 4 자리(4095 미만인 경우)를 Network ID로 사용하는 것이 좋음
  - (e) Esc를 눌러 메인 메뉴로 복귀
- 선택적으로 무선 전원 출력을 변경하려면 3(Edit Radio Transmission Characteristics) 입력
  - (f) 5 (RF Xmit Power) 입력
    - 900MHz 무선에서 0-10 (0 = 5mW, 3 = 80mW, 5 = 230mW, 7 = 480mW,

10 = 1W) 범위에서 원하는 전력 수준을 입력

• 2.4GHz 무선에서 원하는 전력 수준을 dBm 단위로 입력(20dBm = 0.1W, 27dBm = 0.5W)

(g) Esc를 눌러 메인 메뉴로 복귀

– Esc를 눌러 설정 종료

– 라디오의 전원을 끄기. 설정은 라디오의 비 휘발성 메모리에 저장됨. 라디오의 RTK 작동 준비 완료

(5) RTK 이동국용 라디오 프로그래밍

라디오를 RTK 수정 수신기로 프로그래밍하려면 다음 단계를 따르면 된다. 이 라디오는 Point-to-MultiPoint 슬레이브로 작동한다. 데이터를 전송할 수는 없다(수신만 가능). 이동국이 여러개인 시스템의 경우 모든 이동국 라디오에 대해 동일한 라디오 설정을 사용

– (3) 번 항목에 설명된대로 무선 프로그래밍 모드 진입

– 0 (Set Operation Mode) 입력

(a) 3 (Point-to-MultiPoint Slave) 입력

(b) Esc를 눌러 메인 메뉴로 복귀

– 1 (Set Baud Rate) 입력

(a) 1 (115200) 입력

(b) Esc를 눌러 메인 메뉴로 복귀

– 5 (Edit MultiPoint Parameters) 입력

(a) 0 (Number Repeaters) 입력

• 0 입력

(b) 1 (Master Packet Repeat) 입력

• 0 입력

(c) 2 (Max Slave Retry) 입력

• 0 입력(참고 : 이동국에서 베이스로 전송이 필요한 경우 Max Slave Retry를 1로 설정

(d) 3 (Retry Odds) 입력
- 0 입력

(e) 6 (Network ID) 입력
- 위의 RTK 기지국 라디오에서 설정한 것과 동일한 Network ID 값을 입력하고 〈Enter〉 입력

(f) Esc를 눌러 메인 메뉴로 복귀

- Esc를 눌러 설정 종료
- 라디오의 전원을 끄기. 설정은 라디오의 비 휘발성 메모리에 저장됨. 라디오의 RTK 작동 준비가 완료

(6) LED 표시기

라디오가 올바르게 구성 되었으면 그림 5.28과 같이 LED가 켜진다.

그림 5.28 LED 구성

	CD	TX	CTS
기지			off
이동국		off	

(7) 문제 해결

라디오가 동일한 네트워크의 다른 라디오와 통신하려면 모든 라디오에서 Network ID, Frequency Key, RF Data Rate, Minimum Packet Size, and Maximum Packet Size 5 가지 설정이 일치해야 한다. 이러한 설정 중 하나라도 일치하지 않으면 라디오가 연결되지 않는다.

참고문헌

[1] Misra, P. and Enge, P. (2006). Global Positioning System: Signals, Measurements and Performance, 2e. Lincoln, MA: Ganga–Jamuna Press.

[2] Leick, A., Rapoport, L., and Tatarnikov, D. (2015). GPS Satellite Surveying. Wiley.

[3] Jeffrey, C. (2010). An Introduction to GNSS. Calgary, AB: NovAtel Inc.

[4] Groves, P.D. (2013). Principles of GNSS, Inertial, and Multisensor Integrated Navigation Systems. Artech House.

[5] Irsigler, M., Avila–Rodriguez, J.A., and Hein, G.W. (2005). Criteria for GNSS multipath performance assessment. Proceedings of ION GNSS 2005, Long Beach, CA (13–16 September 2005).

[6] Rieder, M.J. and Kirchengast, G. (2001). Error analysis and characterization of atmospheric profiles retrieved from GNSS occultation data. Journal of Geophysical Research: Atmospheres 106 (D23): 31755–31770.

[7] GPS Information (2017). NMEA data. https://www.gpsinformation.org/dale/nmea.htm (accessed 24 November 2019).

06

컴퓨터비전 기반 인식과 위치추정

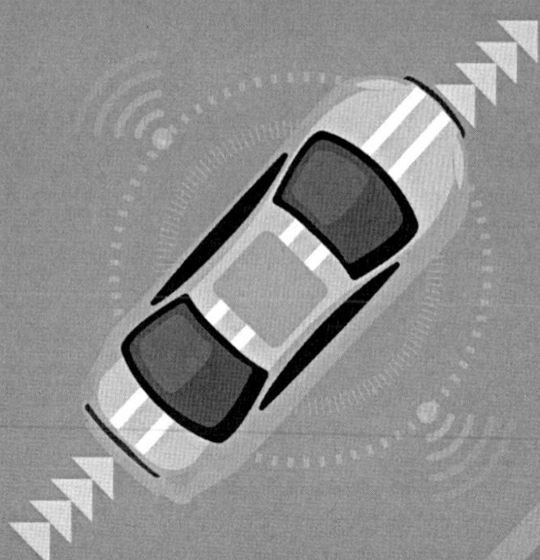

자율주행 차량과 로봇

06 컴퓨터비전 기반 인식과 위치추정

6.1 개요

그림 6.1에 나타낸 바와 같이 컴퓨터비전은 자율주행차량 및 로봇 구현을 위한 모듈설계 방법론의 필수불가결한 부분이다. 컴퓨터비전은 2가지의 핵심적인 기능인 위치추정과 인식을 제공한다. 여기서 위치추정은 어디에 있는지에 대한 질문에 대답하는 것이고 인식은 주변이 무엇인가에 대한 질문에 대답하는 것이다[1].

이 장에서는 상세한 컴퓨터비전 기술들을 개관한다. 6.2절에서 컴퓨터비전 하드웨어 설계를 시작으로 해서 컴퓨터비전 하드웨어 구축의 도전과제를 소개한다. 6.3절에서는 켈리브레이션의 개념을 소개하고 몇 가지 켈리브레이션 기술들을 탐구한다. 6.4절에서는 위치추정에 컴퓨터비전을 어떻게 사용할 수 있는가를 설명하고, 인식을 위한 컴퓨터비전의 사용 방법을 6.5절에서 취급한다. 6.6절에서는 PerceptIN's DragonFly 컴퓨터비전 모듈의 시범연구를 제시한다.

이 장을 학습하고 나면 독자들은 자율주행차량과 로봇의 설계에서 컴퓨터비전 기술들을 사용하는 방법뿐만 아니라 더 좋은 위치추정과 인식 결과를 얻기 위해 컴퓨터비전과 다른 센서들을 결합하는 방법들을 이해할 수 있게 될 것이다.

6.2 컴퓨터비전 하드웨어 구축

인식과 위치추정 과제를 수행하기 위한 컴퓨터비전 하드웨어의 구축은 고려해야 될 많은 설계요소들이 있기 때문에 매우 도전적인 과제이다. 이들 과제들은 사용할 이미지 센서 및 렌즈의 종류, 장치 내에서 계산할 것인지 아니면 장치 밖에서 계산할 것인지 등을 포함한다. 이 절에서는 이상과 같은 도전적인 설계과제들을 상세하게 살펴보고자 한다.

그림 6.1 모듈설계 구조

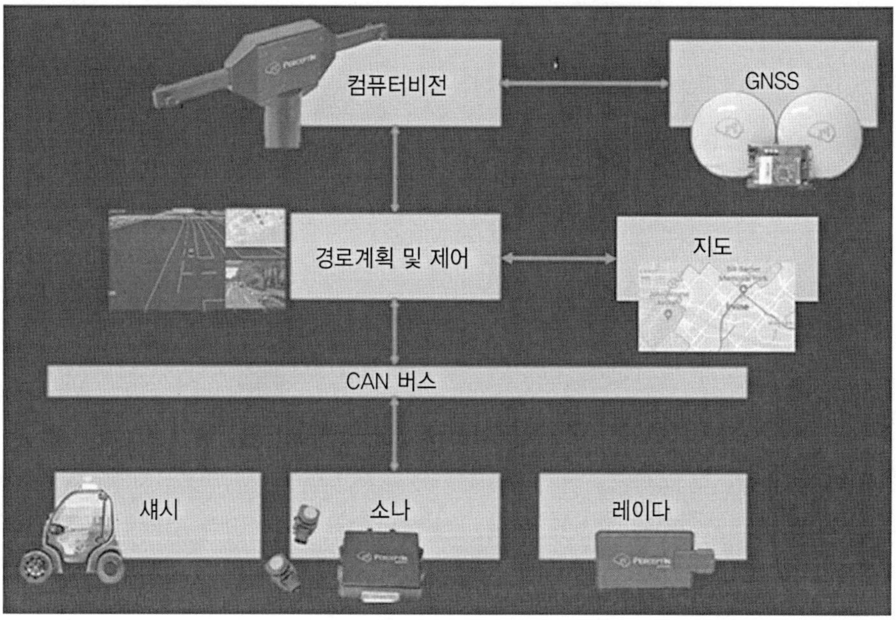

6.2.1 기술의 7개 계층

그림 6.2에 나타낸 바와 같이 하나의 컴퓨터비전 하드웨어 장치를 구축하기 위해서는 최소 7개 계층의 기술적 선택을 고려해야 된다.

- **렌즈**: 렌즈는 이미지 센서에 들어오는 빛의 양을 결정한다. 렌즈의 가장 간단 모델은 핀홀(pinhole) 모델이고, 이는 대부분의 광선을 차단하는 단순히 작은 간극으로 이상적으로는 이미지 센서의 각 점에 대한 물체에 하나의 광선을 선택하는 것이다. 렌즈의 기본적인 2가지 파라미터는 초점거리와 최대 간극이다. 초점거리는 이미지 평면에 투사되는 이미지의 확대를 결정하고, 간극은 이 이미지에 대한 빛의 세기를 결정한다. 초점거리는 시야(FOV: Field of View)를 결정하는데, 짧은 초점거리의 렌즈는 보다 긴 초점거리의 렌즈에 비해 보다 넓은 FOV를 제공한다. 한편 넓은 간극의 렌즈는 동일한 노출에 대해 보다 빠른 셔터속도를 사용할 수 있게 한다.
- **이미지 센싱**: 이미지 센서는 이미지를 만드는데 사용되는 정보를 검출하고 전달한다. 이는 광파(light wave)의 변화무쌍한 감쇠성분을 디지털 신호로의 변환으로 이루어진다. 파형은 빛 또는 다른 전자기 방사가 될 수 있다. 상용제품에 적용된 카메라는 일반적으로 상보성 금속산화막 반도체(CMOS) 센서를 사용하고 있는데 이는 전하결합소자(CCD)에 비해 가격이 싸고 보다 낮은 전력을 소비한다. CCD 센서는 위성용과 같은 고급제품 카메라에 사용되고 있다. 서로 다른 용도에 적합한 이미지 센서를 조정하는 예로 낮에는 가시광선 센서를 사용할 수 있지만 어둠에서 우수한 비전을 제공하기 위해서는 적외선 이미지 센서를 사용할 수 있다는 것이다.
- **이미지 신호처리기**(ISP: Image Signal Processor): ISP는 하나의 카메라 시스템을 위해 demosaicing(이미지 센서로부터 출력된 불완전한 칼라 샘플을 완전한 칼라 이미지로 재구성하는데 사용되는 디지털 이미지 처리기술), 자동초점, 노출 및 하이트 밸런스 등을 제어한다. 특히 이미지 센서의 화소들은 파장들간의 빛의 세기에 민감하고 본질적으로 이들은 칼라 애그노스틱[1]이다. 칼라 이미지를 끄집어내는 방법은 통상적으로 베이어 패턴의 칼라필터를 위에 씌우고 인접 화소들의 칼라를 보간한다. 따라서 정확한 ISP와 관련 파라미터들의 선택은 상이한 조명조건에서 기하학적 특징을

1) 칼라에 대한 지식과 무관하게 칼라를 출력하는 것

검출하는데 매우 중요하다.

- **기구설계**: 2개의 카메라와 같이 다수의 센서를 사용하는 경우, 진동뿐만 아니라 광범위한 동작온도 범위에서도 센서 모듈의 견고성을 확보할 수 있는 기구설계가 매우 중요하다. 우수한 기구설계는 시스템의 재켈리브레이션의 필요성을 비록 완전히 제거되지 않지만 줄일 수 있고, 이는 상용제품을 위해 최소화하려고 노력하는 것이다.
- **센서융합**: 개별 센서들은 시스템의 동기화와 켈리브레이션에 많은 복잡성을 가져오기 때문에 여러 개의 센서들을 융합하는 것은 도전적인 과제이다. 융합된 센서 데이터를 사용하기 전에 상이한 센서들로부터의 데이터가 시공간적으로 조정된 것인지를 보증하는 것이 필요하다.
- **컴퓨팅 시스템**: 컴퓨터비전 알고리즘은 계산량이 매우 많으므로 빠르고 좋은 성능을 발휘할 수 있는 컴퓨팅 시스템을 개발하는 것은 의미 있는 도전이다. 컴퓨팅 작업의 가속화는 병렬처리, 하드웨어 가속화 또는 보다 강력한 머신으로의 계산 부하 분산 등과 같은 다양한 기술을 통해 달성할 수 있다.
- **알고리즘**: 센서 시스템과 컴퓨팅 시스템이 갖추어지고 나면, 컴퓨터비전 시스템을 동작시키는 구체적인 알고리즘을 결정해야 한다. 통상적으로 컴퓨터비전은 인식과 위치추정에 사용할 수 있다. 비전만을 사용해서 위치추정을 하는 경우에는 비주얼 SLAM[2) (VSLAM)을 사용할 수 있다. 비전시스템과 관성측정장치(IMU)를 사용하면 위치추정에 비주얼 관성 주행거리계(Visual-Inertial Odometry: VIO)를 사용할 수 있다. 또한 비전시스템과 IMU, GNSS(Global Navigation Satellite System: 지구항행 위성 시스템)를 사용하면 위치추정에 VIO-GNSS 융합을 수행할 수 있는데, GNSS는 양호한 신호수신으로 지상실측 정보(ground-truth) 데이터를 제공한다. 스테레오 카메라 시스템을 사용해서 인식하는 경우 정확한 시차 맵 생성으로 깊이 추정을 수행할 수 있다. 뿐만 아니라 비전으로 심화학습 방법을 사용해서 이미지 분할을 수행할 수도 있다.

2) Simultaneous Localization and Mapping: 동시 위치추정 및 지도 작성

그림 6.2 컴퓨터비전 하드웨어 구현을 위한 기술의 7개 계층

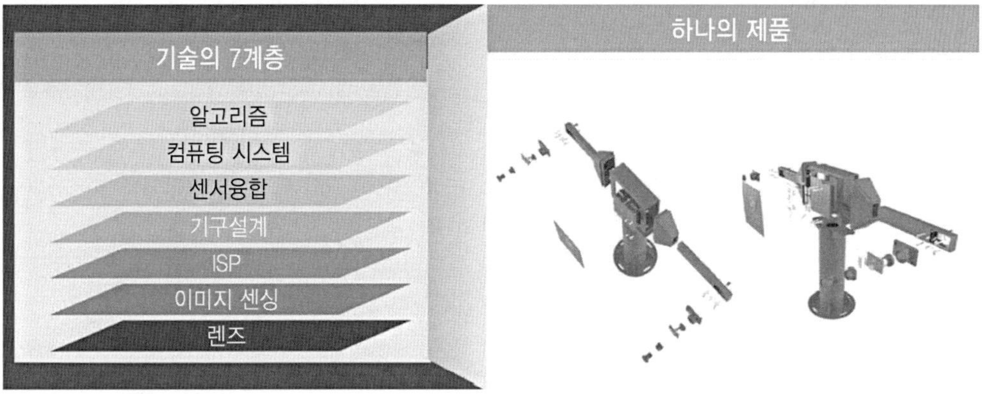

6.2.2 하드웨어 동기화

다음으로 컴퓨터비전 하드웨어가 센서융합을 수행한다고 하면 서로 다른 센서 하드웨어를 동기화시키는 방법을 고려하는 것이 필요하다. 예로 사물의 깊이정보 추출을 위해 스테레오 비전 컴퓨테이션을 수행하는 것이 필요하다고 하면 양쪽 카메라로부터의 이미지를 동기화시키는 것은 필수불가결하다. 그렇지 않으면 가령 좌측의 이미지가 우측 이미지 다음 100ms 이후에 입력된다고 하면, 특히 컴퓨터비전 소자를 이동하는 차량에 배치한 경우에는 정확한 깊이 정보를 생성할 수 있는 방법이 없게 된다. 따라서 IMU나 GNSS와 같은 센서들을 시스템에 추가하게 되면 시스템 설계는 더욱더 복잡하게 될 것이다.

그림 6.3에 나타낸 것처럼, CMOS 이미지 센서와 ISP간, 그리고 ISP와 CPU간에 지연시간은 모두 이동체 산업용 프로세서 인터페이스(Mobile Industry Process Interface: MIPI)로 인해 대략 10ns 정도가 된다. 이 지연시간은 I2C 인터페이스를 통해서 시작되는 IMU 데이터에 대해서도 동일하게 유지된다. ISP 상의 이미지 전처리에 ~10ms 정도가 소요되는데 이는 합리적이고 특히 이 지연은 거의 불확실성이 없는 것과 일치한다.

센서 동기화를 보다 정밀하게 수행하면 할수록 센서들간에 관측하게 될 시간적 변화가 줄어든다. 예로 이미지 센서들을 직접 동기화시킬 수 있는 일련의 하드웨어를 갖고 있다고 하면 거의 무시할 수 있는 ~10ns 정도의 지연시간 변화를 얻게 될 것이다. 그렇지 않고 응

용레벨에서 동기화를 수행하면 거의 파국적일수도 있는 ~100ms 지연시간 변화에 직면할 수도 있을 것이다.

따라서 스테레오 비전에서 두 이미지 센서가 동일한 ISP에 연결되어 있다고 하면, 두 이미지 센서를 동기화시키기 위한 효율적이고 간단한 방법은 두 이미지 센서간의 하드웨어 동기화와 이미지 품질개선을 위한 자동노출과 이미지 전처리를 개시하는 ISP를 사용하는 것이다.

그림 6.3 동기화

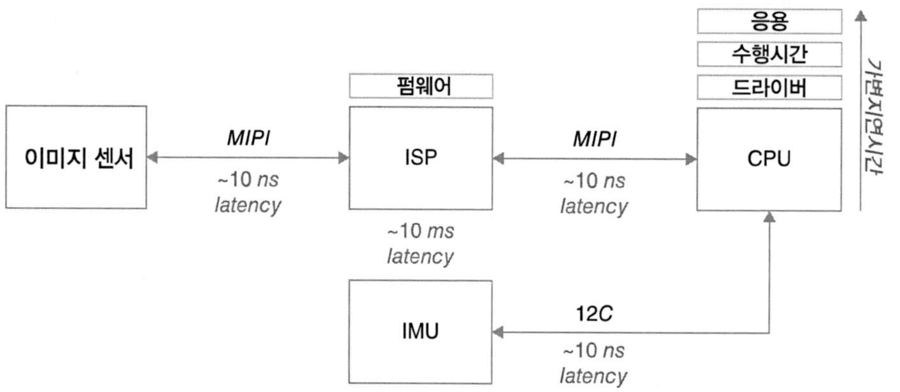

6.2.3 컴퓨팅

동기화를 처리해서 깨끗한 데이터를 얻은 다음에는 컴퓨팅을 고려해야 한다. 컴퓨터비전 기반 컴퓨팅은 많은 계산량의 극단적인 요구사항이다. 궁극적으로 이는 프레임레이트와 컴퓨팅 능력간의 타협이 될 것이다. 사용가능한 상업용 임베디드 프로세서로는 높은 프레임레이트[즉 15fps 이상(fps: frame per second)]를 얻는 것이 매우 어렵고, 낮은 프레임레이트는 안전상의 이유로 높은 속도로 차량을 이동시키는 것이 금지된다.

고급 사양의 프로세스로는 보다 높은 프레임레이트를 달성할 수 있지만 비용과 전력소모가 주요 쟁점이 될 수 있다. 자율주행차량과 로봇은 제한된 장착 에너지에 의한 이동체이므로 전력소모는 주요 문제가 될 수 있다.

성능 최적화를 위한 많은 소프트웨어 기술이 존재하지만, 가장 간단한 것은 이미지 해상도를 줄이는 것으로 이는 이미지 품질을 저하시켜 인식과 위치추정 능력에 부정적인 영향을 주게 될 것이다.

또 다른 소프트웨어 최적화 기술은 다중 프로세스, 그래픽처리장치(Graphics Processing Unit: GPU), 또는 디지털신호처리장치(Digital Signal Processor: DSP)와 같은 병렬 컴퓨팅을 이용하는 것이다 [2]. 이 기술들은 소프트웨어 일부분의 인텐시브 리라이팅을 포함하고 있으나, 다행스럽게도 OpenCL[3], ARM Compute Library[4], OpenCV on CUDA[5] 등과 같은 잘 개발된 라이브러리들이 있다.

소프트웨어 최적화가 컴퓨팅 수요를 만족하지 못한다고 하면, 문헌 [6, 7]에 보고되어 있는 것과 같은 맞춤형 하드웨어 개발을 시도할 수도 있다. 최적 하드웨어를 촉진시키기 위해서는 먼저 컴퓨팅 파이프라인의 컴퓨팅 병목현상을 확인하는 것이 필요하고, 컴퓨팅의 중요한 경로를 가속화시킬 수 있는 전문화된 하드웨어를 개발해야 한다. 그러나 이 방법은 매우 높은 비용이 수반된다. 자율주행 작업부하를 위한 하드웨어 가속화 방법에 관한 철저한 조사는 11장에서 제시할 것이다.

6.3 켈리브레이션

센서 켈리브레이션은 센서의 고유 파라미터(즉 핀홀 모델에서의 카메라 초점거리)나 부수적인 파라미터(즉 지구좌표 또는 다른 센서에 대한 위치와 방위)를 결정하는 과정이다. 켈리브레이션은 자율주행 차량과 로봇의 많은 응용에서 필수불가결한 선행조건이라 할 수 있다.

예로 자율주행차량 및 로봇에서 동시적 위치추정 및 지도작성(Simultaneous Localization and Mapping: SLAM) 계산을 위해 카메라와 IMU의 융합과 같은 상이한 센서로부터의 측정을 융합시키기 위해서는 모든 센서의 측정을 공통 기준 프레임에 대해 표현해야 하는데, 이는 센서들의 상대적인 위치에 대한 지식을 요구하게 된다. 이절에서는 센서 켈리브레이션의 기본적인 것을 소개하고 소스가 공개된 켈리브레이션인 Kalibr[8, 9]를 제시한다. 센서 켈리브레이션의 상세한 기술을 탐구하고 싶으면 문헌 [10]을 참조하기 바란다.

6.3.1 고유 파라미터들

고유 파라미터들은 외부환경이나 센서가 어떻게 놓여있는지 등에 좌우되지 않는 것들이다. 예로 카메라 핀홀 모델에서 이미지 평면상의 특징점(즉 랜드마크)의 2D 투영을 나타내기 위해 u, v를 사용하고, 카메라의 초점에서 원점을 갖는 지구좌표 프레임에서 대응점의 3D 위치를 x, y 및 z로 나타내고, 카메라의 초점거리를 f로 표시해 보자. 이와 같은 간단한 모델에서 카메라의 초점거리 f는 통상적으로 미지이거나 또는 단지 근사적으로 알 수 있는 고유 파라미터이다. 초점거리는 어떤 센서융합 알고리즘에서 이 카메라 모델을 적용하기 전에 정확하게 추정되어야 할 것이다. 이와 같은 문제를 카메라의 고유 켈리브레이션이라 한다. 케메라와 유사하게 휠 인코더(wheel encoder), IMU, LiDAR 등과 같은 많은 다른 센서들도 사용하기 전에 보정되어야 하는 내부 파라미터들을 갖고 있다.

6.3.2 부수적인 파라미터들

부수적인 파라미터들은 외부 기준 프레임에 대한 센서의 위치와 방향 (이들을 합쳐서 방위라 함)을 기술하는 것이다. 센서의 방위를 글로벌 기준 프레임에 대해 결정하는 것이 필요할 때 이들 파라미터들을 추정하는 문제를 글로벌 위치추정이라 하고, 다양한 센서들이 존재하는 효율적인 알고리즘을[10] 사용해서 해결할 수 있다.

예로 3D 카메라 위치결정에서 6개 자유도(DOF)를 갖는 카메라 방위는 글로벌 기준 프레임 위치가 알려져 있는 최소 4개의 동일직선상이 아닌 랜드마크 또는 선형독립인 3D 공간에서 방향을 갖는 최소 3개의 알고 있는 선들의 관측으로부터 계산할 수 있다.

또한 많은 시스템에서 다중 센서가 동일 장치에 단단하게 부착되어 있다. 시스템이 관측 가능한 것을 확인하거나 단일 센서의 실패에 대해 강인함을 증가시키기 위해 다중 센서로부터의 융합이 필요할 수도 있을 것이다. 그러나 융합 알고리즘은 기하학적인 정량에 대응하는 관측들을 처리할 수 있고 이들이 공간적으로 관련된 경우에만 다중 센서로부터 제공될 수 있다. 따라서 공통 기준 프레임에 대해 모든 관측을 나타내기 위한 센서간의 변환을 수행하는 것이 필요하다. 센서간의 변환을 추정하는 과정을 부수적인 센서간 켈리브레이션이라 한다.

IMU와 GPS간의 변환을 수행하는 경우를 고려해 보자. IMU는 포화상태를 피하기 위해 차량의 회전중심에 가깝게 설치되고, 반면 GPS 안테나는 고품질의 신호수신을 보장할 수 있도록 차량의 몸체 외부에 탑재된다. 이와 같은 조립은 불가피하게 IMU와 GPS간에 많은 거리를 야기하게 된다. 이제 차량이 정지해 있으면서 IMU 주변을 회전하는 경우를 고려해 보자. 이 경우 GPS 측정은 제로가 아닌 선형 속도를 나타내지만 IMU에 의해 측정된 선형 가속도의 누적은 제로 속도를 수반하게 된다. GPS와 IMU간의 변환을 알고 있지 않으면 이 모순을 해결하는 방법은 없고, 이들 두 센서로부터의 측정을 융합하는 어떠한 알고리즘도 성공할 수 없을 것이다.

6.3.3 Kalibr

Kalibr는 로봇공학에서 공통으로 조우하는 켈리브레이션을 해결하는 공개 소스의 툴박스(toolbox)이다[8, 9]. 먼저 Kalibr는 다중 카메라 켈리브레이션에 사용될 수 있는데, 글로벌하지 않게 공유된 중첩 시야를 갖는 카메라 시스템의 고유 파라미터 및 부수적인 파라미터들의 켈리브레이션을 쉽게 생성시킬 수 있다. 두 번째로 Kalibr는 카메라 IMU인 비주얼 관성 캘리브레이션에 사용할 수 있다. 비주얼 관성 하드웨어 시스템은 자율주행 차량과 로봇의 위치추정 과제에 공통적으로 사용된다; Kalibr는 카메라 시스템에 대한 IMU의 시공간적 켈리브레이션 파라미터를 생성하는 편리한 툴이다. 세 번째로 Kalibr는 다중 IMU 및 IMU 고유 켈리브레이션에 사용될 수 있다. 따라서 Kalibr는 자율주행차량 및 로봇에 널리 사용되는 비주얼 관성 하드웨어 시스템을 위한 매우 유용한 툴이다.

6.3.3.1 켈리브레이션 목표

Kalibr는 세 가지 상이한 목표들을 지원한다. 이는 다음과 같은 이점으로 인해 Aprilgrid (그림 6.4)의 사용을 권장한다: 부분적으로 가시적인 켈리브레이션 보드는 목표로 하는 방위가 완전히 해결되는 형태로 사용할 수 있다. 목표들은 켈리브레이션 툴에 제공되어야 하는 YAML 구성 파일을 사용해서 구성된다. 그리드는 아래의 스크립트를 사용해서 생성되거나 다운로드 페이지에 다운로드할 수 있다.

```
kalibr_create_target_pdf -h
```

그림 6.4 Aprilgrid

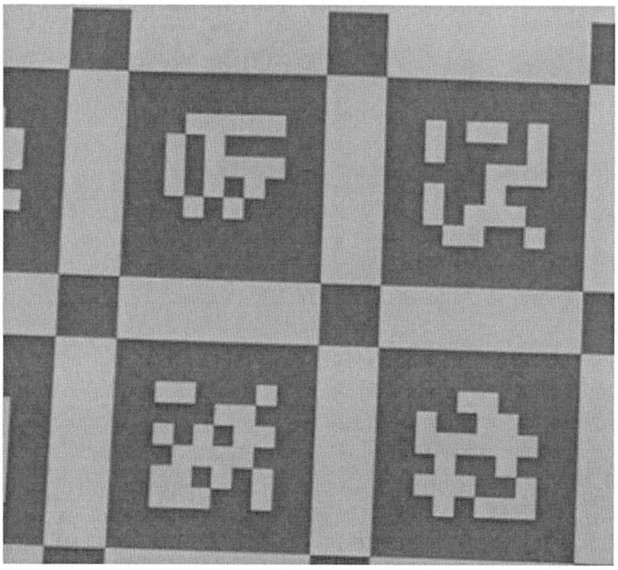

6.3.3.2 다중 카메라 켈리브레이션

[단계 1] 이미지 모음: 가공 전 원래의 이미지 데이터를 포함하고 있는 ROS(Robot Operating System) bag을 생성한다. 카메라 시스템은 고정되어 있고, 케리브레이션 목표는 켈리브레이션 이미지를 얻을 수 있도록 카메라 전방으로 이동된다. 켈리브레이션 데이터를 포착하는 동안 4Hz 정도의 낮은 주파수의 카메라 스트림을 권장한다. 이는 데이터 셋에서 중복된 정보를 줄이고, 겔리브레이션의 수행시간을 낮추게 한다.

[단계 2] Kalibr 수행: 다음 명령문을 사용해서 Kalibr를 수행시키다. 초점거리에 관한 잘못된 초기 추측으로 인해 최적화가 초기 몇 개의 이미지를 처리한 직후 발산할 수 있다는 것을 주목하라. 이 경우는 초기 추측들이 이미지의 램덤 픽에 기반한 것이므로 단지 캘리브레이션의 재시작을 시도해 보라.

```
kalibr_calibrate_cameras --bag [filename. bag] --topics
[TOPIC_0 ... TOPIC_N] --models [MODEL_0 ... MODEL_N] --
target [target.yaml]
```

[단계 3] 출력이해: 다음과 같은 출력이 생성된다.

report−cam−%BAGNAME%.pdf: 문서화를 위한 모든 도면을 포함하는 pdf 형식의 보고서
results−cam−%BAGNAME%.txt: 텍스트 파일로 요약된 결과
camchain−%BAGNAME%.taml: YAML 형식의 결과로 카메라−IMU 켈리브레이터를 위한 입력으로 사용될 수 있다.

6.3.3.3 카메라 IMU 켈리브레이션

선행조건: 카메라−IMU 켈리브레이션을 수행할 수 있기 전에, IMU의 고유 파라미터들을 사전에 켈리브레이트해두는 것이 필요하고, 그 교정은 원래의(raw)의 관측에 적용하는 것이 필요하다. 또한 가속도계와 자이로스코프를 위한 다음과 같은 통계적 특성을 갖는 YAML을 생성해야 한다: 잡음확률밀도, 바이어스 랜덤 워커(walk).

[단계 1] 이미지 모음: IMU 측정을 포함하는 CSV 파일과 원래의 생 이미지 스트림을 포함하는 ROS bag을 생성시켜라. 켈리브레이션 목표는 이 켈리브레이션에 고정되고, 카메라−IMU 시스템은 모든 IMU 축을 여기할 수 있도록 목표 앞으로 이동한다. 캘리브레이션 목표의 양호한 조명조건을 확인하고, 과도한 모션블러(motion blur)를 피할 수 있도록 카메라 셔터 속도를 낮게 유지하는 것은 아주 중요하다. 카메라 셔터속도 20Hz, IMU 측정 200Hz의 사용으로 좋은 결과를 얻을 수 있을 것이다.

[단계 2] Kalibr 수행: 다음 명령문으로 Kalibr를 수행시켜라.

```
kalibr_calibrate_imu_camera --bag [filename. bag] --cam
[camchain.yaml] --imu [imu.yaml] --target [target.yaml]
```

[단계 3] 출력이해: 다음의 결과가 생성된다.

report-cam-%BAGNAME%.pdf: 문서화를 위한 모든 도면을 포함하는 pdf 형식의 보고서

results-cam-%BAGNAME%.txt: 텍스트 파일로 요약된 결과

camchain-%BAGNAME%.yaml: YAML 형식의 결과이고, 이 파일은 IMU에 대한 모든 카메라를 위한 부가된 정보를 갖는 입력 camchain.yaml에 의거한 것이다.

6.3.3.4 다중 IMU와 IMU 고유 켈리브레이션

Kalibr의 확장된 판은 다중 카메라와 다중 IMU로 구성된 센서들의 시공간적 켈리브레이션을 지원하는 것에 주목하라. 또한 IMU 고유 파라미터뿐만 아니라 x축에 대한 가속도계의 y축 및 z축의 변위도 추정할 수 있게 한다.

선행조건: 카메라-IMU 켈리브레이션을 수행할 수 있기 전에, IMU의 고유 파라미터들을 사전에 켈리브레이트 해두는 것이 필요하고, 교정이 원래의(raw)의 관측에 적용하는 것이 요구된다. 또는 가속도계와 자이로스코프를 위한 다음과 같은 통계적 특성을 갖는 YAML을 생성해야 한다: 잡음확률밀도, 바이어스 랜덤 walk.

[단계 1] 이미지 모음: IMU 측정을 포함하는 CSV 파일과 원래의 이미지 스트림을 포함하는 ROS bag을 생성시켜라. 켈리브레이션 목표는 이 켈리브레이션에 고정되고, 카메라-IMU 시스템은 모든 IMU 축을 여기할 수 있도록 목표 앞으로 이동한다. 캘리브레이션의 양호한 조명조건을 확인하고, 과도한 모션 블러를 피할 수 있도록 카메라 셔터 속도를 낮게 유지하는 것은 아주 중요하다. 카메라 셔터속도 20Hz, IMU 측정 200Hz의 사용으로 좋은 결과를 얻을 수 있을 것이다.

[단계 2] Kalibr 수행: 다음 명령문으로 Kalibr를 수행시켜라.

```
kalibr_calibrate_imu_camera --bag [filename.bag] --cam
[camchain.yaml] --imu [imu.yaml] --target [target.yaml]
```

또한 확장된 전체적인 구성에는 많은 부가적인 옵션이 있다.

- IMU IMU_YAMLS [IMU_YAMLS ...] 이 옵션은 센서들로 이루어진 각각의 IMU에 대해 하나씩인 yaml 파일 리스트를 받아들인다. 첫 번째 IMU는 참조 IMU (IMU0)이다.
- IMU-models IMU_MODELS [IMU_MODELS ....] 이 옵션은 ―IMU로 주어지는 리스트와 같은 길이의 IMU 모델의 리스트를 유지한다.

현재 지원되는 모델은 캘리브레이트된 scale-misalignment와 scale-misalignment-size-effect이다. 디폴트는 캘리브레이트된 것이고, 이는 모델이 제공되지 않을 때 가정될 수 있을 것이다.

[단계 3] 출력이해: 다음의 결과가 생성된다.

report-imucam-%BAGNAME%.pdf: 텍스트 형식 및 결과 도면으로 요약된 켈리브레이션을 포함하는 pdf 보고서이다. 잔류가 그려지는 곳에는 가정된 오차 프로세서 세기가 주어진 경우 개별 yaml 필터나 옵션인 -reprojection-sigma를 통해 주어진 3 시그마 제한이 노이즈 파라미터와 모델의 정확성에 관한 직관을 촉진하기 위해 표시된다.
results-imucam-%BAGNAME%.txt: 결과의 요약은 선택한 IMU 모델에 특정된 결과를 포함한다. 요약은 pdf로 구한 것과 같다.
imu-%BAGNAME%.yaml: IMU 켈리브레이션은 yaml 형식의 결과이다. 이 파일의 내용은 옵션 ―IMU-model을 통해 선택한 모델에 좌우된다.

6.4 컴퓨터비전을 사용한 위치추정

VSLAM 기술은 자율주행차량과 로봇의 위치추정 과제에 이용할 수 있다., VSLAM은 많은 응용에 두 가지 기본적인 구성요소를 제공하기 때문에 수년에 걸쳐 활발한 연구 주제가 되어왔다. 즉 어디에 있는지와 무엇을 보는지에 대한 것이다[11]. SLAM에 대한 이론들은 수년에 걸쳐 성숙된 반면 VSLAM을 실제 응용에 적용시키기 위한 도전 과제는 여전히 아직도 남아 있다.

6.4.1 VSLAM 개요

VSLAM 시스템은 각각의 응용이 서로 다른 요구사항들을 부과할 수 있는 주문형 규격이다. 예로 모바일 로봇은 전체 빌딩과 같은 대규모의 환경에서 맵핑과 위치추정을 요구하는데, 이는 루프 클로우징과 대규모 최적화에 대한 도전에 직면하게 한다. 한편 증강현실(AR: Augmented Reality)과 가상현실(VR: Virtual Reality)의 응용에서는 가상적인 내용을 볼 때 몰입적인 사용자 경험을 제공할 수 있도록 낮은 지연을 갖는 높은 정밀도와 지터가 없는 위치추적을 요구한다. 자율주행 차량에서는 다양한 환경을 다룰 수 있도록 다중 센서를 사용한 위치추정이 필수적이고, 이는 추적을 위한 실시간 센서 융합의 도전에 빠지게 한다. 결국 실제 응용에서 작동하기 위한 SLAM의 도전은 센서의 선택과 목표로 하는 응용 시스템의 설계, 상세한 구현 내용의 문제가 되는 것이다.

VSLAM 방법은 센서와 컴퓨테이션 플랫폼의 개발과 함께 발전되고 있다. 먼저 SLAM은 휠 인코더와 거리 센서를 장착한 로봇에 대부분 응용되어 왔다. 이와 같은 SLAM 시스템은 로봇의 방위와 맵(랜드마크의 집합)을 공동으로 추정하기 위해 가우시안 잡음을 갖는 선형 근사화된 모델의 가정을 사용한 Kalman 필터[12]를 적용하거나, 글로벌 맵내에서 위치추정을 위한 다중가설을 구축하는 퍼티컬 필터[13]를 사용하고 있다.

CCD/CMOS 센서와 같은 수동 센서들은 비용 효율적이고 보다 나은 품질과 대량생산의 준비가 되어 있어 조밀하지 않은 희소 특징정보를 사용하는 많은 VSLAM 방법들이 개발되어 왔다(PTAM[14], ORB-SLAM[15]). 대부분의 VSLAM 방법들이 이미지 특징을 사용해서 희소 포인트 클라우드를 구축하지만, 일부분은 직접 방위와 깊이를 추정하기 위해 이미지와 이미지간의 정열을 사용하는데(LSD-SLAM[16]), 이는 보다 밀집된 맵을 생성할 수 있다.

VIO는 위치추정 과제를 수행하는 센서 융합 방법이다. 비전 센서와 IMU의 조합은 IMU가 높은 프레임레이트의 방위 예측을 제공하는 반면 카메라는 정확한 방위교정과 맵 구축을 제공하기 때문에 매우 효율적이다. 두 가지 범주의 VIO 시스템 즉 타이트한 결합[17]과 느슨한 결합[18]이 있다. 타이트한 결합 시스템은 관성과 시각센서 측정에서 공동으로 함께 최적화하는데, 이는 매핑과 추적 모두 보다 높은 정밀도를 제공한다. 느슨한 결합 시스템은 동기화에 낮은 요구조건을 갖는 센서 조합의 유연성을 제공하고 낮은 계산비용을 요구한다.

6.4.2 ORB-SLAM2

ORB-SLAM2는 카메라 궤적과 희소 3D 재구성을 계산하는 단안, 스테레오, RGB-D 카메라를 위한 실시간 SLAM 라이브러리이다. 이 알고리즘은 실시간으로 카메라의 재위치추정(relocalization)과 루프를 검출할 수 있다.

문헌 [20]에서 저자들은 스테레오 또는 단안으로 KITTI 데이터 셋, RGB-D 또는 단안으로 TUM 데이터 셋, 스테레오 또는 단안으로 EuRoC 데이터 셋내에서 SLAM 시스템을 가동시키는 예들을 제시하고 있다. 또한 저자들은 라이브 단안, 스테레오 또는 RGB-D 스트림을 처리하는 ROS 노드를 제공한다. 라이브러리는 ROS 없이 컴파일 될 수 있다. 또한 ORB-SLAM2는 SLAM 모드와 위치추정 모드 사이를 변경할 수 있는 GUI를 제공한다.

6.4.2.1 선행조건

자신의 시스템에 ORB-SLAM2를 설치하기 전에 몇 가지 선행조건이 있다. 먼저 ORB-SLAM2는 Ubuntu 14.04 또는 16.04를 갖는 시스템에서 성공적으로 가동되어 왔다. 두 번째로 ORB-SLAM2가 C++11의 새로운 스레드와 크로노(chrono) 기능들을 사용하므로 C++11 또는 C++0x 컴파일러가 요구된다. 세 번째로 ORB-SLAM2는 시각화와 유저 인터페이스를 위해 Pangolin을 사용한다. 네 번째로 ORB-SLAM2는 이미지 및 특징처리에 OpenCV를 사용한다. 다섯 번째로 ORB-SLAM2는 매트릭스 계산에 Eigen3을 사용하는데, 이는 비선형 최적화를 위해 g2o에서 요구되는 것이다. 여섯 번째로 ORB-SLAM2는 DBoW2와 g2o를 사용하는데, 이는 이미 ORB-SLAM2의 세 번째 폴더에 포함되어 있다. DBoW2 라이브러리는 장소인식을 수행하기 위한 것이고, g2o 라이브러리는 비선형 최적화 수행을 위한 것이다.

6.4.2.2 ORB-SLAM2 라이브러리 구축

다음으로 지역적으로 ORB-SLAM2 라이브러리 구축을 시작할 수 있다. 먼저 다음 명령문을 사용해서 저장소를 생성할 수 있다.

```
git clone https://github.com/raulmur/ORB_SLAM2.git ORB_SLAM2
```

ORB-SLAM2는 ORB-SLAM2 및 제3자 라이브러리 구축에 매우 사용하기 쉬운 스크립트인 build.sh를 제공한다. 구축하기 전에 6.4.2.1절에 열거된 모든 요구상태가 설치되었는지 확인하기 바란다. 그러면 실행할 수 있다.

```
cd ORB_SLAM2
chmod +x build.sh
./build.sh
```

이들 단계들은 lib 폴더에 libORB_SLAM2.so를, Example 폴더에 실행 가능한 monotum, mono_kittim rgbd_tum, stereo_kitti, mono_euroc, 및 stereo_euroc 등을 생성할 것이다.

6.4.2.3 Running 스테레오 데이터세트

KITTI는 자율주행에서 알고리즘 개발을 위한 데이터세트이다 [21]. KITTI는 고해상도 칼라와 그레이스케일 스테레오 카메라, Velodyne 3D 레이저 스캐너, 고정밀 GPS/IMU 관성 항행 시스템과 같은 다양한 센서를 사용해서 10 ~ 100Hz의 6시간의 트래픽 시나리오를 담고 있다. KITTI에서 제시된 시나리오는 시골지역의 고속도로에서부터 많은 정적 및 동적 사물을 갖는 도시간 조망에 이르기까지 다양한 실제 트래픽 상황을 포착한 것이다.

뿐만 아니라 KITTI내의 센서 데이터는 캘리브레이트 및 동기화되고 시간표기된 것이고, 조정된 이미지 시퀀스 및 원래의 생 이미지 시퀀스 모두가 제공된다. 이 소절에서는 KITTI의 스테레오 이미지 데이터 셋 상에서 ORB-SLAM2가 어떻게 동작하는를 보여 줄 것이다. 데이터 셋은 다음의 링크로부터 다운로드할 수 있다.

http://www.cvlibs.net/datasets/kitti/eval_odometry.php

그러면 다음의 명령문을 실행할 수 있는데, KITTIX.yaml이 시퀀스 0 - 2, 3, 그리고 4 - 12에 대해 각각 KITTI00-02.yaml, KITTI03.yaml 및 KITTI04-12.yaml로 변경할 수 있다는 것을 주목해야 할 것이다. 그리고 PATH-TO_DATASET_FOLDER를 압축되지 않은 데이터 셋 폴더로 변경할 수 있고, SEQUENCE_NUMBER은 00, 01, 02, ..., 11로 바꿀 수 있다.

```
./Examples/Stereo/stereo_kitti Vocabulary/ORBvolc.txt Examples/Stereo/ KITTIX.
yaml PATH_TO_DATASET_FOLDER/dataset/sequence
```

6.5 컴퓨터비전을 사용한 인식

이절에서는 컴퓨터비전을 사용한 인식의 두 가지 방법 즉 양안 이미지로부터 깊이 추정과 사물의 인스턴스(instance) 세그맨테이션[3]을 소개한다. 사물 인스턴스 세그맨테이션을 사용함으로서 차량이나 보행자와 같은 검출된 사물의 세멘틱 정보를 추출할 수 있다. 깊이 추정으로 검출한 사물의 깊이 정보를 추출할 수 있다. 이들 두 가지 기술의 조합으로 환경 내 모든 관심있는 사물의 공간 및 세멘틱 정보를 정확하게 인지할 수 있고, 이들 정보는 실시간으로 경로설계와 제어모듈이 지능적인 결정을 하게 하는데 중요한 것이다.

자율주행과 같은 응용이 실용화 되기 위해서는 스테레오 깊이정보 추정방법이 빠른 속도(30fps 이상)로 구동되어야 할 것이다. 한편, 깊이오류는 거리의 자승으로 증가하기 때문에 고해상도 이미지가 정확한 3D 표현을 얻는데 필요하지만, 고해상도는 높은 연산의 부

3) 동일 클래스의 사물이라 하더라도 독립된 개별 객체별로 분할하는 방법

담을 갖게 한다. 따라서 핵심적인 도전은 깊이정보의 품질을 희생하지 않고 빠른 속도를 달성하는 것이다.

로컬 대응 관계에 기반한 스테레오 알고리즘은 통상적으로 빠르지만, 윈도우 사이즈의 적절한 선택이 요구된다[23]. 이는 작은 윈도우 사이즈의 낮은 매칭비율과 큰 윈도우 사이즈의 경계출혈 아티팩트(border bleeding artifacts)간의 상충관계(trade-off)를 야기한다. 결과적으로 나쁜 텍스처와 모호한 표면은 일관성 있게 정합될 수 없다. 한편 높은 밀집도와 정확한 매칭은 글로벌 방법으로 얻을 수 있고, 이는 MRF 기반의 에너지 함수[24]를 최소화시켜 명시적으로 스무스니스(smoothness)를 실시한다. 그러나 글로벌 방법은 종종 계산 비용을 비싸게 한다. 이절의 뒤에서 높은 해상도 이미지의 빠른 매칭을 위한 양안 깊이정보 추정 기법인 ELAS(Efficient LArge-scale Stereo)[25]를 소개한다.

사물검출에 관해, R-CNN은 다룰수 있는 개수의 후보 사물영역에 주목하고 독립적으로 각각의 관심영역(ROI: region of interest) 상의 컨벌루션 네트워크를 평가하는 "bounding-box object detection approach"이다[26]. Faster R-CNN은 영역제안 네트워크로 어텐션 메카니즘을 학습하게 함으로서 R-CNN을 발전시킨 것이다[27]. 이들 방법에서 세그맨테이션이 인식을 선행하는데, 이는 느리고 덜 정확하다. 6.5.2절에서 Mask R-CNN을 소개하는데, 이는 매스크와 클래스 라벨의 병렬예측에 기반한 간단하고 보다 유연한 방법이다[28].

6.5.1 스테레오 깊이 인식을 위한 ELAS

문헌 [25]에 소개되어 있는 바와 같이 ELAS는 스테레오 매칭을 위한 발전적인 확률모델이고, 대응관계에 대한 모호함을 줄여 작은 집단의 윈도우 (aggregation window)로 댄스 매칭(dense matching)을 가능하게 한다. ELAS는 "지지점(support points)"이라 부르는 일련의 강인하게 매칭된 대응관계에 삼각형을 구성해서 시차(disparity) 공간에 걸쳐 프라이어(prior)를 구축한다. 이 프라이어는 부분적으로 선형(piecewise linear)이기 때문에 ELAS는 나쁜 텍스처나 경사진 표면의 존재에 어려움을 겪지 않는다. 그러므로 ELAS는 탐색공간을 줄이고 쉽게 병렬화할 수 있는 효율적인 알고리즘이다. ELAS의 저자는 ELAS가 널리 유행하는 다른 방법과 비교했을 때 크기의 세자리수까지 의미 있는 속도개선을 갖는 성능을 달성할 수 있다는 것을 입증했다.

LIBELAS (LIBrary for Efficient LArge-scale Sterreo matching)은 큰 이미지의 시차 맵 계산을 위한 cross-platform C++ 라이브러리이다. 대응시차 맵을 생성하기 위해 LIBELAS와 같은 크기의 한쌍의 조정된 그레이 스케일 스테레오 이미지를 입력할 수 있다.

LIBELAS를 컴파일하기 전에 CMake(http://www.cmake.org)을 설치했는지 확인해야 하는데, 이는 C++을 사용해서 LIBELAS를 컴파일하는데 필요하다. Linux 시스템을 사용하고 있다고 하면, LIBELAS를 컴파일하는데 다음 단계를 수행할 수 있다.

```
Move to LIBELAS root directory

Type 'cmake .'

Type 'make'

Run './elas demo'
```

위의 단계들은 "img"디렉토리로부터의 이미지에 대한 시차 맵을 계산할 것이다.

6.5.2 사물 인스턴스 세그맨테이션을 위한 Mask R-CNN

본질적으로 Mask R-CNN은 분류와 바운딩 박스 회귀모델(bounding box regression)에 대한 기존 방법과 병행으로 각각의 ROI에 관한 예측 세그맨테이션의 기술을 첨가해서 Faster R-CNN을 확장한 것이다[28]. Mask R-CNN은 주어진 Faster R-CNN의 전체적인 구성을 구현하고 훈련시키는 것이 간단하고, 이는 광범위한 유연한 구조 설계를 촉진한다. 이와 함께 Mask 방법은 단지 작은 컴퓨테이션 오브헤드를 첨가한 것으로 빠른 시스템과 재빠른 시험을 가능하게 한다.

원리에서 Mask R-CNN은 Faster R-CNN의 직관적인 확장이지만 매스크 브랜치의 적절한 구성은 양호한 결과를 얻는데 결정적이다. 가장 중요한 것은 Faster R-CNN은 네트워크 입출력간 픽셀과 픽셀의 조정을 위해 설계된 것이 아니었다. 특히 Mask R-CNN은 ROIAlign이라 부르는 간단하고 양자화가 없는 계층을 제안하고 있는데, 이는 정확한 공간적 위치를 충실하게 보존하고 10-50%까지 매스크 정밀도를 개선한다. 또한 Mask R-CNN은 매스크와 클래스 예측을 분리해서 클래스간 경합없이 독립적으로 각 클래스에 대해 이진 매스크를 예측하고 카테고리를 예측하는데 네트워크의 ROI 분류에 좌우되게 한다.

Mask R-CNN의 공개 소스는 문헌 [31]에서 찾을 수 있고, Python 3, Keras 및 TensorFlow상의 Mask R-CNN의 구현을 포함하고 있다. 모델은 이미지내 매 순간에 대한 바운딩 박스와 세그맨테이션 매스크를 생성한다. 이는 Feature Pyramid Network (FPN)과 ResNet101 백본에 기초하고 있다. 코드 저장소는 FPN과 ResNet101 상에 구축한 Mask R-CNN의 소스코드, MS COCO용 트레이닝 코드, MS COCO용 사전 훈련된 가중치, Multi-GPU 트레이닝용 병렬 모델 클래스, 그리고 MS COCO 매트릭스(응용 프로세서)에서의 평가 등을 포함하고 있다.

이 코드 저장소의 설치는 다음 단계를 따라 수행할 수 있다.

```
git clone http://github.com/matterport/Mask_RCNN
pip3 install -r requirements.txt
python3 setup.py install
Download pre-trained COCO weights (mask_rcnn_coco.h5) from https://github.com/matterport/Mask_RCNN/releases
```

To train or test on MS COCO install pycocotools from https://github.com/waleedka/coco

6.6 DragonFly 컴퓨터비전 모듈

그림 6.5에 나타낸바와 같이 PerceptIN DragonFly 시스템은 옥외 저속 자율주행 차량과 로봇을 가능하게 하는 신뢰성 있는 위치추정과 인식결과를 얻기 위해 컴퓨터비전 기반 센서 융합을 이용한다[31, 32]. 특히 DragonFly는 4개의 동기화된 하드웨어 고품질 글로벌 셔터 카메라 (전방에 한쌍의 스테레오, 후방에 한쌍의 스테레오), IMU 장치와 Jetson TX1

컴퓨팅 모듈 그리고 GNSS 수신기 모듈과의 연결을 위한 인터페이스를 통합한 것이다.

사용가능한 다른 컴퓨터비전 모듈과 달리 DragonFly 모듈은 카메라 데이터뿐만 아니라 IMU 데이터를 위한 하드웨어 동기화를 제공한다. 따라서 개발자들이 이 소자로 비주얼 SLAM 계산을 쉽게 수행할 수 있는 준비된 SLAM이다. 또한 DragonFly의 스테레오쌍들은 50cm의 베이스라인을 갖는데, 이는 다른 사용가능한 컴퓨터비전 모듈에 비해 이미 있는 긴 길이다. 이는 DragonFly 모듈이 300m 정도 멀리 떨어진 거리의 물체를 검출하기 위해 긴 범위의 인식을 수행할 수 있도록 하는 것이다[33]. 다중센서와 긴 베이스라인 설계는 DragonFly 모듈의 켈리브레이션을 어렵게 한다. DragonFly 모듈의 켈리브레이션에 관한 상세한 소개 비디오는 문헌 [34]에서 찾을 수 있다.

그림 6.5 DragonFly 센서 모듈

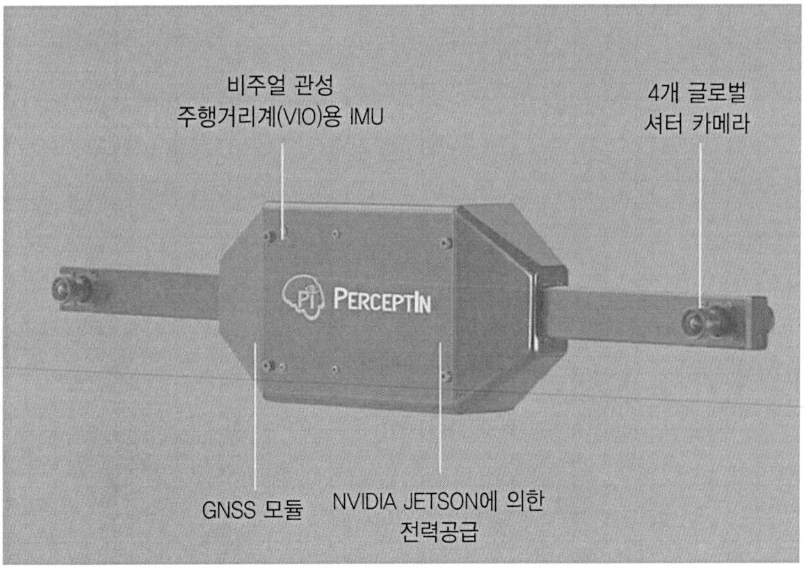

6.6.1 DragonFly 로컬리제이션 인터페이스

내부적으로 DragonFly는 실시간으로 정확한 차량의 위치와 방향을 제공하기 위해 PerceptIn의 독점적인 VIO 알고리즘을 가동한다. 그러나 VIO는 에러가 누적되는데, 이는 차량의 이동거리가 길어질수록 위치의 부정확성이 심해지게 된다. 따라서 VIO 단독으로는 신뢰성 있는 정확한 위치 갱신을 제공하는데 충분하지 않다.

이 문제를 해결하기 위해 실시간 역학(Real-time Kinematic, RTK) GNSS와 VIO 결과들에 관한 센서융합을 수행할 수 있다, GNSS 신호가 양호하면 RTK GNSS는 매우 정확한 위치 갱신을 제공하고, 이들 갱신은 VIO 누적 에러를 교정하고 완화시킬 수 있다. 한편 GNSS 신호가 좋지 못하고 다중경로 왜곡문제가 발생하면 VIO는 여전히 정화 위치 갱신을 제공할 수 있다. 과거 수년의 기간동안 이 시스템 설계의 유효성을 입증했다.

아래의 데이터 구조는 VIO와 GNSS 결과들이 어떻게 융합하는지를 보여준다. VIO는 시작위치에 상대적인 위치(tx, ty, tz)와 Quaternion(qx, qy, qz, qw) 갱신을 연속적으로 제공한다. 이들 결과들이 갱신되는 매 순간 이들을 Universal Transverse Mercator(UTM) 형식(**utm_x, utm_y, heading**)으로 변환되고, 이는 GNSS 소자에서 공통적으로 사용되는 절대 좌표계이다.

양호한 GNSS 신호를 획득하면 GNSS 갱신은 직접적으로 경로계획과 제어 모듈에 공급되고, 또한 VIO 에러를 줄이기 위해 위치결정 모듈내 확장 칼만필터에도 제공된다. GNSS 신호가 준최적화(suboptimal)이면 VIO 갱신은 UTM 형식으로 변환되고 경로계획과 제어 모듈에 주어진다.

```
typedef struct PILocalizationVioMsg_
{
 // Sensor module's timestamp, in the unit of second
 double stamp;
 double gstamp; // gps global timestamp

 // position of DragonFly under the world coordinate
 double tx;
 double ty;
 double tz;

 // orientation (quaternion) of DragonFly under the world coordinate
 double qx;
 double qy;
 double qz;
 double qw;

 // UTM coordinates, valid when gnss_fusion is enabled
 double utm_x;
 double utm_y;
 int utm_zone;
 double gheading;      // heading from GPS

 // gnss fusion pos_status
 int fusion_mode;      // 0: gps bypass; 1: vio fusion
 int pos_status;       // position status under gps bypass mode
 int heading_status;   // heading status under gps bypass mode
 double accuracy;      // 0.0 under gps bypass mode; represents
the accuracy
                       // under vio fusion mode.
} PILocalizationVioMsg;
```

6.6.2 DragonFly 인식 인터페이스

내부적으로 DragonFly 센서모듈은 정확한 공간적 장애물 검출과 세멘틱 정보를 제공하기 위해 PerceptIn의 독점적인 인식 알고리즘을 가동한다. 공간적 정보라 함은 차량 전방중심에 대한 사물의 거리를 검출하기 위해 스테레오 비전을 사용하는 것을 의미한다. 또한 세멘틱 정보라 함은 장애물 타입(보행자, 자전거, 차량 등)을 추출하기 위해 심화학습(deep learning) 모델 사용을 의미한다. 이들 정보를 결합해서 인식 시스템은 현 차량에 관한 상이한 타입의 장애물들과의 거리를 이해할 수 있게 한다. 그리고 경로계획과 제어 시스템은 현 차량 상태(즉 속도)에 따라 이들 정보를 결합해서 차량의 안정성을 보장하기 위한 지능적인 결정을 할 수 있게 한다.

뿐만 아니라 인식 시스템은 레이다 및 소나 센서로부터의 수동적인 인식결과와 함께 DragonFly 센서모듈로부터의 능동적인 인식결과를 결합해서 차량의 주변에 관한 철저한 이해를 제공한다.

연관된 데이터 구조와 함께 PerceptIn 응용 프로그램 인터페이스 (API)는 다음과 같다.

```
Perception API:
unsigned int GetObstacles(Perception_Obstacles *perceptionObs);

Return value:
The return value is a 32bit unsigned int. The meaning of each type
in the return data is defined as follows,

reserved     | sonar        | radar       | vision
bit[31-24]   | bit[23-16]   | bit[15-8]   | bit[7-0]

Data structure:
typedef struct _PerceptionObstacle {
 SensorType sensor_type;          // SensorType: Enum Type to represent
                   // Radar, Sonar, Vision
 int sensor_id;                    // There are multiple Radars/Sonars
 int obj_id;                       // Obstacle id
 double timestamp;
 Pose3D pose;                    // Obstacle position in vehicle
                         // coordinate
 Arc2D arc;                        // Sonar output arc
 Velocity3D velocity;               // Obstacle velocity
 float power;                      // Reflection power of Radar
 ObstacleType obs_type;          // ObstacleType: Enum type to represent
                   // the class of an obstacle
 double confidence;             // Confidence level of the detection type
                   // and result in terms of percentage
 std::vector<Point2D> obs_hull;     // 2D Vision detected obstacle

 // ostream operator overload enable std::cout
 friend std::ostream &operator<<(std::ostream &os,
                                const _Perception_Obstacle &pObs);
} Perception_Obstacle, *PPerception_Obstacle;
```

struct Perception_Obstacle 내부 정의의 세부내용:

```
typedef struct _Pose3D {
  double x;          // unit: meter
  double y;          // unit: meter
  double z;          // unit: meter
  double heading;    // in vehicle coordinate, unit: radian
} Pose3D, *PPose3D;

typedef struct _Arc2D {
  // (x, y) is center of the arc.
  double x;              // unit: meter
  double y;              // unit: meter
  double start_angle;    // unit: radian
  double end_angle;      // unit: radian
  double radius;         // unit: meter
} Arc2D, *PArc2D;

typedef struct _Velocity3D {
  double vel_x;   // unit: meter/s
  double vel_y;   // unit: meter/s
  double vel_z;   // unit: meter/s
} Velocity3D, *PVelocity3D;

enum ObstacleType : char {
  UNKNOWN = 0,
  UNKNOWN_MOVABLE = 1,
  UNKNOWN_UNMOVABLE = 2,
  PEDESTRIAN = 3,   // Pedestrian
  BICYCLE = 4,      // bike, motor bike.
  VEHICLE = 5,      // Passenger car, bus or truck.
};
```

6.6.3 DragonFly+

수용성과 신뢰성을 확보하기 위한 다음 세대의 DragonFLy에 대한 네 가지 기본적인 요구사항은 다음과 같다.

- **모듈성**(Modular): 컴퓨터비전 기반 위치결정과 맵을 위한 독립적인 하드웨어 모듈
- **SLAM 준비성**(ready): 4개 카메라와 IMU의 하드웨어 동기화
- **저전력**: 시스템의 전체 전력소비는 10W 이하
- **고성능**: DragoFly는 30fps 이상의 4개 720P YUV 이미지를 처리하는 것이 필요함

이 설계로 30fps에서 초당 100MB 이상의 원형의 생 이미지 데이터를 생성하므로 컴퓨팅 시스템에 엄청난 스트레스를 부과함을 주목해야 할 것이다. 초기 윤곽설계 이후, 전단부 이미지처리가 처리시간의 80% 이상에 이르는 것을 알 수 있었다.

앞에서 언급한 설계목표를 달성하기 위해 DragonFly+, 즉 FPGA(Field-Programmable Gate Array) 기반 실시간 위치결정 모듈을 설계하고 구현했다[35]. 그림 6.6에 나타낸 것처럼 DragonFly+의 특징은 다음과 같다. (i) IMU와 4개 이미지 채널의 하드웨어 동기화, (ii) 반도체 칩 외부 (off-chip) 메모리 통신을 줄이기 위한 직접적인 IO 구조, (iii) 위치결정 시스템의 전단부 이미지 처리를 가속화시키기 위한 충분한 파이프라인화된 구조 등. 또한 대역폭과 하드웨어 자원 소모간의 좋은 균형을 얻기 위해 병렬 및 다중화 처리기술을 적용했다.

제안된 하드웨어의 성능과 전력보비를 철저하게 평가하고 Nvidia TX1 GPU SoC 및 Intel core i7 프로세서와 비교했다. 그 결과 4개의 720p 이미지 처리에서 DragonFly+는 2.3W의 전력소모를 유지하면서 42fps 성능달성이 가능해 설계목표를 초과함을 증명했다. 비교로 Nvidia Jetson TX1 GPU SoC는 7W의 소비전력에 9fps를, Intel cor i7은 80W 소비전력에 15fps의 성능에 지나지 않았다. 따라서 DragonFly+는 Nvidia TX1에 비해 3배 이상의 소비전력 효율과 5배의 컴퓨팅 능력을, Intel core i7에 비해서는 34배 이상의 소비저력 효율과 3배의 계산능력을 보이고 있다.

그림 6.6 DragonFly+ 하드웨어 구조

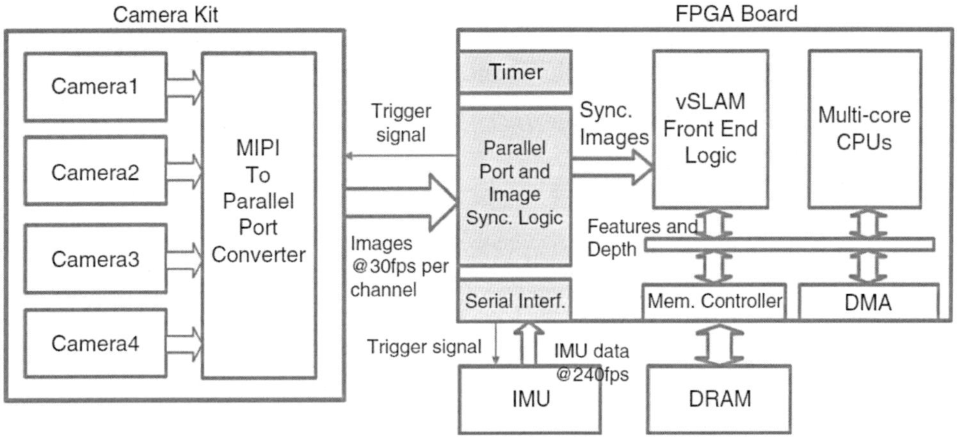

참고문헌

[1] YouTube (2017). Enabling Computer-Vision-Based Autonomous Vehicles. https://www.youtube.com/watch?v=89giovpaTUE&t=62s (accessed 1 October 2019).

[2] Tang, J., Sun, D., Liu, S., and Gaudiot, J.L. (2017). Enabling deep learning on IoT devices. *Computer* 50 (10): 92–96.

[3] Khronos (2019). OpenCL Overview. https://www.khronos.org/opencl (accessed 1 October 2019).

[4] Arm (2017). ARM Compute Library. https://www.arm.com/why-arm/ technologies/ compute-library (accessed 1 October 2019).

[5] OpenCV (2019). CUDA. https://opencv.org/cuda (accessed 1 October 2019).

[6] Fang, W., Zhang, Y., Yu, B., and Liu, S. (2017). FPGA-based ORB feature extraction for real-time visual SLAM. In: *2017 International Conference on Field*

Programmable Technology (ICFPT), 275-278. IEEE.

[7] Tang, J., Yu, B., Liu, S. et al. (2018). π-SoC: heterogeneous SoC architecture for visual inertial SLAM applications. In: *2018 IEEE/RSJ International Conference on Intelligent Robots and Systems (IROS)*, 8302-8307. IEEE.

[8] Rehder, J., Nikolic, J., Schneider, T. et al. (2016). Extending kalibr: calibrating the extrinsics of multiple IMUs and of individual axes. In: *2016 IEEE International Conference on Robotics and Automation (ICRA)*, 4304-4311. IEEE.

[9] GitHub (2017). Kalibr. https://github.com/ethz-asl/kalibr (accessed 1 May 2019).

[10] Mirzaei, F.M. (2013). Extrinsic and intrinsic sensor calibration. PhD thesis. University of Minnesota.

[11] Cadena, C., Carlone, L., Carrillo, H. et al. (2016). Past, present, and future of simultaneous localization and mapping: toward the robust-perception age. *IEEE Transactions on Robotics* 32 (6): 1309-1332.

[12] Kalman, R.E. (1960). A new approach to linear filtering and prediction problems. *Journal of Basic Engineering* 82 (1): 35-45.

[13] Thrun, S. (2002). Particle filters in robotics. In: *Proceedings of the Eighteenth Conference on Uncertainty in Artificial Intelligence*, 511-518. Morgan Kaufmann Publishers Inc.

[14] Klein, G. and Murray, D. (2007). Parallel tracking and mapping for small AR workspaces. In: *Proceedings of the 2007 6th IEEE and ACM International Symposium on Mixed and Augmented Reality*, 1-10. IEEE Computer Society.

[15] Mur-Artal, R., Montiel, J.M.M., and Tardos, J.D. (2015). ORB-SLAM: a versatile and accurate monocular SLAM system. *IEEE Transactions on Robotics* 31 (5): 1147-1163.

[16] Engel, J., Schops, T., and Cremers, D. (2014). LSD–SLAM: large–scale direct monocular SLAM. In: *European Conference on Computer Vision*, 834–849. Cham: Springer.

[17] Qin, T., Li, P., and Shen, S. (2018). Vins–mono: a robust and versatile monocular visual inertial state estimator. *IEEE Transactions on Robotics* 34 (4): 1004–1020.

[18] Lynen, S., Achtelik, M.W., Weiss, S. et al. (2013). A robust and modular multi–sensor fusion approach applied to MAV navigation. In: *2013 IEEE/RSJ International Conference on Intelligent Robots and Systems*, 3923–3929. IEEE.

[19] Mur–Artal, R. and Tardos, J.D. (2017). ORB–SLAM2: an open–source SLAM system for monocular, stereo, and RGB–D cameras. *IEEE Transactions on Robotics* 33 (5): 1255–1262.

[20] GitHub (2017). ORB–SLAM2. https://github.com/raulmur/ORB_SLAM2 (accessed 1 May 2019).

[21] Geiger, A., Lenz, P., Stiller, C., and Urtasun, R. (2013). Vision meets robotics: the KITTI dataset. *The International Journal of Robotics Research* 32 (11): 1231–1237.

[22] Gallup, D., Frahm, J.M., Mordohai, P., and Pollefeys, M. (2008). Variable baseline/resolution stereo. In: *2008 IEEE Conference on Computer Vision and Pattern Recognition*, 1–8. IEEE.

[23] Scharstein, D. and Szeliski, R. (2002). A taxonomy and evaluation of dense two–frame stereo correspondence algorithms. *International Journal of Computer Vision* 47 (1–3): 7–42.

[24] Felzenszwalb, P.F. and Huttenlocher, D.P. (2006). Efficient belief propagation for early vision. *International Journal of Computer Vision* 70 (1): 41–54.

[25] Geiger, A., Roser, M., and Urtasun, R. (2010). Efficient large–scale stereo matching. In: *Asian Conference on Computer Vision*, 25–38. Berlin: Springer.

[26] Girshick, R., Donahue, J., Darrell, T., and Malik, J. (2014). Rich feature hierarchies for accurate object detection and semantic segmentation. In: *Proceedings of the IEEE Conference on Computer Vision and Pattern Recognition*, 580–587. IEEE.

[27] Ren, S., He, K., Girshick, R., and Sun, J. (2015). Faster R–CNN: towards real–time object detection with region proposal networks. In: *Advances in Neural Information Processing Systems*, 91–99. Neural Information Processing Systems Foundation, Inc.

[28] He, K., Gkioxari, G., Dollar, P., and Girshick, R. (2017). Mask R–CNN. In: *Proceedings of the IEEE International Conference on Computer Vision*, 2961–2969. IEEE.

[29] Geiger, A. (2019). LibELAS. http://www.cvlibs.net/software/libelas (accessed 1 May 2019).

[30] GitHub (2017). Mask R–CNN. https://github.com/matterport/Mask_RCNN (accessed 1 May 2019).

[31] YouTube (2018). DragonFly Sensor Module. https://www.youtube.com/watch?v=WQUGBIqbgQ (accessed 1 October 2019).

[32] PerceptIn (2018). PerceptIn's DragonFly Sensor Module. https://www.perceptin.io/products (accessed 1 May 2019).

[33] YouTube (2019). 300–meter Visual Perception Systems for Autonomous Driving. https://www.youtube.com/watch?v=2_VfLZLy7Eo&t=21s (accessed 1 October 2019).

[34] YouTube (2018). (DragonFly Calibration. https://www.youtube.com/watch?v=tRhGStjnS6M&feature=youtu.be (accessed 1 October 2019).

[35] Fang, W., Zhang, Y., Yu, B., and Liu, S. (2018). DragonFly+: FPGA–based quad–camera visual SLAM system for autonomous vehicles. *HotChips 2018*, Cupertino, CA 19–21 August 2018). IEEE.

07

경로계획과 제어

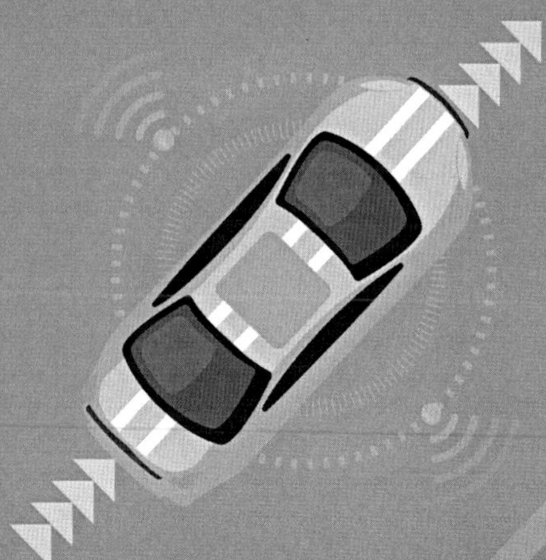

자율주행 차량과 로봇

07 경로계획과 제어

7.1 개요

그림 7.1에 나타낸바와 같이 실시간 차량의 움직임을 생성하기 위해서는 경로계획과 제어 모듈은 실시간 동적 장애물 검출의 인식에 관한 입력, 실시간 차량의 방위를 생성하는 위치추정에 관한 입력과 도로 기하구조와 정적 장애물들을 포착하는 지도 작성에 관한 입력을 결합하고, 이들 입력을 기반으로 한 차량의 동작 플랜을 생성해야 한다.

문헌 [1, 2]에 상술되어 있는 것처럼, 전형적인 경로계획과 제어 시스템은 그림 7.2와 같은 구조를 갖는다. 먼저 사용자가 목적지를 입력함에 따라 라우팅 모듈은 도로 네트워크 정보에 대한 지도를 점검하고 경로를 생성한다. 그러면 이 경로는 행동계획모듈(behavioral planning module)에 공급되는데, 이는 움직임에 관한 명세서 생성을 위한 교통규칙을 점검하게 된다. 다음으로 움직임 명세서에 따라 생성된 경로는 모션 플래너에 전달되고, 움직임 궤적을 생성하기 위해 실시간 인식정보와 위치추정 정보를 결합한다. 마지막으로 생성된 궤적은 제어 시스템으로 전달되는데, 계획된 움직임의 실행에서 오차를 반응에 대응해서 교정한다.

본 장에서는 경로계획과 제어모듈을 고찰하고 경로계획 알고리즘, 행동계획 알고리즘, 움직임 계획 알고리즘 및 피드백 제어 알고리즘 등을 소개한다. 또한 Apollo의 반복 기댓값 최대화(Expectation-Maximization: EM)) 플래너의 실제 경우를 제시하는데, 이는 L4 자율주행 승용차를 위해 설계된 것이다. 또한 PerceptIn의 경로계획 및 제어 구조를 소개하는데, 이는 대학 캠퍼스나 놀이공원, 산업단지 등과 같은 제어된 환경에서 저속 자율주행이 가능하도록 개발된 것이다.

그림 7.1 모듈 설계 구조

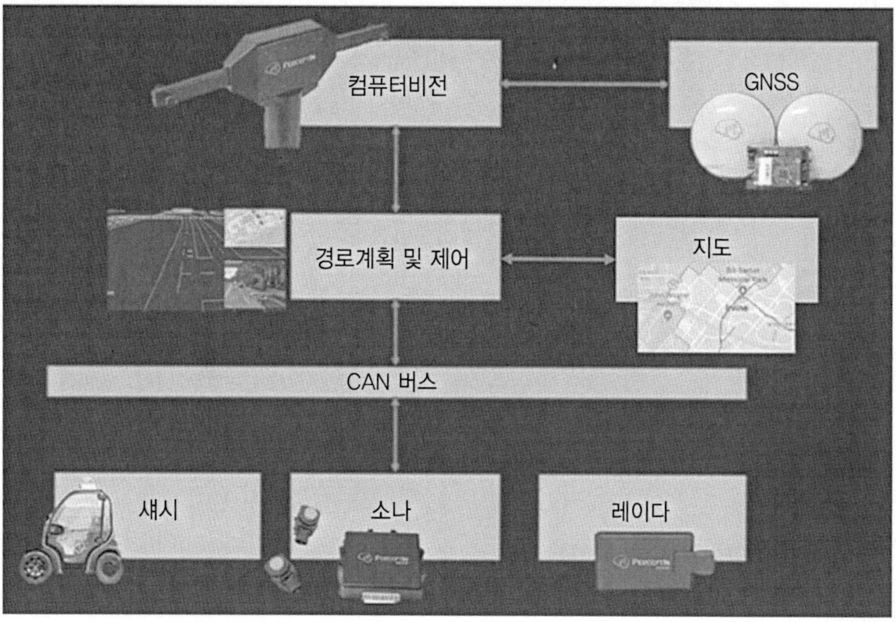

그림 7.2 경로계획 및 제어 모듈 구조

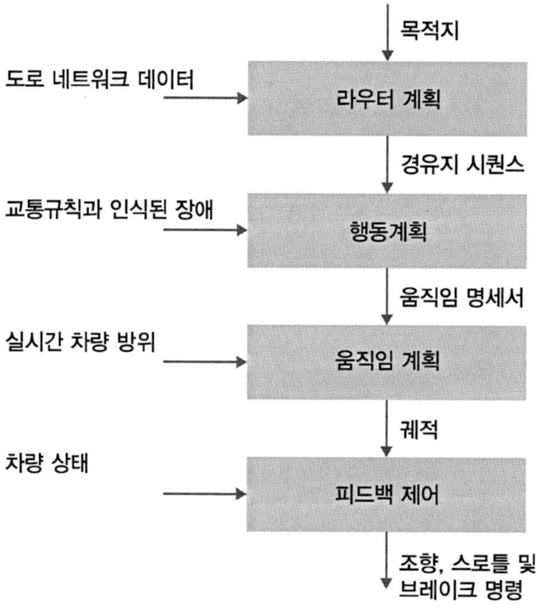

7.2 라우터 계획

첫 번째 부속모듈은 라우터 플래너인데 이는 지도로부터 도로 네트워크 정보의 점검으로 최적 라우터를 선택한다. 도로 네트워크를 도로횡단 비용에 대응하는 에지 가중치를 갖는 방향성 그래프로 표현한 것에 유의하고, 라우터는 도로 네트워크 그래프상에서 최소비용을 구하는 문제로 공식화할 수 있다.

7.2.1 가중치 방향성 그래프

형식적인 용어에서 방향성 그래프는 하나의 순서쌍 $G=(V,E)$이다. 이 때 G는 정점이라 부르는 원소를 갖는 집합이고, E는 방향성 에지라 하는 정점들의 순서쌍 집합이다. 이는 통상적으로 에지라 부르는 정점들의 비순서쌍으로 정의되는 단일 방향성 그래프와는 다른 것이다. 가중치를 갖는 방향성 그래프의 예를 그림 7.3에 도시한다.

가중치를 갖는 방향성 그래프는 도로 네트워크를 나타내는데 사용될 수 있다. 가령 하나의 정점은 샌프란시스코를 나타낼 수 있고, 또 다른 정점은 New York을 나타낼 수 있다고 하면, 이들 두 정점을 연결하는 에지는 두 도시간 거리의 기록에 해당한다. 라우터 알고리즘은 두 도시간의 최단 경로를 탐색하기 위해 도로 네트워크 그래프에 적용될 수 있다.

그림 7.3 가중치를 갖는 그래프 데이터 구조

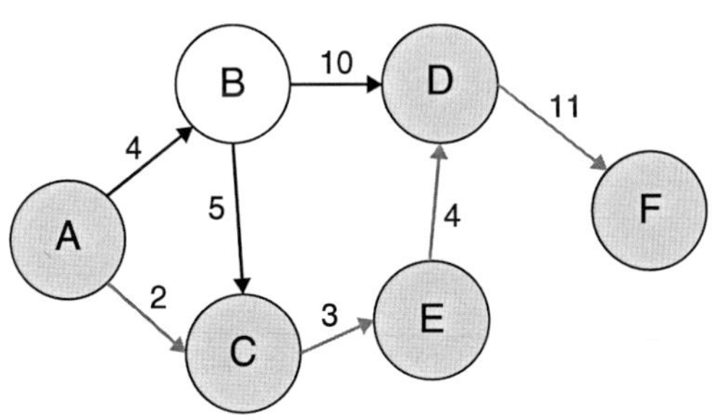

그림 7.4 Dijkstra 알고리즘 의사코드(pseudocode)

```
function Dijkstra(Graph, source):
    for each vertex v in Graph:                    // Initialization
        dist[v] := infinity                        // initial distance from source to vertex v is set to infinite
        previous[v] := undefined                   // Previous node in optimal path from source
    dist[source] := 0                              // Distance from source to source
    Q := the set of all nodes in Graph             // all nodes in the graph are unoptimized - thus are in Q
    while Q is not empty:                          // main loop
        u := node in Q with smallest dist[ ]
        remove u from Q
        for each neighbor v of u:                  // where v has not yet been removed from Q.
            alt := dist[u] + dist_between(u, v)
            if alt < dist[v]                       // Relax (u,v)
                dist[v] := alt
                previous[v] := u
    return previous[ ]
```

7.2.2 Dijkstra 알고리즘

소개할 첫 번째 최단경로 라우터 알고리즘은 Dijkstra 알고리즘[3]인데, 이는 대상의 시작점으로 시작하는 그래프에서 정점들의 방문으로 수행한다. 반복적으로 가장 인접한 조사되지 않은 다른 정점들을 조사하고 이 정점을 조사할 정점들의 집합에 더한다. 목적에 도달할 때까지 시작점에서 이를 확장한다.

그림 7.4에 나타낸바와 같이 보다 상세한 Dijkstra 알고리즘은 연속적으로 시작점으로부터 시작되는 최단거리를 계산하고 갱신할 때 보다 긴 거리들을 배제하는 것이다. Dijkstra 알고리즘은 다음과 같은 단계로 구성된다.

1. Starting node는 제로(0), 다음 모든 노드들은 무한대로 초기화
2. 시작노드의 거리를 고정된 것으로 하고 다른 모든 거리는 임시거리로 마킹함
3. 시작노드를 활성상태로 설정함
4. 활성상태 노드로부터 모든 인접 노드간의 임시거리를 에지의 가중치로 거리를 더해서 계산함

5. 한 노드의 계산된 거리가 현재보다 작으면, 거리를 갱신하고 현재 노드를 선조로 설정하는데 이 스텝을 갱신이라 부르고 Dijkstra 알고리즘의 중심 아이디어이다.
6. 최소 임시거리를 갖는 노드를 활성상태로 설정하고 그 거리를 고정된 것으로 마크함
7. 고정 거리를 갖고 그 인접노드가 임시거리를 갖는 노드가 없을 때 까지 단계 4에서 7을 반복함

7.2.3 A* 알고리즘

Dijkstra 알고리즘은 하나의 최단경로 탐색을 보증하지만, 대형 그래프의 경우에 Dijkstra 알고리즘은 계산량이 방대해질 수 있다. Greedy Best First Search 알고리즘이라 하는 보다 빠른 알고리즘도 비슷한 방법으로 작용한다. 즉 시작점에 가장 가까운 정점을 탐색하는 대신, 목표에 가장 가까운 정점을 선택한다. 그러나 Greedy Best First Search 알고리즘은 휴리스틱(heuristic) 함수에 좌우되고 최단경로의 탐색을 보장하지 않는다.

그림 7.5 A* 알고리즘 의사코드

```
frontier = PriorityQueue()
frontier.put(start, 0)
came_from = {}
cost_so_far = {}
came_from[start] = None
cost_so_far[start] = 0

while not frontier.empty():
   current = frontier.get()

   if current == goal:
      break

   for next in graph.neighbors(current):
      new_cost = cost_so_far[current] + graph.cost(current, next)
      if next not in cost_so_far or new_cost < cost_so_far[next]:
         cost_so_far[next] = new_cost
         priority = new_cost + heuristic(goal, next)
         frontier.put(next, priority)
         came_from[next] = current
```

이 절에서는 Dijkstra 알고리즘과 Greedy Best First Search 알고리즘의 장점을 결합한 A* 알고리즘을 소개한다[4]. A*는 하나의 최단경로를 구하는데 사용될 수 있다는 점에서 Dijkstra 알고리즘과 같다. 또한 A*는 자체 가이드에 휴리스틱 함수를 사용한다는 점에서 Greedy Best First Search 알고리즘과 유사하다.

Dijkstra 알고리즘은 기대되지 않는 방향을 탐색하는데 시간을 낭비한다. Greedy Best First Search는 기대할 수 있는 방향으로 탐색하지만 최단 경로를 구하지 못할 수 있다. 그림 7.5에 나타낸바와 같이 A* 알고리즘은 시작점으로부터의 실제거리와 목표까지의 추정된 거리를 사용한다. A* 알고리즘의 상세한 소개는 문헌 [5]에서 찾을 수 있다.

7.3 행동계획

라우터 플랜을 구한 다음에 자율주행 자동차는 도로규칙과 운전 관행에 따라 다른 교통 참여자들과 상호작용하면서 선택한 경로를 운행할 수 있어야 한다. 선택한 경로를 규정한 일련의 도로가 주어진 상태에서 행동 플래너는 다른 교통 참여자들의 행동, 도로조건 및 인프라로부터의 신호 등과 같은 인식을 기반으로 임의의 점에서 적절한 주행을 선택할 책임이 있다.

예로 자율주행자동차가 교차점 직전의 정지선에 도달했을 때, 행동 플래너는 자동차가 정지하도록 명령하고, 교차점에 있는 다른 자동차나 바이크, 보행자들의 행동을 관측하고 자동차가 주행으로 전환하도록 처리해야 할 것이다.

실제 운전은 특히 도심환경에서 다른 교통 참여자들의 의도에 관한 불확실성에 의해 특정된다. 다른 자동차나 바이크, 보행자들의 의도예측이나 다른 자동차들의 미래 궤적에 관한 추정의 문제들 또한 연구되어 왔다. 제안된 해결 방법들 가운데 가우시안 혼합모델(Gaussian Mixture Model: GMM)[6]과 같은 기계학습 기반 기술도 있다.

다른 교통 참여자들의 행동에서의 불확실성 (GMM으로 생성된 것)은 마코브 결정과정(Markov decision processes: MDP)과 같은 확률적 계획 형식론의 사용으로 결정을 위한 행동계층에서 공통적으로 고려되었다. 가령 부분적 관측 가능 마코브 결정과정(POMDP) 구성은 관측되지 않은 운전 시나리오와 보행자 의도를 명시적으로 모델화하는데 응용될 수 있고, 구체적인 근사적 해결책을 생성한다[7].

특히 PODMP는 MDP를 일반화시킨 것이다. POMDP는 에이전트 결정과정을 모델화한 것이고, 시스템 다이내믹스가 MDP에 의해 결정되지만 에이전트는 기본상태를 직접 관측할 수 없는 것으로 가정한다. 대신에 이는 일련의 관측과 관측 확률, 그리고 기본 MDP 등에 의한 가능한 상태들에 걸쳐 확률분포를 유지해야 한다.

7.3.1 마코브 결정과정(MDP)

결정에 직면할 때 선택할 수 있는 많은 수의 다른 동작들이 될 수 있고 서로 다른 결과를 가져올 수 있다. 최상의 동작을 선택하는 것은 동작의 직접적인 영향 그 이상에 관한 사고를 요구한다, 직접적인 영향은 확인하기 쉽다. 그러나 장기간의 영향은 항상 분명하지 않다. 따라서 불충분한 직접적인 영향의 동작도 더 좋은 장기간의 결과를 가질 수 있을 것이다.

MDP는 자동화할 수 있도록 결정과정을 모델화하는데 사용될 수 있다. 의사결정과정의 공식화에 MDP 사용으로 의사결정 문제를 자동으로 해결하는데 많은 수의 알고리즘을 사용할 수 있다. MDP 모델의 네 가지 성분은 상태집합, 동작집합, 동작의 효과, 동작의 즉치값(immediate value) 등이다.

- S: 상태집합. 상태는 현재 존재하는 현실을 나타내는 방법이다. 동작은 현실 상태변화의 효과를 가질 수 있을 것이다. 현실이 되어야 하는 가능한 모든 방법의 집합을 생각한다고 하면 이는 현실의 상태집합이다. 이들 상태의 각각은 MDP에서 하나의 상태가 될 것이다.
- A: 동작집합. 문제는 현실의 특정 상태를 위해 이용 가능한 동작의 어떤 것을 받아들여야 하는가를 아는 것이다.
- T: 천이(transition). 천이는 각각의 동작이 어떻게 상태를 변화시키는 가를 규정한다. 하나의 동작이 서로 다른 효과를 가질 수 있기 때문에 상태에 좌우되어 MDP에서 각 상태에 대한 동작의 효과를 규정하는 것이 필요하다. MDP에서 동작의 효과는 확

률적이 될 수 있음을 주목하라.

- R: 즉치보상(immediate reward). 의사결정 과정을 자동화하기 원하면 서로 다른 동작들을 비교할 수 있도록 동작값의 어떤 측도를 가져야만 한다. 각 상태에서 각각의 동작수행에 대한 즉치값을 규정한다.

MDP에 대한 해를 방침(policy)라 부르고, 이는 단순히 각 상태가 취할 최상의 동작을 규정한다. 하나의 방침을 유도하기 위해서는 가치함수(value function)를 최적화하는 것이 필요하다. 가치함수는 각 상태에 수치를 규정한다. 따라서 MDP 사용에서 상태집합, 선택할 동작집합, 즉치보상 함수 그리고 확률적 천이 매트릭스를 갖는다, 목적은 상태에서 동작으로의 매핑을 유도하는 것인데, 이는 각 상태가 취할 최상의 동작을 나타낸다.

7.3.2 가치반복(Value Iteration) 알고리즘

그림 7.6에 나타낸 것처럼 가치순환은 최적 MDP 방침과 그 값을 계산하는 방법이다. 가치반복 알고리즘은 이전의 것에서 도출되는 일련의 가치함수를 구해서 이를 계산한다.

그림 7.6 가치반복 알고리즘 의사코드

```
Procedure Value_Iteration(S,A,P,R,θ)
        Inputs
                S is the set of all states
                A is the set of all actions
                P is state transition function specifying P(s'|s,a)
                R is a reward function R(s,a,s')
                θ a threshold, θ>0
        Output
                π[S] approximately optimal policy
                V[S] value function
  Local
                real array V_k[S] is a sequence of value functions
                action array π[S]
  assign V_0[S] arbitrarily
  k ←0
  repeat
                k ←k+1
                for each state s do
                        V_k[s] = max_a Σ_s' P(s'|s,a) (R(s,a,s')+ γV_{k-1}[s'])
  until ∀s |V_k[s]-V_{k-1}[s]| < θ
  for each state s do
                π[s] = argmax_a Σ_s' P(s'|s,a) (R(s,a,s')+ γV_k[s'])
  return π,V_k
```

가치반복 알고리즘은 1의 수평길이에 대한 가치함수를 구하는 것으로 시작한다. 이는 단일 결정이 필요하다는 것이 주어진 조건에서 개별 상태의 값이 될 것이다. MDP에서 이를 구하기 위해 해야 할 것이 많지 않다. 즉치보상을 갖고 있음을 기억하면, 이는 각 상태에서 개별 동작이 얼마나 양호한 것인지를 규정한다. 수평길이가 1이기 때문에 단지 즉치보상을 볼 수 있고, 각 상태에 대한 가장 높은 즉치값을 갖는 동작을 선택할 수 있다.

알고리즘의 2번째 반복인 다음 단계는 수평길이가 2인 경우 대한 가치함수를 결정하는 것이다. 2단계가 나아갔을 때 동작의 가치는 취하게 될 즉치동작(immediate action)에 대한 즉치보상에 선택한 다음 동작의 가치를 더한 것이다. 수평길이 1에 대한 각 상태의 값을 이미 계산했다, 그래서 수평길이 2에 대한 값을 구하기 위해서는 2가지 결정이 이루어질 것이 주어진 상태에서 최상의 값을 갖는 행동을 구하기 위해 이미 계산된 가치함수에 가능한 각 행동의 즉치값을 더할 수 있는 것이다.

알고리즘을 다시 반복시킨다. 수평길이 2의 가치함수를 사용해서 수평길이 3의 가치함수를 구한다. 이러한 처리를 원하는 수평선(horizon)에 대한 가치함수를 구할 때 까지 반복한다.

7.3.3 부분적으로 관측가능한 마코브 결정과정(POMDP)

MDP와 POMDP간의 주요 차이는 과정의 현 상태를 관측할 수 있느냐의 여부에 있다. POMDP에서 일련의 관측을 모델에 더한다. 따라서 현 상태를 직접 관측하는 대신에 상태가 무엇인가에 관한 힌트를 제공하는 관측을 준다.

관측은 관측 모델을 규정하는 것이 필요한 확률적이 될 수 있음을 주목하라. 이 관측 모델은 단지 모델에서 각 상태에 대한 개별 관측의 확률을 이야기할 뿐이다. 현 상태에 대한 직접적인 접근을 갖고 있지 않으므로, 과정의 전체 히스토리의 트랙을 유지하는 것이 요구된다. 특히 주어진 시간의 한 점에서 히스토리는 시작상황, 수행한 모든 동작 및 관측에 관한 지식으로 구성된다.

모든 상태에 걸쳐 확률분포의 유지는 완전한 히스토리를 유지하고 있는 것처럼 동일한 정보를 제공한다. POMDP에서 상태에 걸쳐 이 확률분포를 유지해야 한다. 동작을 수행하고,

관측할 때 확률분포함수를 갱신한다. 분포함수의 갱신은 천이 및 관측 확률의 사용을 포함하고 있다.

그림 7.7 POMDP의 예

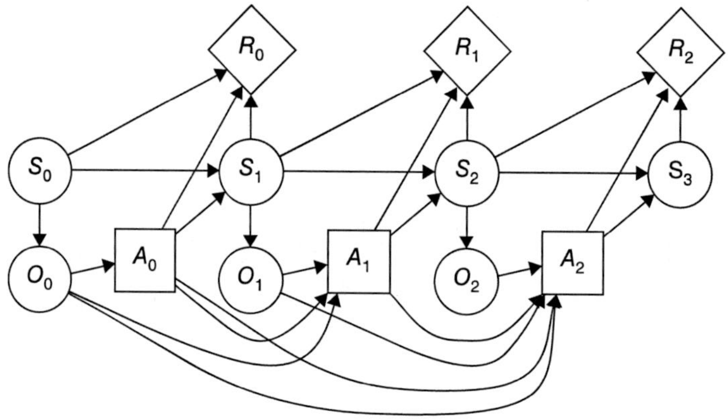

그림 7.7에 나타낸바와 같이 POMDP는 다음과 같이 공식화될 수 있다.

- S: 현실 상태집합.
- A: 동작집합
- O: 가능한 관측집합
- $P(S_0)$: 시작상태의 확률분포
- $P(S'|S,A)$: 다이내믹스를 규정하는 것으로 상태 S로부터 동작 A를 수행함으로서 상태 S'이 얻게 될 확률
- $R(S,A,S')$: 상태 S에서 시작하고 동작 A의 수행, 상태 S'으로의 천이 과정의 기대 보상
- $P(O|S)$: 상태 S가 주어졌을 때 관측 O의 확률

7.3.4 POMDP 해 구하기

POMDP를 해결하기 전에 먼저 "belief state"의 개념을 이해하면, 이는 전체 가능한 모델에 걸친 확률분포이다. 두 가지 가능한 상태 0과 1, 시간 t에서의 belief state는 $\Pr(s=0)=0.75$이고 $\Pr(s=1)=0.25$라고 가정한다.

시간 t애 대해 belief state b가 주어지고, 동작 "a"를 수행해서 관측 "z"를 얻는다고 하면, 베이즈룰을 적용하고 다음 식을 사용함으로서 시간 "$t+1$"에 대한 belief state를 계산할 수 있다. 여기서 S=상태집합, A=동작집합, z=관측집합이다. $T(s,a,s')$: $S\times A\times S'\rightarrow \Pr(s'|s,a)$, $O(s,a,z)$: $S\times A\times Z\rightarrow \Pr(z|s,a)$, $R(a,s)$: $S\times A$

$$
\begin{aligned}
b_z^a(s') &= \Pr(s'|b,a,z) \\
&= \frac{\Pr(s',b,a,z)}{\Pr(b,a,z)} \\
&= \frac{\Pr(z|s',b,a)\Pr(s'|b,a)\Pr(b,a)}{\Pr(z|b,a)\Pr(b,a)} \\
&= \frac{\Pr(z|s',a)\Pr(s'|b,a)}{\sum_{s,s''}\Pr(z|b,a,s,s'')\Pr(s,s''|b,a)} \\
&= \frac{\Pr(z|s',a)\sum_{s}\Pr(s'|b,a,s)\Pr(s|b,a)}{\sum_{s,s''}\Pr(z|a,s'')\Pr(s''|b,a,s)\Pr(s|b,a)} \\
&= \frac{\Pr(z|s',a)\sum_{s}\Pr(s'|a,s)\Pr(s,b)}{\sum_{s,s''}\Pr(z|a,s'')\Pr(s''|a,s)\Pr(s|b)}
\end{aligned}
$$

임의의 belief state로부터 달성할 수 있는 기대보상(expected reward)의 양을 정확하게 계산할 수 있고, 각각의 belief state에 대해 단일 기댓값을 얻는다. 모든 belief state에 대해 수행하면 belief space에 걸쳐 정의된 가치함수를 가져올 수 있을 것이다. 그림 7.6에 제시된 가치반복 알고리즘을 사용해서 POMDP를 풀어 낼 수 있다. 보다 발전된 POMDP

알고리즘, 논문, 예제 및 소스코드의 탐구에 관심 있는 독자는 www.pomdp.org에서 더 많은 정보를 찾을 수 있다.

7.4 움직임 계획(Motion Planning)

행동계층이 차선내에서의 순항, 차선변경, 우회전 등과 같은 현재의 전후관계 (context)에서 수행되어야 할 운전동작을 결정할 때, 선택한 동작이 낮은 레벨 피드백 제어기에서 추적될 수 있는 경로 또는 궤적으로 변환되어야 한다.

그 결과 경로 또는 궤적은 자동차가 동적으로 실행 가능해야 되고, 승객들이 편안하고 장착된 센스에 의해 검출된 장애물과의 충돌을 회피할 수 있어야 한다. 이와 같은 경로 또는 궤적을 구하는 과제는 움직임 계획 시스템의 책임이 될 것이다.

움직임 계획 문제에 대한 정확한 해는 대부분의 경우 계산적으로 다루기 어렵다. 따라서 수치 근사화 방법들이 일반적으로 실제로 사용된다[1]. 그 중에서 가장 유행하는 수치방법은 변분법이다. 이 방법으로 문제를 함수공간에서 비선형 최적화 문제로 취급하는 것 (www.pomdp.org), 자동차의 상태공간을 그래프적인 이산화로 구성하고 그래프 탐색방법을 사용해서 최단경로를 탐색하는 그래프 탐색방법[9], 자동차의 초기상태로부터 도달 가능한 상태로 점진적인 트리를 구성하고, 이 트리의 최상 브랜치를 선택하는 점진적인 트리기반 방법[10] 등이 있다.

이 절에서는 Rapidly Exploring Random Tree(RRT)와 RRT* 알고리즘을 제시하는데, 두 알고리즘 모두 움직임 계획에 널리 사용되는 점진적인 트리기반 방법이다.

7.4.1 Rapidly Exploring Random Tree

그림 7.8에 보여주고 있는 것처럼 RRT는 공간채움 트리를 랜덤하게 구축함으로서 비볼록 (non-convex)인 높은 차원의 공간을 효율적으로 탐색할 수 있도록 설계된 알고리즘이다.

트리는 탐색공간으로부터 랜덤하게 끄집어낸 샘플들에 의해 점진적으로 구성되고, 문제의 큰 비탐색영역으로 성장하도록 본질적으로 편향된다. RRT는 상태 제한조건을 갖는 비선형 시스템에 대한 개방루프 궤적을 생성하는 기술로 볼 수 있다. RRT 알고리즘의 자세한 논의는 문헌 [11]에서 찾을 수 있다.

그림 7.9에 보여주고 있는 것처럼 RRT는 탐색공간으로부터의 랜덤 샘플을 사용해서 시작 윤곽에 뿌리를 둔 트리를 성장시킨다. 각 샘플이 추출됨에 따라 이것과 트리내 인접 상태 간의 연결을 시도한다. 연결이 가능하다고 하면 이는 새로운 상태를 트리에 덧붙이는 결과가 된다.

탐색공간의 유니폼 샘플링으로 RRT 트리는 우선적으로 큰 비탐색영역을 향해서 확장한다. 트리와 새로운 상태간의 연결길이는 성장요인에 의해 제한된다. 랜덤 샘플 제한이 허용하는 것 보다 트리내 인접 상태로보다 더 길다고 하면, 라인을 따른 트리로부터 랜덤샘플에 이르는 최대 거리에서 새로운 상태는 랜덤샘플 대신에 사용된다.

랜덤 샘플은 트리성장 방향을 제어하는 것으로 볼 수 있고, 성장요인은 성장 비율을 결정한다. 이는 점진적인 성장의 크기를 제한하는 반면 RRT의 공간채움 바이어스를 유지한다.

RRT 성장은 특정 영역으로부터 샘플링 상태의 확률을 증가시킴으로서 바이어스될 수 있다는 것을 주목하기 바란다. 대부분 RRT의 실제적인 구현은 경로계획 문제 목적을 향한 탐색을 가이드하기 위해 이것을 이용한다. 이는 상태 샘플링 과정에 목표 샘플링의 작은 확률을 도입함으로서 달성된다. 이 확률이 높을수록 보다 더 탐욕적으로 목표를 향해 트리는 성장한다.

그림 7.8 RRT 알고리즘 예시

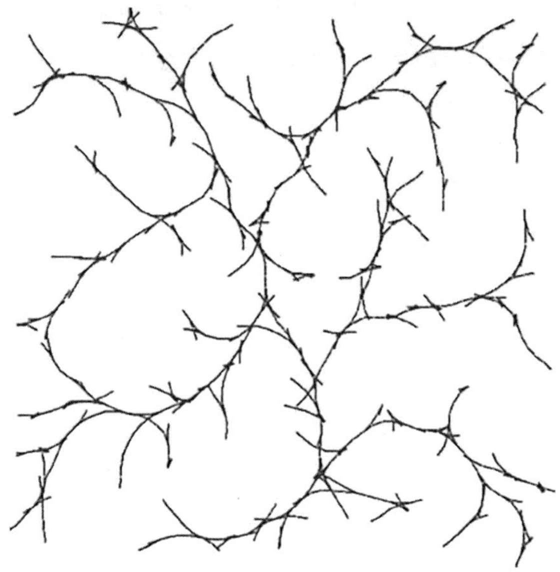

그림 7.9 RRT 알고리즘 의사코드

```
Algorithm BuildRRT
  Input: Initial configuration q_init, number of vertices in RRT K, incremental distance Δq)
  Output: RRT graph G

  G.init(q_init)
  for k = 1 to K
    q_rand ← RAND_CONF()
    q_near ← NEAREST_VERTEX(q_rand, G)
    q_new ← NEW_CONF(q_near, q_rand, Δq)
    G.add_vertex(q_new)
    G.add_edge(q_near, q_new)
  return G
```

7.4.2 RRT*

비록 RRT 알고리즘이 실제적으로 잘 작동하고 확률적인 완비성과 같은 이론적인 보장을 갖고 있다는 것이 증명되었지만, RRT는 최적값에 수렴하지 않을 수 있다는 것이 입증되었다. RRT*는 RRT의 개선된 알고리즘이고, 이는 되돌아온 해의 비용이 거의 확실하게 최적에 수렴하는 것과 같은 확인 가능한 점근적인 최적이다[9].

그림 7.10에서 보여주고 있는 것처럼 RRT*의 기본적인 원리는 RRT와 같지만, 알고리즘에 두 가지 핵심적인 부가(addition)가 의미있는 상이한 결과를 가져온다[12]. 먼저 RRT*는 각 정점이 그 양친 정점에 관해 여행한 것을 기록한다. 이는 정점의 비용으로 언급된다. 그래프에서 가장 가까운 노드를 찾은 후, 새로운 노드로부터 고정된 반경내에서 정점들의 이웃을 조사한다. 중심에 가까운 노드보다 낮은 비용을 갖는 노드가 발견되면, 보다 낮은 비용의 노드가 중심에 가까운 노드를 대체한다. 이 특징의 효과는 트리구조에서 팬모양 트위거(twig)의 덧붙임으로 볼 수 있다. RRT의 큐빅구조는 제거된다.

두 번째 RRT*의 부가된 차이점은 트리의 재결선이다. 하나의 정점이 가장 낮은 비용의 이웃에 연결된 이후, 그 이웃들을 다시 조사한다. 이웃들이 새롭게 덧붙여진 정점에의 재연결이 비용을 삭감하는지의 여부를 점검한다. 비용이 줄어든다고 하면, 그 이웃은 새롭게 덧붙여진 정점과 재연결된다. 이 특징이 경로를 부드럽게 만든다.

그림 7.10 RRT* 알고리즘 의사코드

```
Rad = r
G(V,E) //Graph containing edges and vertices
For itr in range(0…n)
    Xnew = RandomPosition()
    If Obstacle(Xnew) == True, try again
    Xnearest = Nearest(G(V,E),Xnew)
    Cost(Xnew) = Distance(Xnew,Xnearest)
    Xbest,Xneighbors = findNeighbors(G(V,E),Xnew,Rad)
    Link = Chain(Xnew,Xbest)
    For x' in Xneighbors
        If Cost(Xnew) + Distance(Xnew,x') < Cost(x')
            Cost(x') = Cost(Xnew)+Distance(Xnew,x')
            Parent(x') = Xnew
            G += {Xnew,x'}
    G += Link
Return G
```

7.5 피드백 제어

움직임 계획 시스템으로부터 기준 경로 또는 괘적을 실행하기 위해서는 계획된 움직임을 수행하고 트래킹 오차를 교정하기 위한 적절한 액츄에이터 입력을 선택하는데 피드백 제어기가 사용된다. 계획된 움직임의 실행 동안에 발생한 트래킹 오차는 부분적으로 자동차 모델의 부정확함에도 기인한다.

그림 7.11에서 보여주고 있는 것처럼 피드백 제어기의 역할은 모델링 오차나 다른 형태의 불확실성이 존재해도 기준 경로나 궤적을 안정화시키는 것이다. 특히 제어기는 특정 오차를 생성하는 참조에 대한 시스템 출력을 비교한다. 측정된 오차를 근거로 제어기는 새로운 시스템 입력을 생성한다.

그림 7.11 피드백 제어

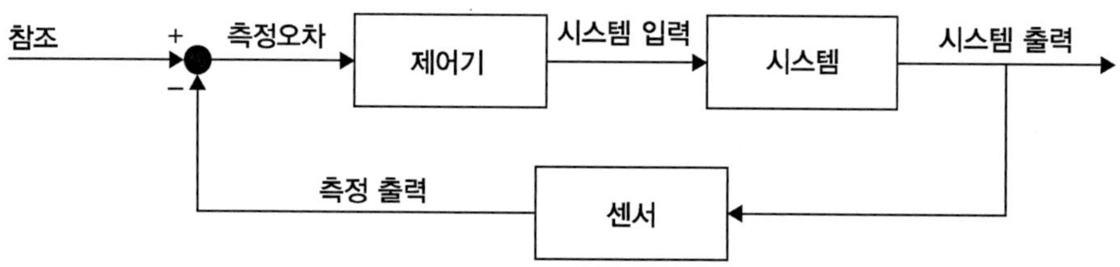

7.5.1 비례적분미분(PID) 제어기

비례적분미분(PID) 제어기는 자율주행 운전에서 널리 사용되는 제어루프 피드백 구조이다 [13]. 그림 7.12에서 보여주고 있는 바와 같이, PID 제어기는 원하는 설정점과 관측된 공정변수간의 차이에 따른 오차값을 연속적으로 계산하고, 비례, 적분, 미분항을 기반으로 한 교정을 적용한다.

그림 7.12 PID 제어기

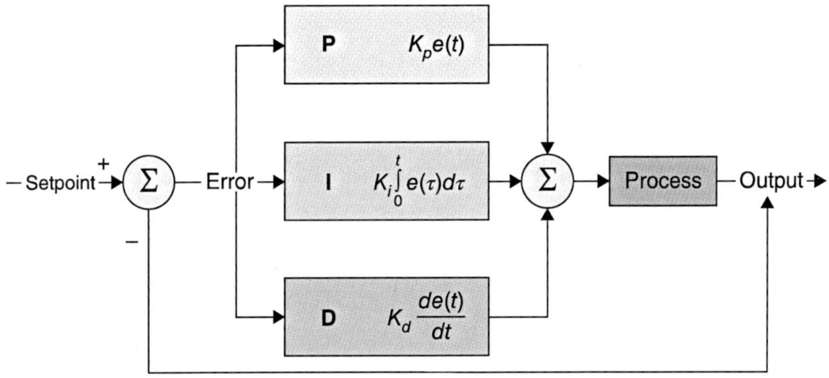

PID 제어의 공통적인 예는 자동차의 순항제어인데, 오르막에서 일정한 엔진 파워만을 적용하면 속도가 낮아질 것이다. 제어기의 PID 알고리즘은 엔진의 파워 출력을 증가시켜서 최소의 지연과 오버슈터(overshoot)로 원하는 속도가 되도록 측정 속도를 복구시킨다.

PID 제어기의 두드러진 특징은 정확한 최적제어를 적용하기 위해 제어 출력에 영향을 미치는 비례, 적분, 미분의 세 가지 제어항을 사용할 수 있는 능력이다. 제어기는 제어 밸브의 개방과 같은 제어변수를 제어항의 가중치 합으로 결정되는 새로운 값으로 조정함으로서 시간에 걸친 오차를 최소화되도록 한다. PID의 의사코드는 그림 7.13에 나타낸다.

그림 7.13 PID 의사코드

```
previous_error = 0
integral = 0
Start:
        error = setpoint – input
        integral = integral + error*dt
        derivative = (error – previous error)/dt
        output = Kp*error + Ki*integral + Kd*derivative
        previous_error = error
        wait (dt)
Goto Start
```

7.5.2 모델 예측 제어

모델 예측 제어(MPC)는 일련의 제한조건을 만족하면서 공정을 제어하는데 사용되는 제어의 발전된 방법이다[14, 15]. 그림 7.14에서 보여주고 있는바와 같이, MPC는 공정의 동적 모델 즉 대체로 시스템 식별에 의해 얻어진 선형인 경험적 모델에 의지한다. MPC의 주요 이점은 미래의 타임슬롯을 고려하면서 현 타임슬롯이 최적화가 되게 하는 것이다. 특히 MPC는 미래의 사건을 예상하는 능력을 갖고 이에 따라 제어 동작을 취할 수 있는데 반해 PID 제어기는 이러한 예측능력을 갖지 못한다.

자율주행자동차에 대한 MPC 활용의 상세한 예는 문헌[16]에서 찾을 수 있는데 다음과 같은 구성요소를 포함하고 있다.

- **자동차 제어 인터페이스**: 자동차는 100ms마다 조향 및 쓰로틀(throttle: 카브레이터 등의 조절판)을 조정한다.
- **비용함수**: 하이레벨상에서 비용함수는 목표 궤적 포인트와 실제 자동차 궤적간의 차이를 나타낸다. 구체적인 비용함수는 교차트랙 오차, 헤딩오차, 속도비용, 조향비용, 가속도비용, 조향 변화율 및 가속도 변화율 등의 가중치 합이다.
- **제한조건**: 자동차 휠은 25° 이상 조향할 수 없다.

이 예에서 MPC는 제한조건을 만족하면서 비용함수를 최소화시키는데 활용될 수 있다. 각 주기마다 (100m) 자동차의 현재상태를 결정하기 위해 자동차의 위치(x,y), 속도(ν), 방향(ψ), 조향각(δ) 및 가속도 (a) 등과 같은 센서 데이터를 읽어 들인다. 그러면 MPC는 읽어 들인 센서 데이터를 기반으로 짧은 시간 (가령 1초)내에 가능한 동작을 생성한다.

예로 MPC에 의해 생성된 최적 계획이 휠을 시계방향으로 20°조향시키고, 매 100ms마다 1°씩 조향을 줄여나감과 동시에 1초 주기의 마지막에서 비용함수의 최소화를 기대하는 것으로 가정해보자. MPC는 휠을 20°움직이게 하기 위한 첫 번째 동작을 수행한다. 다음 사이클 (다음 100ms)에서 MPC는 다시 센서 입력을 읽어 들인다. 새로운 센싱으로 남은 동작을 수행하는 대신, MPC는 다음 최적 동작을 다시 계산하는 과정을 반복한다.

그림 7.14 모델 예측 제어

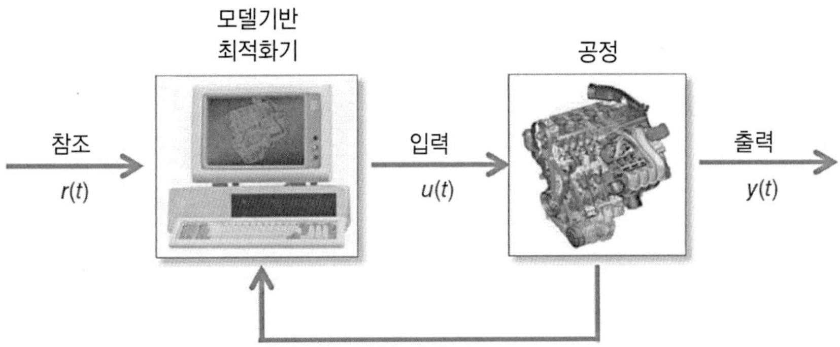

MPC의 아름다움은 단순히 한 스텝 동작을 생성하는 대신 1초 또는 10 스텝과 같은 보다 먼 미래계획을 고려하면서 다음 행동을 반복적으로 생성하는데 있다. 결과적으로 PID와 달리, MPC는 그리디(greedy) 방법에서 짧은 기간의 이득에 덜 취약하게 되고 이로 인해 부드러운 궤적을 생성할 수 있다.

아래의 단계는 이상과 같은 MPC 문제를 해결하는 자세한 방법을 제공한다.

1. 자동차의 현재 상태 즉 위치(x,y), 속도(ν), 방향(ψ), 조향각(δ) 및 가속도 (a) 등의 관측 데이터를 읽는다.
2. 정의된 제한조건하에서 비용함수를 최소화하기 위한 다음 10 step 동안(100ms/step) 쓰로틀과 조향 동작을 생성하는데 옵티마이저(optimizer)를 사용하라.
3. 첫 쓰로틀과 조향 동작만을 수행하라.
4. 1단계로 되돌아 감

7.6 Apollo에서 반복 EM 계획 시스템

이전 절에서 경로, 행동 및 움직임 계획의 기초를 소개했다. 이 절에서는 계획 및 제어시스템의 공개소스의 사례연구로 Appollo의 반복 EM 계획 시스템[17]을 제시한다. 계획된 궤적은 보통 규정되고 일련의 계획된 "궤적 포인트"로 표현된다. 이들 포인트 각각은 위치, 시간, 속도 및 곡률 등과 같은 속성을 포함하고 있다. Apollo 자율주행 시스템의 상세한 내용을 탐구하기 앞서 Apollo의 계획 시스템의 몇 가지 중요한 용어들을 설명하는 것이 중요하다.

7.6.1 용어

7.6.1.1 경로와 궤적

경로는 일련의 경유점(waypoint)으로 통상 표현되는 루트이다. 이와 같은 경유점은 경로의 형상을 기술한다. 경로의 속성은 위치, 곡률과 아크에 대한 곡률미분 등을 포함한다. 그러나 경로는 형상만을 기술하고 자동차 속도나 시간에 관한 정보는 포함하지 않는다.

한편 궤적은 경로를 따라 속도 프로파일 및 경로로 이루어진다. 경로와 궤적의 데이터 정의에 관한 자세한 정보는 그림 7.15에 기술되어 있다.

그림 7.15 경로 및 궤적 정의

```
message PathPoint {
    // coordinates
    optional double x = 1;
    optional double y = 2;
    optional double z = 3;

    // direction on the x-y plane
    optional double theta = 4;
    // curvature on the x-y plane
    optional double kappa = 5;
    // accumulated distance
    optional double s = 6;

    // derivative of kappa w.r.t s
    optional double dkappa = 7;
    // derivative of derivative of kappa w.r.t s
    optional double ddkappa = 8;
    // the lane ID where the path point is on
    optional string lane_id = 9;
}

message TrajectoryPoint {
    // path point
    optional PathPoint path_point = 1;
    // linear velocity
    optional double v = 2;  // in [m/s]
    // linear acceleration
    optional double a = 3; // in [m/s^2]
    // relative time from the beginning of the trajectory
    optional double relative_time = 4;
}
```

7.6.1.2 sl 좌표 시스템과 기준선

계획의 가장 중요한 특성 중의 하나는 자율주행자동차에 대한 움직임 계획이 도로구조에 순응해야 하는 점이다. 자율주행자동차는 자유공간보다 구조화된 도로위를 주행하는 것이기 때문에 Apollo의 계획모듈은 고정된 맵으로 규정된 도로 좌표계 안에서 발생한다.

특히 도로 좌표계는 기준선으로 표현된다. 기준선의 방향을 따르는 것을 "s"방향으로 언급되는 반면, 기준선에 수직은 "l" 방향으로 나타낸다. 일반 상식적인 공간 좌표계는 "직교좌표(cartesian)" 공간으로 언급되지만, 주어진 기준선에 대한 sl 공간좌표계는 "Frenet" 프레임 공간으로 언급된다[18].

사전 정의된 기준선이 주어졌을 때, 직교좌표 공간표현 (x,y)과 Frenet 공간 표현 (s,l)간의 임의의 점에 대한 양방향 맵핑이 존재한다. 직교좌표 공간대신 Frenet 공간상에서 계획

하는 가장 중요한 장점은 sl 좌표계가 세맨틱을 포함한다는 것이다. 예로 sl 좌표계에서 전방에 있는 앞선 자동차 또는 좌측 자동차 등과 같이 언급하기 쉬운 반면에 xy 좌표계에서는 이와 같은 세맨틱 물체를 명확하게 기술하는 것이 매우 어렵다.

7.6.1.3 ST 그래프

sl 좌표계가 주어진 경우, 시간에 대한 임의의 기준 경로를 따른 이동은 ST 그래프라 하는 그래프로 나타낼 수 있다. 이 때 x축은 시간이고 y축은 s 방향이다. ST 그래프의 사용의 이해는 그림 7.16을 참조할 수 있고, 여기서 자율주행자동차는 교차점을 지나 우회전 하려고 한다. 다른 자동차들도 있음을 주목하라: 우리 자동차 진입하고자 하는 차선에 다른 자동차가 진입하고 있고 (자동차 2), 또 다른 자동차는 교차점을 가로질러 동일 차선으로 이동하고 있다 (자동차 1). ST 그래프의 예를 그림 7.16에 보여주고 있다.

자율주행자동차의 움직임이 자동차 2에 양보하고 자동차 1을 추월하는 것이라 하면 우리 자동차의 속도 프로파일은 ST 그래프로 나타낸 바와 같이 1 위 및 2 아래에 머무는 그래프 내 점으로 표시된 궤적이 될 것이다. ST 그래프는 주어진 경로를 따라 속도 프로파일의 계산을 용이하게 하는 매우 유용하고 간단한 툴이다.

그림 7.16 ST 그래프 예

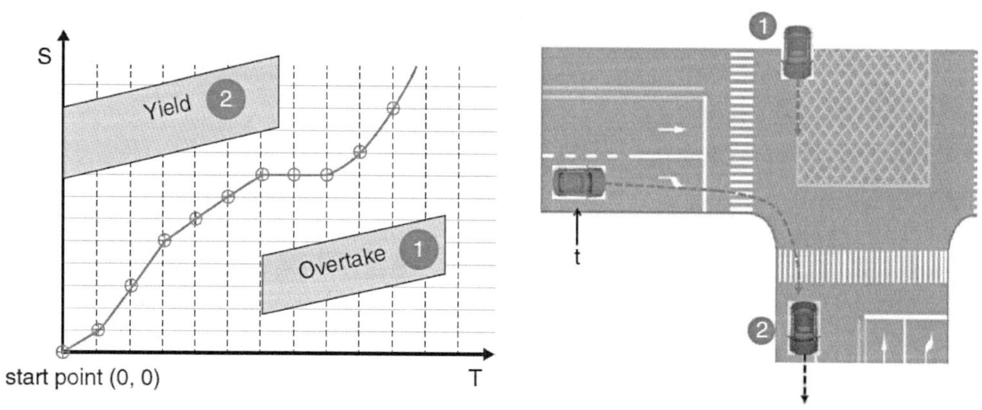

7.6.2 반복 EM 계획 알고리즘

sl 좌표계 및 기준선의 개념으로 Apollo의 계획 알고리즘은 그림 7.17에 나타내고 있는 것처럼 (s,l,t)공간에서 반복 형태로 발생한다. 최적화의 첫 번째 라운드는 동적 프로그래밍(DP) 기반 방법(DP path, DP Speed)인데, 이는 먼저 경로 (s,l)을 생성과 최적화하고 난 다음에 속도 프로파일 (s,t)를 생성하고 최적화 한다.

그림 7.17 반복 EM 계획 모듈

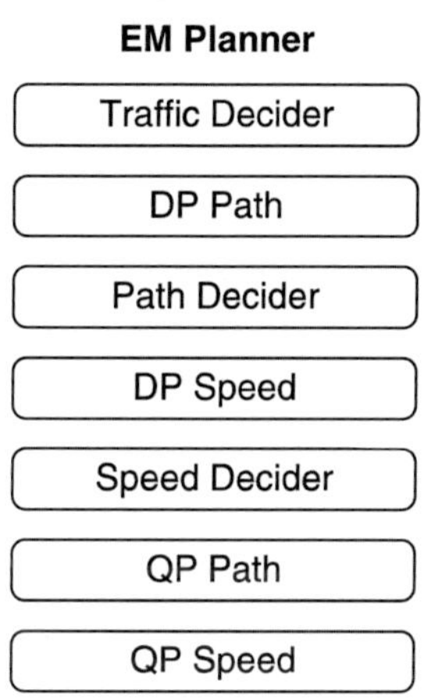

DP 기반 방법의 특성은 경로 및 속도 디사이더(decider)에 의해 해석되고 기억된다는 것이다. 최적화의 두 번째 라운드는 2차계획법(Quadratic Programming: QP)문제로 구성하는데, 최적화는 먼저 형상에 대한 (s,t) 공간에서 일어나고 다음으로 속도에 대한 (s,t) 공간에서 발생한다.

QP 옵티마이저의 선형 구속조건은 DP 속도 및 경로 디사이더로부터 야기된 구속조건으로 해석된다. 반복적인 속도 및 경로계획에 상기 2개 라운드 이후, 최종 궤적이 출력되고 제어 모듈에 전달된다. 보다 자세하게 이들 반복적인 옵티마이저를 기술한다.

7.6.2.1 트랙픽 디사이더(Traffic Decider)

트래픽 디사이더는 교통규칙을 책임진다. 통상 이와 같은 교통규칙은 교통법규에 의해 규정된 가령 정지사인이나 보행자 횡단보도와 같은 하드코딩된 규칙이다. 교통규칙 디사이더는 고정된 맵으로부터 정지선을 복구하고, 하방 계층에 정지위치를 넘겨줄 것이다.

이와 같은 하드코드 정지규칙을 구현하는 하나의 방법은 계획된 궤적이 "가상벽"뒤에 항상 정지하도록 경로와 속도 디사이더에 "가상" 사물을 생성하는 것이다. 트래픽 디사이더의 출력은 하방경로와 속도계획을 수행하는 동안 준수되어야 하는 제한조건들이 된다.

트래픽 디사이더 다음은 DP를 사용하는 최적화의 첫 번째 라운드이다. 첫 번째 단계로서 DP 모델은 (s,l) 좌표계를 따라 포인트들을 샘플한다. 인접계층에서의 두 포인트 $(s_1, s_1{}'=0, s_1{}''=0)$ 및 $(s_2, s_2{}'=0, s_2{}''=0)$에 대해, 이들을 연결하기 위한 유리동차다항식 $S(l)$에 맞출 수 있다. 그리고 계층단위 형태로 이들 샘플 포인트들을 연결하기 위해 부드러운 나선 다항식을 사용한다. 두 계층에서 샘플된 포인트들을 연결하는 각 나선에 대해 나선 그 자체뿐만 아니라 연결되는 포인들에 기인한 비용이 초래하게 된다. 그림 7.18은 반복 EM 계획 알고리즘에서 DP 기반 경로계획의 예를 보여준다.

그림 7.18 반복 EM 계획 알고리즘에서의 DP 기반 경로계획

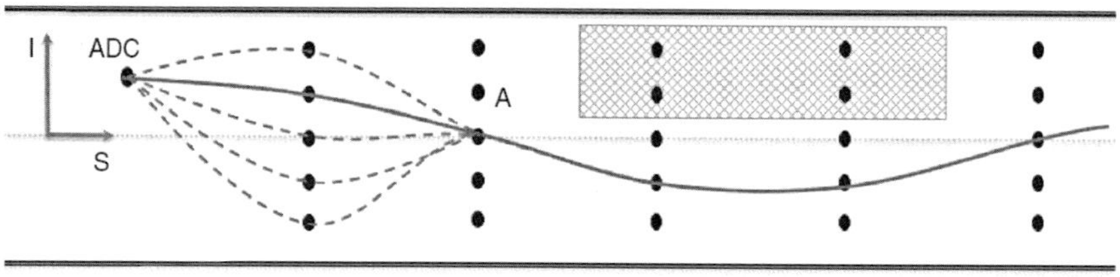

이를 공식화하기 위해 레벨 j에 있는 i번째 포인트를 $A_{(i,j)}$라 하자. 함수 $\mathrm{Cost}(A_{(i,j)})$는 레벨 j에 있는 i번째 포인트를 연결하는 모든 경로의 최소 누적비용을 나타낸다. 그러면 $\mathrm{Cost}(A_{(i,j)})$는

$$\mathrm{Cost}(A_{(i,j)}) = \min_{i' \text{ from level j} - 1}(\mathrm{Cost}(A_{(i',j-1)}) + \mathrm{Spiral}_{\mathrm{Cost}(A_{(i',j-1)},\ A_{(i,j)})})$$

특정 포인트를 연결하는 최적경로의 비용구조는 자연히 전형적인 DP 방법으로 해결될 수 있는 순환구조를 형성한다. 각 나선의 비용은 다음 두 가지 부분을 고려하도록 설계된다. (i) 중앙 기준선에 대한 누적 측면거리, (ii) 정적 장애물 회피. 계층별로 n개 샘플링 포인트, 측면방향으로 m개 포인트를 샘플한다고 가정하면 DP 프로그램은 $O(nm^2)$에 비례하는 계산량으로 최적해를 구할 수 있다.

DP 경로 프로그램은 주로 자율주행자동차가 추종해야할 개략적인 경로를 계산한다. 정적 장애물만이 DP 경로 단계에서 고려되는데 이는 계산되어야하는 속도정보가 없기 때문이다.

DP 속도는 유사한 문제를 해결하고, 유일한 차이는 문제 공간이 (s,t) 공간에 되는 것 만인데, 이는 (s,l) 공간해가 이미 구해졌기 때문이다. DP 속도내에서 알고리즘은 (s,t) 기반 그리드에서 발생하는데 일부 그리드는 동적 장애물의 사영에 의해 점유된다. 알고리즘의 목적은 임의의 원하는 위치에 도착되는 계층별 샘플된 (s,t) 포인트를 연결하는 일련의 나선을 구하는 것이다.

그림 7.19에서 보여주고 있는 바와 같이 DP 경로와 DP 속도 양쪽의 결과들은 경로 및 속도 디사이더에 의해 해석된다. 그림에서 보여주고 있는 것처럼 정적 장애물을 회피하기 위한 잠재적 동작들은 “left nudge” 또는 “right nudge”, “stop” 등을 포함하고, 동적 장애물을 회피하기 위한 잠재적 동작은 “양보” 또는 “추월”이다.

그림 7.19 결정으로 해석되는 DP 경로 및 속도 계산 결과

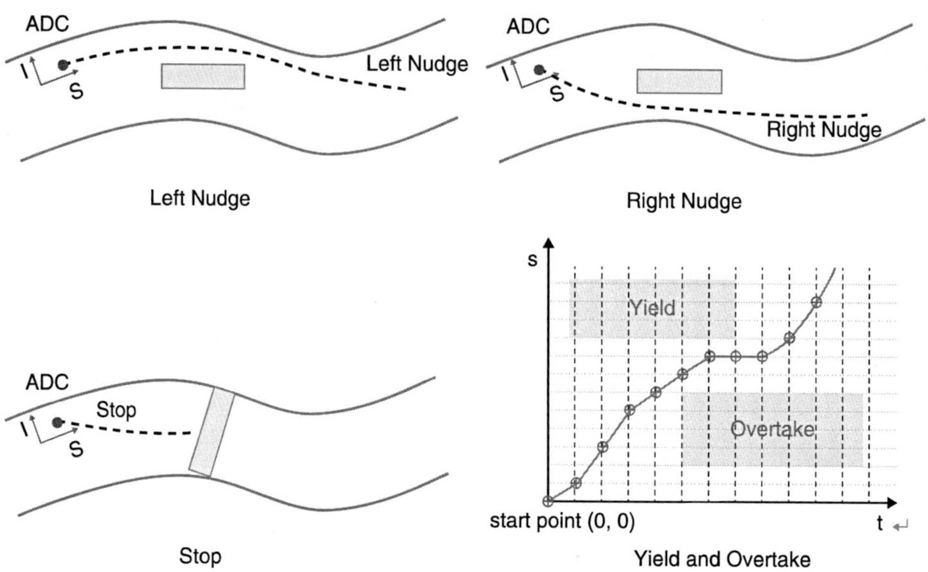

7.6.2.2 QP 경로 및 속도

비록 DP 기반 경로 및 속도 방법은 안전하고 충돌이 없는 경로를 찾을 수 있게 하지만, 스무스한 요구사항들을 구체적으로 기술하거나 보장하지 않는다. QP 부분은 스무스한 요구사항들을 기술하는데, 이는 비용을 2승 함수로 구성하고 최적이면서 충분히 스무스한 궤적을 찾는데 QP 방법을 이용한다. 상세한 예로 QP 경로 공식화를 사용할 것이다. QP 속도 문제도 이와 유사하고 관심 있는 독자는 Apollo 2.0의 상세 QP 프로그래밍 문서[17]를 참조하기 바란다.

QP 경로 문제는 s의 함수인 l로 공식화된다.

$$l = f_i(s) = a_{i0} + a_{i1}s + a_{i2}s^2 + a_{i3}s^3 + a_{i4}s^4 + a_{i5}s^5$$

최적화할 비용은 고차 도함수를 따르는 누적 측면속도이다.

$$\text{Cost}=\sum_{i=1}^{n}\left(w_0\int_0^{d_i}f(s)ds+w_1\int_0^{d_i}(f_i^{'})^2(s)ds+w_2\int_0^{d_i}(f_i^{''})^2+w_3\int_0^{d_i}(f_i^{'''})^2(s)ds\right)$$

QP 문제에서 등가 구속조건은 두 가지 부분으로 구성된다. 첫 번째로 시작 포인트는 다음과 같이 고정되어야 한다.

$$f_i(s_0)=l_0,\ f_i^{'}(s_0)=l_0^{'},\ f_i^{''}(s_0)=l_0^{''}$$

두 번째로 부드러움(smoothness)의 엄격한 강제는 연결되는 접속부에서의 방위가 어떤 레벨까지 연속이어야 한다. 즉

$$f_k(s_k)=f_{k+1}(s_0),\ f_k^{'}(s_k)=f_{k+1}^{'}(s_0),\ f_k^{''}(s_k)=f_{k+1}^{''}(s_0),\ f_k^{'''}(s_k)=f_{k+1}^{'''}(s_0)$$

DP 옵티마이저에 의해 "left nudge" 또는 "right nudge", "stop"등으로 정적 장애물들에 관해 이미 정보가 제공되었음 기억하자. 그리고 이들 사물마다 이전 경로에 관한 계산 결과들은 QP 문제에서 부등 구속조건들로 기술될 수 있다. 보다 구체적으로 장애물이 놓인 특정 s값에서 평가된 l값은 차선 경계와 장애물 경계간에 구속되는 조건이 되어야 하는데 이는 QP 문제에 대한 부등 구속조건을 구성하는 것이다. 이들 등가 구속 및 부등 구속조건들이 주어졌을 때, 전체 QP 경로 최적화 문제는 다음과 같은 형태의 전형적인 QP 문제와 유사하다.

$$\text{Minimize } \frac{1}{2}x^2\cdot H\cdot x+f^T\cdot x$$

$$\text{s.t. } LB\leqq x\leqq UB$$

$$A_{eq}\cdot x=b_{eq}$$

$$A\cdot x\geqq b$$

예로 $\int_0^{d_i} (f_i')^2(s)ds$를 확장하면 2차 도함수에 대한 QP 최적화 비용은

$$(f_i')^2 = \begin{pmatrix} a_{i0} & a_{i1} & a_{i2} & a_{i3} & a_{i4} & a_{i5} \end{pmatrix} \cdot \begin{pmatrix} 0 \\ 1 \\ 2s \\ 3s^2 \\ 4s^3 \\ 5s^4 \end{pmatrix} \cdot \begin{pmatrix} 0 & 1 & 2s & 3s^2 & 4s^3 & 5s^4 \end{pmatrix} \cdot \begin{pmatrix} a_{i0} \\ a_{i1} \\ a_{i2} \\ a_{i3} \\ a_{i4} \\ a_{i5} \end{pmatrix}$$

$$\int_0^{d_i} (f_i')^2(s)ds = \begin{pmatrix} a_{i0} & a_{i1} & a_{i2} & a_{i3} & a_{i4} & a_{i5} \end{pmatrix} \begin{pmatrix} 0 & 0 & 0 & 0 & 0 & 0 \\ 0 & d_i & d_i^2 & d_i^3 & d_i^4 & d_i^5 \\ 0 & d_i^2 & \frac{4}{3}d_i^3 & \frac{6}{4}d_i^4 & \frac{8}{5}d_i^5 & \frac{10}{6}d_i^6 \\ 0 & d_i^3 & \frac{6}{4}d_i^4 & \frac{9}{5}d_i^5 & \frac{12}{6}d_i^6 & \frac{15}{7}d_i^7 \\ 0 & d_i^4 & \frac{8}{5}d_i^5 & \frac{12}{6}d_i^6 & \frac{16}{7}d_i^7 & \frac{20}{8}d_i^8 \\ 0 & d_i^5 & \frac{10}{6}d_i^6 & \frac{15}{7}d_i^7 & \frac{20}{8}d_i^8 & \frac{25}{9}d_i^9 \end{pmatrix} \cdot \begin{pmatrix} a_{i0} \\ a_{i1} \\ a_{i2} \\ a_{i3} \\ a_{i4} \\ a_{i5} \end{pmatrix}$$

QP 경로 알고리즘으로 계획된 괘적은 형상에서 충분히 스무스하게 될 것이다. QP 속도 또한 QP 경로와 유사하고, 전체 처리는 이전에 얻은 QP 경로 결과가 주어진 (s,t) 공간에서 발생한다. DP 및 QP 최적화에서 먼저 경로를 최적화하고, 다음으로 주어진 형상에 대해 속도를 최적화한다. 이 과정은 사후 최대를 구하는 EM 방법과 유사하고 "EM" 플래너(planner)라 명명한 이유이다.

7.7 PerceptIn의 경로계획 및 제어 구조

이 절에서는 PerceptIn의 경로계획 및 제어 구조를 소개한다. 이는 대학 캠퍼스나 놀이공원, 산업단지와 같은 제어된 환경에서 저속 자율주행 운전이 가능하도록 개발된 것이다.

그림 7.20은 PerceptIn의 경로계획 및 제어 구조의 구조도를 보여주는 것이다. 이는 미션 플래너, 행동 플래너, 움직임 플래너 및 자동차 제어기로 구성된다.

- **미션 플래너**: 미션 플래너는 두 가지 기본적인 임무를 정의한다. "$A \rightarrow B$"는 임의의 포인트 A에서 또 다른 임의의 포인트 B로 여행하는 임무를 정의하고, "parking"은 예정된 주차 장소에 스스로 주차하는 자동차의 임무를 정의한다. 이들 두 가지의 간단한 임무들은 제어된 환경에서 충분한 것이다. 사람들은 포인트 A에서 포인트 B까지 여행하는데 자율주행자동차를 사용하기 원하고, 필요할 때 자동차기 스스로 주차하기를 기대한다.
- **행동 플래너**: 행동 플래너는 임무완수에 필요한 모든 가능한 행동을 정의한다. 일단 임무가 정의되고 나면 자동차가 여행하기 위한 차선을 생성한다, 가장 널리 보급된 행동은 "차선유지"또는 자동차가 정해진 차선을 유지하는 것이다. 동일차선위에 현 자동차의 전방에 이동하는 다른 자동차가 있으면, 전방 차량을 추종하도록 "car follow" 행동을 입력할 수 있다. 한편 차선을 막는 장애물이 검출되면, 현 자동차의 속도를 줄이고 장애물을 우회하도록 "avoidance"를 입력할 수도 있다. 일단 목표로 한 목적지에 도착하면, "차선유지" 행동에서 "미션 종료"행동으로 변경시키고 현 자동차를 정지시킨다.
- **움직임 플래너**: 언급한 행동을 구축하기 위해 복수의 움직임을 정의한다. 첫 번째는 "attach lane"인데, 이는 지정된 차선위에 자동차를 유지하는 것이다. 자동차가 차선을 벗어난 것을 검출하면, 자동차를 지정된 차선위로 되돌아오도록 움직임 "closer to lane"을 적용한다. 현 자동차가 좌/우로 회전하려고 하면 움직임 "turning"을 적용한다. 목표에 도착하거나 어떤 이유로 현 자동차를 정지해야 한다면 현재의 자동차를 중지하기 위한 움직임 "stop"을 적용한다.

- **차량 제어기**: 가장 낮은 레벨에서 언급되는 움직임을 조향, 쓰로틀, 브레이크 등과 같은 제어행동으로 변환하기 위해 자동차 제어기를 정의하는데, 이는 자동차를 제어하기 위해 MPC 및 PID 알고리즘을 적용한다.

PerceptIN 경로계획 및 제어구조는 10Hz 또는 100ms마다 제어명령을 생성하고 안전과 신뢰할 수 있는 실시간 계획을 확신할 수 있도록 끝에서 끝까지(인식 및 위치추정 입력에서 제어출력까지) 50ms 이상의 계산지연을 유지한다.

그림 7.20 PerceptIN이 경로계획 및 제어 구조

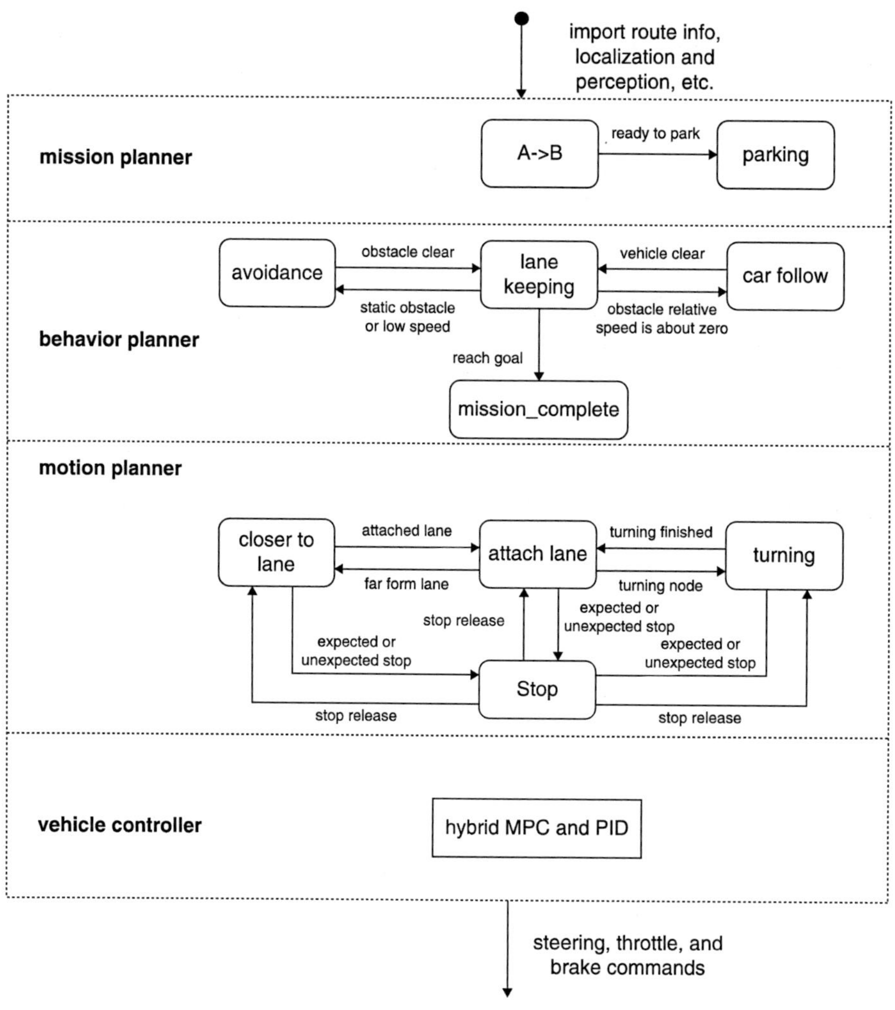

참고문헌

[1] Paden, B., Čap, M., Yong, S.Z. et al. (2016). A survey of motion planning and control techniques for self-driving urban vehicles. *IEEE Transactions on Intelligent Vehicles* 1 (1): 33–55.

[2] Liu, S., Li, L., Tang, J. et al. (2017). *Creating Autonomous Vehicle Systems*, Synthesis Lectures on Computer Science, 1–186. Morgan & Claypool Publishers.

[3] Dijkstra, E.W. (1959). A note on two problems in connexion with graphs. *Numerische Mathematik* 1 (1): 269–271.

[4] Hart, P.E., Nilsson, N.J., and Raphael, B. (1968). A formal basis for the heuristic determination of minimum cost paths. *IEEE Transactions on Systems Science and Cybernetics* 4 (2): 100–107.

[5] Red Blob Games (2014). Introduction to the A* Algorithm. https://www.redblobgames.com/pathfinding/a-star/introduction.html (accessed 1 June 2019).

[6] Havlak, F. and Campbell, M. (2013). Discrete and continuous, probabilistic anticipation for autonomous robots in urban environments. *IEEE Transactions on Robotics* 30 (2): 461–474.

[7] Ulbrich, S. and Maurer, M. (2013). Probabilistic online POMDP decision making for lane changes in fully automated driving. In: *16th International IEEE Conference on Intelligent Transportation Systems (ITSC 2013)*, 2063–2067. IEEE.

[8] Poole, D.L. and Mackworth, A.K. (2010). *Artificial Intelligence: Foundations of Computational Agents*. Cambridge University Press.

[9] Karaman, S. and Frazzoli, E. (2011). Sampling-based algorithms for optimal motion planning. *The International Journal of Robotics Research* 30 (7): 846–894.

[10] LaValle, S.M. and Kuffner, J.J. Jr. (2001). Randomized kinodynamic planning. *The International Journal of Robotics Research* 20 (5): 378–400.

[11] LaValle, S. (n.d.). The RRT Page. http://msl.cs.uiuc.edu/rrt/ (accessed 1 June 2019).

[12] Medium. Robotic Path Planning: RRT and RRT*. https://medium.com/@theclassytim/robotic-path-planning-rrt-and-rrt-212319121378 (accessed 1 June 2019).

[13] Marino, R., Scalzi, S., and Netto, M. (2011). Nested PID steering control for lane keeping in autonomous vehicles. *Control Engineering Practice* 19 (12): 1459–1467.

[14] Garcia, C.E., Prett, D.M., and Morari, M. (1989). Model predictive control: theory and practice—a survey. *Automatica* 25 (3): 335–348.

[15] Bemporad, A. Model Predictive Control. http://cse.lab.imtlucca.it/~bemporad/teaching/ac/pdf/AC2-10-MPC.pdf (accessed 1 June 2019).

[16] Hui, J. (2018). Lane keeping in autonomous driving with Model Predictive Control & PID. https://medium.com/@jonathan_hui/lane-keeping-in-autonomous-driving-with-modelpredictive-control-50f06e989bc9 (accessed 1 June 2019).

[17] GitHub. Apollo Auto. https://github.com/ApolloAuto (accessed 1 June 2019).

[18] Werling, M., Ziegler, J., Kammel, S., and Thrun, S. (2010). Optimal trajectory generation for dynamic street scenarios in a Frenet frame. In: *2010 IEEE International Conference on Robotics and Automation*, 987–993. IEEE. c07.

08

지도제작

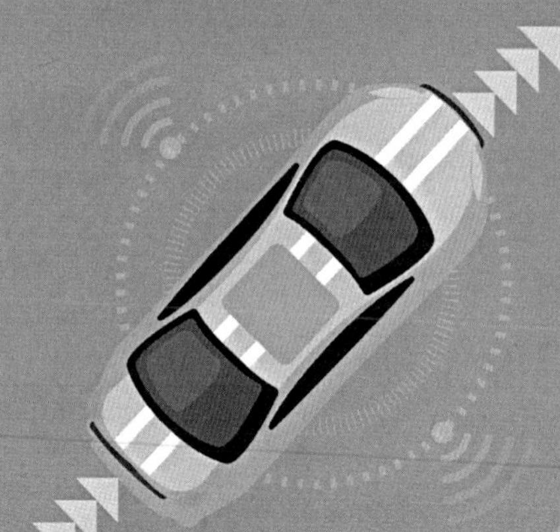

자율주행 차량과 로봇

08 지도제작

8.1 개요

그림 8.1에 나타내고 있는 바와 같이 지도제작 모듈은 경로설계 및 제어 모듈에 차선 형상, 정적 장애물 정보와 같은 핵심적인 지질학적 정보를 제공한다. 실시간 움직임 계획을 생성하기 위해서는 경로설계 및 제어모듈은 실시간으로 동적 장애물을 검출하는 인식정보 입력, 실시간 자동차 방위를 생성하는 위치추정 입력과 도로 기하와 정적 장애물을 포착하는 매핑 입력들을 결합할 수 있어야 한다.

따라서 자율주행을 지원하기 위해서는 매우 정밀한 지도를 갖는 것이 핵심적이다. 특히 경로설계 및 제어모듈은 자동차가 운행해야 되는 차선을 결정하기 위해 실시간 자동차 방위(위치추정 모듈로부터)를 지도에 투사시킨다. 또한 경로설계 및 제어모듈은 검출된 동적 장애물들(인식 모듈로부터)을 지도에 투사하고, 자동차가 주행계속, 정지 또는 차선변경 등을 결정할 수 있도록 한다. 지도가 충분히 정확하지 않으면 사고는 쉽게 일어날 수 있다.

현재 완전한 자율주행자동차(Waymo 및 Uber의 자율주행자동차와 같은)는 고정밀 3D 지도를 사용한다. 이와 같은 고정밀 지도는 지극히 복잡하고 차선 및 도로 뿐만 아니라 실제의 세맨틱 정보와 3D 랜드마크의 위치를 나타내는데 1조 바이트의 데이터를 갖고 있다[1]. HD 지도로 자율주행 자동차는 스스로 위치추정이 가능하고 지도화된 영역에서 순항할 수 있다.

이 장에서는 지도제작 기술들을 탐구하고, 전통적인 디지털 지도, HD 지도 및 자율주행 응용을 위한 기존 디지털 지도를 향상시키는 구체적인 예를 기술한다.

그림 8.1 모듈 설계 구조

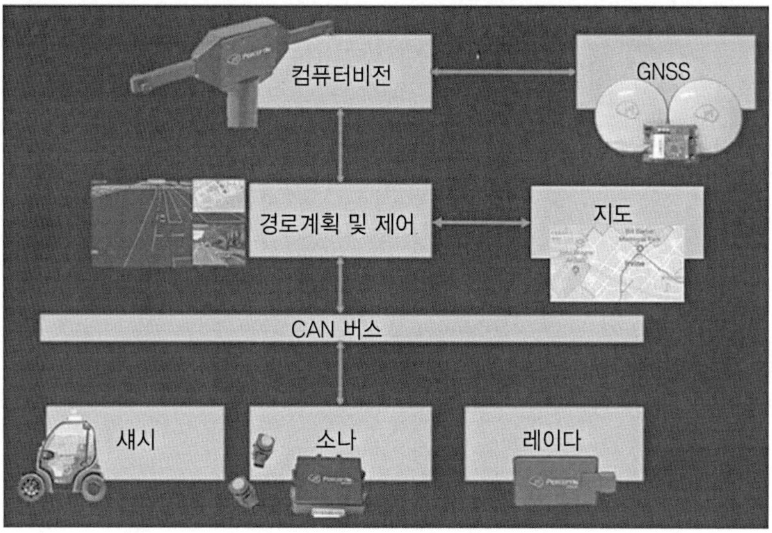

8.2 디지털 지도

Google 지도, Bing 지도 및 오픈스트리트맵(Open Street Map: OSM)와 같은 디지털 지도는 기계 대신 사람을 위해 개발되었기 때문에 이들 디지털 지도는 사람의 지식과 관측에 과도하게 의존한다. 가령 Google 지도는 어느 거리/도로위에 있는지를 알려주지만, 어느 차선위에 있는지는 알려주지 않는다. 따라서 알고 있는 것(가령 교통규칙)과 관측한 것(가령 현재 교통상황)을 기반으로 지능적인 결정을 해야 한다. 이 절에서는 하나의 예로 OSM을 사용한 디지털 지도의 상세한 내용을 소개하고, 8.3에서 HD 지도를 구축하는 자세한 내용을 논의할 것이다.

8.2.1 오픈스트리트맵(OSM)

OSM은 무료인 처음부터 대부분 자발적 지원자들에 의해 구축되고 오픈콘텐트 라이선스로 해제된 편집 가능한 세계지도이다(www.openstreetmap.org). OSM은 제3자 공급자에 의한 원형의 지질학적 데이터와 지도 정보를 생성하고 공유를 위한 일련의 소프트웨어로 구성된다.

8.2.1.1 OSM 데이터 구조

먼저 OSM 데이터의 구조를 조사해보자. OSM 데이터는 다음과 같은 기본적인 요소들로 만들어져 있다.

- **노드**: 노드는 위치를 마크하는데 사용되는 점들이다. 노드들은 분리되거나 연결될 수 있다.
- **길**(Way): 길은 도로, 경로, 하천 등을 생성하는데 사용되는 노드들이 연결된 선이다.
- **폐경로**(Closed Way): 닫힌 길은 폐루프를 형성하는 길이고, 영역을 형성한다.
- **구역**: 구역은 채워진 닫힌 길이다. 구역은 닫힌 길을 마킹할 때를 의미한다.
- **관계**: 관계는 보다 복잡한 형상을 생성하거나 물리적으로 연결되지 않지만 관계된 요소들을 나타낼 때 사용될 수 있다.

이들 모든 기본적인 요소들은 요소 세맨틱 정보를 제공할 수 있도록 태그로 주석을 달수 있다. 태그는 요소를 기술하는 〈key, value〉의 쌍이다. 가령, 노드를 생성하고 다음의 태그를 덧붙여서 식당의 지도 작성을 수행할 수 있다. : shop = restaurant. name=John's Mexican Food.

- Key:building 또는 Key:amenity와 같은 많은 키는 하나의 구역이 될 수 있을 때 자동으로 닫힌 길을 가정하는 것에 주목하기 바란다. 이는 명시적으로 구역을 생성하는 일반적인 것이 아니다 (using area = yes tag on a closed way).

아래와 같은 중요한 태그 키들이 있다.

- Key:highway - 고속도로, 도로, 경로, 보도, 자전거길, 버스정류장 등의 태깅용
- Key:place - 국가, 도시, 읍, 마을 등의 태킹용
- Key:amenity - 식당, 식수장, 주차장 등과 같은 편의시설 태깅용
- Key:shop - 상점 태깅용
- Key:building - 건물 태깅용

- Key:landuse –사람이 사용하는 땅 태깅용
- Key:natural – 숲과 같은 자연지역 태깅용

그림 8.2 OSM 구조

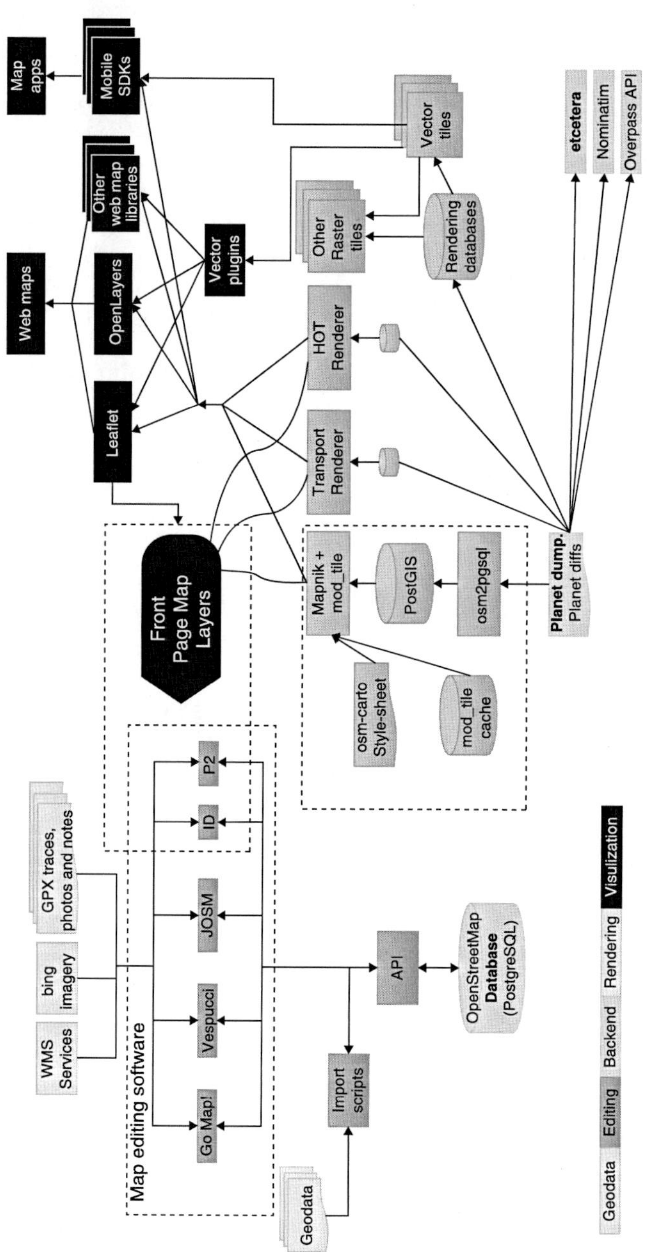

8.2.1.2 OSM 소프트웨어 스텍

OSM은 지도 데이터를 수입, 수출, 저장, 수정, 묘사 그리고 가시화하기 위한 일련의 소프트웨어 툴을 제공한다. OSM의 구조를 그림 8.2에 보여주고 있는데 다섯 개 그룹으로 나누어진다.

- **지오데이터**(geodata): 이는 지리정보시스템(GIS)과 함께 사용될 수 있는 포맷으로 저장되는 지리학적 위치에 관한 정보이다. 지오데이터는 데이터베이스, 지오데이터베이스, shapefile[4], 적용범위(coverage), 래스터 이미지(raster image)[5] 또는 dbf 테이블로도 저장될 수 있다. 가령 웹맵서비스(WMS)는 인터넷상에 지리참조 맵 이미지 서비스를 위해 1999년에 설립된 공개 지리공간(geospatial) 컨소시엄에 의해 개발된 표준 프로토콜이다.
- **편집**(editing): OSM 편집에 사용될 수 있는 ID, JavaOpenStreetMap(JOSM) 편집기 및 Vespucci 등과 같은 많은 편집 소프트웨어가 있다. 8.2.2절에서 JOSM을 소개할 것이다.
- **백엔드**(backend): OSM 백엔드는 지오데이터를 저장하고 복구하기 위한 일련의 툴로 구성된다. 예로 PostSQL 내에 지오데이터를 저장할 수 있고, 데이터베이스를 탐색하는데 Nominatim을 사용할 수 있다. 8.2.3절에서 Nominatim을 소개할 것이다.
- **랜더링**: 이는 원형의 지리학적 데이터로부터 2D 또는 3D 이미지의 생성에 포함된 과정이다. OSM은 랜더링 툴을 제공한다.
- **시각화**: OSM 그래픽을 디스플레이하기 위한 툴로 가장 인기 있는 OSM 웹사이트이고 지도를 통해 항행할 수 있다.

---

4) GIS 소프트웨어를 위한 지리정보 데이터 포맷

5) 래스터 이미지는 정사각형의 픽셀 수백개가 모여 전체 이미지를 구성하는 방식으로, 비트 지도(Map of bits)라는 뜻의 'Bitmap' 또는 'Pixmap'이라고도 함.

그림 8.3 JOSM 유저 인터페이스

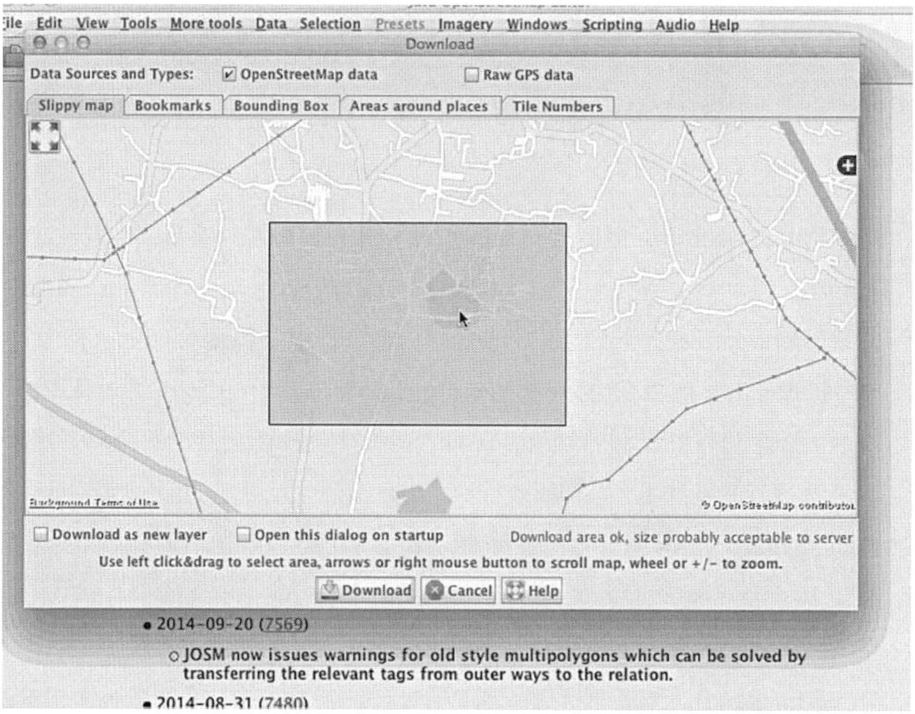

8.2.2 Java OpenStreeMap(OSM) 편집기(editor)

그림 8.3에서 보여주고 있는 것처럼 JOSM은 OSM 데이틀 수정하고 갱신하는데 사용할 수 있는 상호작용의 공개 소스 OSM 편집기이다 (josm. openstreetmap.de). JOSM은 오프라인 편집기이므로 작업한 내용이 서브에 업로드할 때까지는 어느 누구도 볼 수 없다. 이는 어떠한 브레이크도 없이 요소들을 반복적으로 이동, 태그, 첨가 및 소거 등의 실험을 할 수 있게 한다. 단일 요소상의 후속 동작들은 업로드할 때 한번 수정으로 데이터베이스에 입력될 것이다. JOSM 기능들을 수정하고 싶은 경우에는 문헌[2]에서 JOSM의 소스코드를 찾을 수 있다.

8.2.2.1 노드 또는 Way 덧붙임

첫 번째 단계는 OSM 데이터에 노드나 way를 추가하는 것이다. 독립노드를 추가할 수도 있고, 또는 2개의 way간에 교차점이 있는 way에 노드를 추가할 수도 있다. 노드를 추가하기 위해서는 "A"키를 쳐서 "Draw node"를 활성화시켜라. 그리고 마우스 커서를 원하는 노드나, way 또는 GPS 트랙(하나를 업로드한 경우)위로 이동시키고 노드를 위치시키고 싶은 임의의 장소에 좌클릭하라. 붉은 점(선택된 노드)이 나타날 것이고, rubber-line이 그 노드에서 마우스 커서로 놓이게 된다. 후속되는 노드를 생성하고자 하면, 앞선 노드들은 노란색 노드로 보일 것이다. 일련의 결합된 노들들은 하나의 way를 구성한다.

그림 8.4 JOSM에 하나의 태그추가

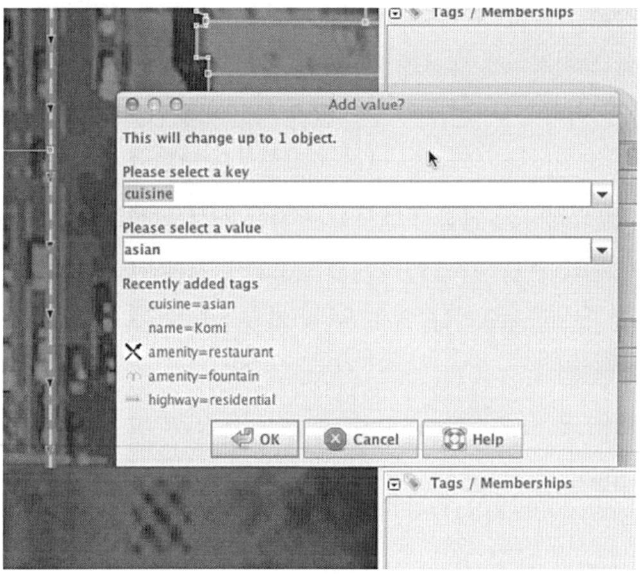

8.2.2.2 태그추가

그림 8.4는 태그추가의 JOSM 유저 인터페이스를 보여준다. Way나 노드 자체만으로는 세맨틱 정보제공을 위해 태그되지 않으면 많이 사용되지 않는다(맵 피처(map feature) 페이지는 참조 가능한 유행하는 태그를 보여준다).

태그추가에서 첫 번째 단계는 태그/멤버쉽 윈도우가 JOSM의 좌측에 열려 있는지를 확인하는 것이다. 태그/멤버쉽 윈도우내에 노드나 way 특성을 편집하기 위해서는 way나 노드를 선택해야 한다. “S”키로 선택 모드를 입력하라. 선택하고 싶은 포인터나 way를 강조하라. 대화박스가 나타날 것이고 키의 선택과 각 태그에 대한 값을 요청받게 될 것이다. 생성하고 있는 태그를 나타내는 키/값쌍으로 타이프하라. 예를 들어 타이프할 키로 “amenity”, 값으로 “fountain” (인용부호 없이). OK를 클릭하라. 그러면 태그된 way를 갖게 된다. 물론 하나의 사물에 여러 개의 태그를 추가할 수도 있다.

8.2.2.3 OSM으로의 업로딩

편집을 종료하고 난 다음, OSM 공동체에 이들을 되돌려 기여할 수 있다, 작업한 모든 것이 만족스러우면 OSM 서브에 업로드할 수 있다. 업로드 버튼을 클릭하라. 이는 자동의 변경된 것의 유효성을 트리거하게 될 것이다. 모든 유효성 경고를 살피고 업로드하기 전에 이들을 해결하도록 노력하라. 이는 태그되지 않은 사물이나 연결되지 않은 도로와 같은 불행한 실수를 피하게 할 것이다. 특별한 경우에는 유효성 경고가 잘못될 수도 있음을 유의하라. 업로드하기 전에 적당한 변경 코멘트를 추가하고 사용한 소스를 명기하라. 변경된 것이 무엇을 수정하려고 한 것인지, 어디에서 정보를 가져온 것인지 변경된 부분을 다른 사용자가 보게 될 것이므로 중요하다. 8.4절에서 자율주행자동차를 위한 지도 구축에 JOSM 사용법을 보게 될 것이다.

8.2.3 Nominatim

Nominatim은 이름과 주소(geocoding)로 OSM 데이터를 탐색하고, OSM 포인트(역 geocoding)의 합성 주소들의 생성을 위한 하나의 OSM 툴이다. 최신 데이터의 예를 nominatim.openstreet.org에서 찾을 수 있다, Nominatim은 또한 OSM 홈페이지의 탐색 박스를 위한 소스의 하나로 사용된다. JOSM 기능을 수정하기 원하는 경우, 문헌[3]에서 Nominatim의 소스코드를 찾을 수 있다.

8.2.3.1 Nominatim 구조

Nominatim은 OSM 데이터 기반의 지오코딩을 제공한다. 이는 데이터 저장을 위한 백엔드로서 PostgreSQL을 사용한다. Nominatim의 구조에 세 가지 기본적인 부분이 있다: 데이터 수입, 주소계산 및 탐색 프런트엔드.

데이터 수입 단계는 원형의 OSM 데이터를 읽고, 지오코딩에 유용한 모든 정보를 추출한다. 이 부분은 랜더링 데이터베이스를 수입하는데 사용될 수 있는 것과 동일한 툴인 osm2pgsql에 의해 수행된다.

주소계산 또는 색인 단계는 하나의 장소로부터 데이터를 취해, 지오코딩에 필요한 부가적인 정보를 추가한다. 장소들을 중요성으로 정렬시키고, 함께 소속되는 사물들을 연결하고, 주소계산과 인덱스를 탐색한다. 이 작업의 대부분은 데이터베이스 트리거를 거쳐 PostgreSQL에서 이루어지고, 파일 sql/functionals.sql에서 찾을 수 있다.

탐색 프런트엔드는 실제 응용프로그램을 구성한다. 이는 사용자로부터 역 지오코딩 쿼리(queries)와 탐색을 위한 쿼리를 취하고, 데이터를 찾고 결과들을 요청받은 형식으로 되돌린다. 이 부분은 PHP로 쓰여지고 lib/와 website/directories에서 찾을 수 있다.

8.2.3.2 Nominatim내 장소 랭킹

Nominatim은 장소를 랭크하기 위해 탐색랭크와 주소랭크 2개의 매트릭을 사용한다. 두 개 모두 0에서 30까지의 값을 지정할 수 있다. 이들은 조금 다른 목적을 서비스한다.

탐색 랭크는 장소의 크기와 중요도를 기술한다. 탐색결과를 랭킹할 때 사용된다, 동일한 하나의 탐색 쿼리에 2개의 결과가 있다고 하면, 보다 낮은 탐색랭크를 갖는 결과가 결과 리스트에 보다 높게 나타날 것이다. 탐색랭크는 오늘날 그렇게 중요하지 않은데, 잘 알려진 많은 장소들이 Wikipedia 중요도 랭킹을 대신 사용하기 때문이다.

주소랭킹은 주소 계층(hierarchy)에서 나타나는 장소를 기술한다. 보통 행정경계, 장소노드 및 구역만이 주소부분으로 바람직할 것이다. 다른 모든 사물들은 주소 rank 0을 갖는다. 장소의 탐색랭크는 또한 주소계산에 역할을 수행한다는 것을 주목하라. 주소부분을 구성할 장소들을 모을 때 베이스 오브젝의 탐색랭크보다 낮은 주소랭크를 갖는 장소들만이 고려된다.

탐색 및 주소 랭크는 데이터베이스에 처음 수입될 때 할당된다. 할당을 위한 몇 가지 하드코드 규칙들이 있다.

- 우편번호는 길에 따라 특정 규칙을 따른다.
- 구역이 아닌 경계와 철도=철길은 완전히 누락시킴
- 다음은 항상 탐색 rank 30, 주소 rank 0이다.
  - 고속도로 노드
  - 구역이 아닌 land use

이외에 랭크는 타입이나 나라에 따라 CONST_Address_Level_Config로 정의된 json 파일을 통해 자유롭게 할당할 수 있다.

그림 8.5 HD 맵 생성

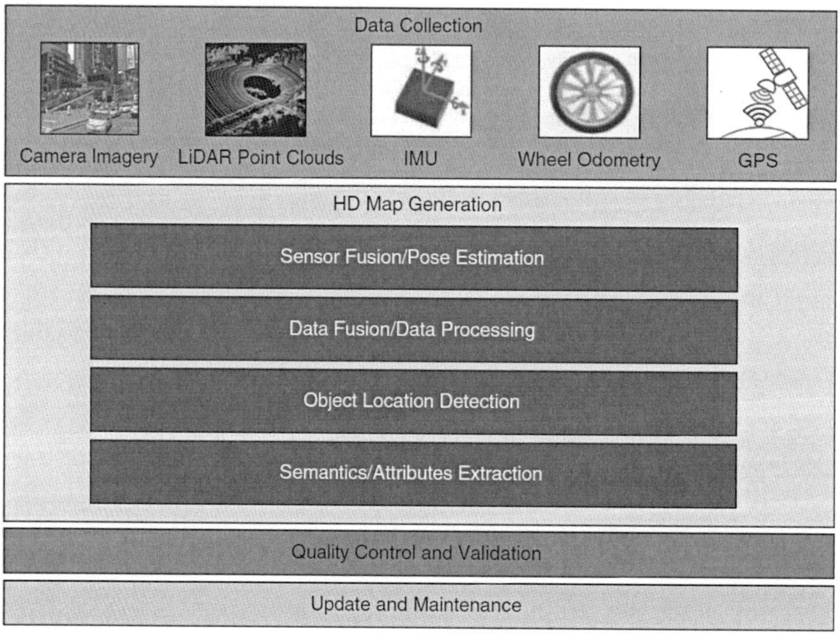

8.3 고정밀 지도(HD 지도)

HD 지도는 운전환경의 매우 정밀하고 포괄적인 지질학적 정보와 세멘틱을 제공한다. 2000년에 DARPA의 첫 도전이래, HD 지도는 자율주행자동차의 정밀한 위치추정에 널리 사용되어 왔다[4, 5].

위치추정뿐만 아니라 HD 지도는 인식, 예측, 움직임 계획, 자동차 제어 등을 위한 사전계산 데이터를 포함하고 있다. 사전 계산된 데이터의 한 예는 교통신호등의 3D 위치추정으로, 이는 도로를 주행하는 자율주행자동차가 교통신호등을 효율적으로 검출하는데 전체 시야 대신에 작은 영역만을 조사할 수 있게 한다. 사전 구축된 HD 지도 없이 완전 자율주행자동차 시스템의 구축 가능성에 관한 논의가 여전하지만, 일종의 HD 지도를 사용하지 않고 도심환경에서 주행하는 고도로 자동화된 운전(HAD: Highly Automated Driving) 시스템은 존재하지 않는다.

8.3.1 HD 지도의 특성

8.3.1.1 고정밀(High precision)

이름이 시사하고 있는바와 같이 자율운행 시스템을 위한 HD 지도는 보통 센티미터 레벨의 높은 정밀도를 갖는 것이 필요하다. 정확하게 얼마의 정밀도를 가져야하는지에 관한 표준은 없지만, HD 지도는 5cm에서 20cm 사이를 갖는 것으로 가정하는 것이 일반적이다.

8.3.1.2 풍부한 기하학적 정보와 세맨틱스

또한 HD 지도는 위치추정, 인식, 예측, 움직임 계획 및 자동차 제어 등의 용도로 도로망과 주위 환경에 관한 풍부한 지리와 센맨틱 정보를 포함한다. 가장 공통적인 내용은 차선/도로 모델, 교통제어 장치(주로 교통신호등 및 교통표지)의 3D 위치, 그리고 보행자 도로의 연석, 횡단보도, 철도선로, 가드 레일, 폴, 버스정지, 속도범퍼, 포트홀 및 추월 등과 같은 다른 움직이지 않는 도로 요소들의 기학학적 세맨틱스를 포함시킨다.

8.3.1.3 프레쉬 데이터(Fresh Data)

HD 지도는 적절한 형태로 갱신되는 것이 필요하다. TomTom은 어떤 방법으로 매년 미국 도로의 약 15%가 변화되는 것으로 추정한다. 비록 이들 변화의 모든 것이 자율주행자동차의 관심이 아니지만, 자율주행자동차가 작동중인 도로상 모든 당사자들의 안전을 확신을 위해 갱신되는 것이 필요한 관련된 변화의 크기정도를 추론할 수 있어야 한다. 산업표준은 HD 지도를 매주 갱신하는 것이다. 비교로 구글앱과 같은 전통적인 디지털 지도는 6-12개월의 갱신 사이클을 갖고 있다. HD 지도를 유지하는 것은 엄청난 비용이 든다. 즉 큰 규모의 데이터 수집 차량들의 배치뿐만 아니라 매주 재생율을 유지하는데 클라우드 컴퓨팅 인프라를 배치해야 된다.

8.3.2 HD 지도의 계층들

HD 지도는 통상 다수 계층을 갖고, 자율주행자동차를 위한 충분히 누적된 정보를 제공한다. 모든 계층의 사이즈 때문에 보통은 클라우드로부터 자율주행자동차에 서비스되고[6, 7], 부근의 매우 작은 구역의 HD 지도 (이를 서브맵이라 함)만이 필요할 때 자동차에 다운로드된다.

HD 지도의 계층들은 서로 많이 다르고, 서로 다른 표현, 데이터 구조 및 목적을 갖고 있다. 비록 HD 지도 구축자(builder)가 반드시 동일한 관례를 따라야 하는 것은 아니지만, 통상적으로 HD 지도는 다음과 같은 4개 계층을 포함한다.

8.3.2.1 2D 정사영 반사 지도(Orthographic Reflectivity Map : ORM)

ORM은 도로표면의 서로 다른 물질들(즉 도로포장, 도로마킹 페인트 등)이 레이저로부터의 상이한 적외선 반사 세기를 갖는다는 사실을 활용한 것이다. 이 계층은 LiDAR 센서의 포인트 클라우드로부터 추출된 도로표면의 2D 평판시야이다. 실제로 반사맵은 동일한 구역의 복수스캔을 결합하고 반사신호 세기값으로 텍스처 매핑(물체의 표면에 세부적인 질감의 묘사를 하거나 색을 칠하는 기법)을 처리하고 나면 사실적인 것처럼 보일 것이다. 반사맵의 시각화는 문헌[8, 9]에서 참조할 수 있다.

8.3.2.2 디지털 고도 모델(Digital Elevation Model: DEM)

DEM은 3D 모델이고, 도로연석의 높이, 램프 혹은 기복 있는 도로의 경사도/급준함 등과 같은 주행환경의 표면에 관한 높이 정보를 포함한다. 이는 위치추정(특징이 부족한 도로표면을 갖는 상황), 움직임 계획과 자동차 제어에 유용하다. DEM 시각화의 예는 문헌 [10]을 참조하기 바란다.

8.3.2.3 차선/도로 모델

차선/도로 모델은 차선 및 도로 세그맨트의 세맨틱스를 포함하는 매우 중요한 벡터화된 계층이다. 도로모델은 도로의 에지와 같은 차선부분이 아닌 도로부분을 포함한다. 그러나 자율주행자동차 설계자들은 항상 자율주행자동차가 차선중앙이 되도록 시도하지만, 실제는 차선경계 밖으로 운행하는 것이 필요한 희소한 경우를 제외하고 차선모델만을 다루는 것이 필요하다, 차선모델은 차선기하(경계, 넓이, 곡률 등), 차선타입(자동차선, 바이크선, 버스전용선 등), 차선방향, 차선마킹/분리 타입들(실선 대비 점선, 단일 대비 두 개(double) 등), 제한(좌/우회전 만), 속도제한, 차선간의 연결성 등에 관한 정보를 포함한다. 차선/도로 모델은 움직임 계획과 자동차 제어 등에 핵심적이다.

8.3.2.4 정적 지도(Stationary Map)

이는 잘 정의되지 않은 계층이다. 다른 계층에서 포착되지 않은 운전환경 내 정적요소들(즉 교통신호등과 차선, 도로장애물 등과의 연관성)을 저장하는 다방면의 계층이다.

8.3.3 HD 지도 생성

그림 8.5에서 보여주고 있는 것처럼, HD 지도 생성과정은 다음과 같은 4가지 단계로 나눌 수 있다: 데이터 수집, HD 지도 생성, 품질제어와 유용성, 갱신 및 유지

8.3.3.1 데이터 모음

모바일 맵핑 시스템(MMSs)은 LiDAR, 카메라, GPS, IMU 및 휠 오더미터리 등과 같은 다중 센서들이 장착된다. 그리고 데이터를 모으기 위해 현장으로 가서 이들 데이터들을 하드 드라이버와 같은 저장장치에 기록하거나 또는 필터링이나 압축과 같은 어느 정도의 데이터 처리 후 셀룰러 무선망을 통해 서버나 클라우드 저장장치로 데이터를 보낸다. 데이터 수집 처리는 보통 도시영역으로 수행되고, 최적 데이터 저장 및 전송뿐만 아니라 세심한 라우터 계획을 포함한다. 장비가격, 노동력, 데이터 저장 및 전송은 데이터 수집 처리의 주요 관심사들이고, 같은 도로부분의 재 수집과 같은 오버드라이버 감소는 실행자의 큰 관심사이다.

HD 지도 생성용으로 수집된 데이터는 두 가지 범주에 속한다. (i) HD 지도 데이터: LiDAR 포인트 클라우드와 HD 맵의 내용이 될 기하 및 세맨틱 정보를 포함하는 카메라 이미지, (ii) 보조 데이터: HD 지도를 위한 기하 및 세맨틱 정보는 포함하지 않지만 HD 지도 생성에 유용한 GPS/IMU/Wheel odometer의 이력. 보조 데이터의 사용은 주로 데이터 수집 차량용 방위 최적화를 위한 것이다.

8.3.3.2 HD 지도의 오프라인 생성

이는 수집된 데이터를 처리하고 HD 지도를 생성하는 후방지원 업무용(back-office) 작업이다. 개략적으로 4단계로 세분화할 수 있다(그림 8.5).

8.3.3.2.1 센서 융합과 방위 추정

MMS 차량의 정확한 방위(위치와 방향)을 아는 것은 HD 지도 생성에 핵심이다. 차량의 방위가 정확하지 않으면, 정밀한 지도를 생성하는 것은 불가능하다. 일단 데이터 수집 차량의 정확한 방위를 갖고, 장착된 센서의 위치 및 차량 프레임에 대한 상대적인 각도 등이 주어지면 수집된 포인트 클라우드와 이미지 프레임의 정확한 방위를 추론할 수 있을 것이다.

비록 정확한 방위는 GPS, IMU 및 휠 오더미터리의 제한으로 인해 수행시간에서 직접적으로 얻을 수 없지만, 그래프 기반 SLAM의 사용으로 상이한 센서들의 이력 융합과 같은 오프라인 최적화를 이용함으로서 정확한 방위를 추정할 수 있다[8, 11].

8.3.3.2.2 지도 데이터 융합과 데이터 처리

일단 정확한 방위를 갖고 난 다음에 지도 데이터 융합을 수행할 수 있을 것이다. 여기서 지도 데이터는 LiDAR 3D 포인트 클라우드와 카메라 이미지를 의미한다. HD 매핑을 위해, 비디오의 해상도와 품질이 보통 만족스럽지 않고, 비디오의 높은 프레임 레이트를 필요로 하지 않는다. 10FPS 이하에서 획득한 보다 높은 해상도의 이미지가 공통적으로 널리 사용된다. 데이터의 융합처리 동안 밀집 포인트 클라우드를 얻기 위해 다중스캔의 포인트 클라우드들이 정렬하고 캘리브레이트되어야 한다. 또한 포인트 클라우드와 카메라 이미지는 각각 등록되어, 사물의 3D 위치를 얻는데 포인트 클라우드를 사용하거나 세멘틱 정보 추출에 등록된 이미지를 사용할 수 있어야 할 것이다. 이는 비록 포인트 클라우드는 정확한 3D 위치를 제공하지만 세맨틱 정보를 제공할 수 없고, 반면에 이미지는 정확한 세맨틱 정보를 제공하기 때문이다.

더불어서 도로평면 생성, 무관한 사물제거(즉 동적사물이나 도로에서 멀리 떨어진 사물들), 사실적인 정사영 이미지(photorealistic orthographic image) 생성을 위한 텍스처링 등과 같은 다른 데이터 처리 단계들도 수행된다.

8.3.3.2.3 3D 사물위치 검출

기하 및 정밀한 위치가 중요한 도로 요소들(차선경계, 보행자도로의 연석, 교통신호등, 추월, 철도트랙, 가드레일, 가로등 기둥, 속도제한 범퍼, 폿트홀 등)을 위해, 이들의 정밀한 3D 위치를 갖는 맵이 필요하다. LiDR 포인트 클라우드는 직접적으로 3D 위치정보를 제공하고, 포인트 클라우드에 의한 3D 사물의 검출은 기하기반 방법[12-15] 또는 3D 포인트 클라우드의 심화학습[16-18]의 사용으로 수행된다. 물론 같은 사물의 복수개 이미지를 사용한 삼각기법을 통해 포인트 클라우드를 사용하지 않고 3D 사물의 위치를 검출할 수 있을 것이다. 관련 예는 문헌 [19]를 참조하기 바란다.

8.3.3.2.4 세맨틱/속성 추출

마지막이지만 가장 힘든 단계가 HD 지도를 위해 데이터로부터 세맨틱과 속성을 추출하는 것이다. 이 처리에는 차선/도로 모델 구성, 교통신호 인식, 교통신호등의 차선과의 결합. 도로마킹 세맨틱스 추출, 도로 요소(즉 가로등, 가로등 기둥) 등이 포함된다.

8.3.3.3 품질제어와 검증

일단 HD 지도가 생성된 다음에는 사전에 정의된 품질 매트릭을 만족해야 하고, HD 지도는 도로상의 시험과 같은 다른 수단에 의해 확인되어야 하고 전통적인 조사방법의 사용으로 검증되어야 한다.

8.3.3.4 갱신과 유지관리

이 단계는 변화와 더불어 적절히 HD 지도 갱신을 유지하기 위한 지속적인 작업이고 이들을 사용하는 동안 해결해야 되는 고정 쟁점이다.

8.3.3.5 HD 지도의 문제들

비록 HD 지도는 많은 이점이 있지만 HD 지도 구현의 복잡성 또는 여러 문제들이 나타난다. 먼저 원형의 데이터를 수집하기 위해 많은 수의 MMS 차량이 배치될 필요가 있다. 이들 MMS 차량들은 LiDAR, 고정밀 GNSS, HD 카메라 등과 같은 매우 값비싼 센서들이 장착된다. 각 MMS 차량은 US$50만을 넘는 비용이 될 수도 있을 것이다. 두 번째로 원형의 데이터와 갱신된 HD 지도를 생성하기 위해 매우 강력한 클라우드 컴퓨팅 인프라를 전개하는 것이 필요하다[7]. 세 번째로 HD 지도는 주간으로 갱신하는 것이 필요하기 때문에, HD 지도 공급자는 기존에 수집된 영역을 끊임없이 재 스캔하기 위한 운영팀을 유지하는 것이 필요하다. 구글맵과 같은 디지털 지도의 재생율(refresh rate)이 6-12개월인데 반해, HD 지도의 재생율은 1주임을 주목하라. 이는 지극히 비싼 HD 지도 제작비용에 부가적인 운영비용을 추가하는 것이다.

8.4 PerceptIn의 파이 맵

지난 절에서 보여준 것처럼 HD 지도는 구성과 제작에 매우 비용이 비싸유비쿼터스 배포를 매우 어렵게 한다. 고도로 구조화된 환경에서 저속(20MPH 이하) 자율운행과 같은 특정 시나리오에 대해, 자율운행을 가능케 하는 정확한 차선정보 제공을 위해 디지털 지도를 단순하게 확장할 수 있다. 이절에서는 PerceptIn의 지도제작 기술에 관한 사례연구를 제시하는데, 여기서는 기존 OSM이 자율주행 로봇과 차량 항행에 확장된다.

이를 달성하기 위해 PerceptIN은 차선의 토폴로지에 그래프 기반 데이터 구조, 실시간 기구학적 (RTK) GNSS 수신기[2]와 JOSM 툴체인(https://josm. openstreetmap.de)의 사용만으로 지도를 구성하는 방법을 개발했다. PerceptIN의 맵 또는 파이 맵은 2계층의 맵을 형성하기 위해 OSM과 같은 사용중(off-the-shell)인 디지털 지도로 쉽게 통합시킬 수 있다. 계층화된 맵으로 제공되는 차선의 물리적 정보를 사용해서 경로계획 및 제어 모듈은 항행을 위한 글로벌 라우터를 계획할 수 있고, 로컬 궤적과 차량조종용 일련의 제어 명령문을 생성할 수 있다.

8.4.1 토폴로지컬 맵

π-맵은 차선구조 표현에 일련의 노드와 에지들을 사용한다. 일반성을 잃지 않고 예시적 목적만을 위한 간략화된 도로 모델을 사용한다. 차량이 한 방향으로 주행할 수 있도록 도로는 하나 또는 복수개의 방향성 차선을 포함한다. 그림 8.6은 4개의 노드와 4개의 에지로 이루어진 간단한 맵을 보여주는 것이다. 실제로 노드는 차선의 물리적 중심점들이고, 노드 간의 에지는 노드간의 연결을 나타낸다, 예로 노드 0과 노드 1간의 에지는 노드 1이 노드 0으로부터 도착할 수 있음을 나타낸다.

그림 8.6 제안된 맵 토폴로지의 예

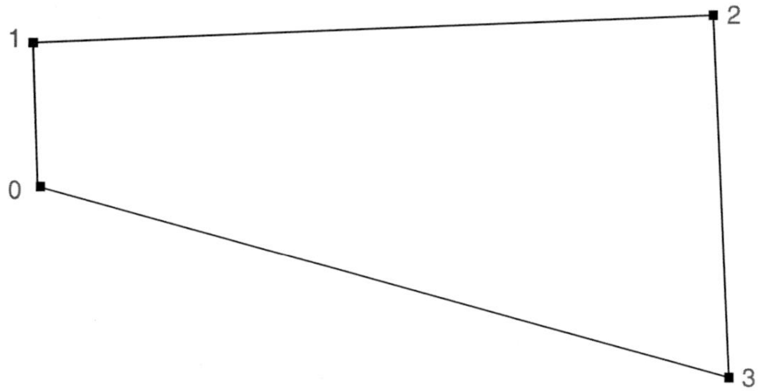

파이 맵은 위 맵의 토폴로지를 기술하기 위한 다음과 같은 데이터 구조를 사용한다. 각 열은 하나의 노드를 나타낸다. 첫 번째 열은 노드 0에 관한 정보를 포함하고, 두 번째 열은 노드 1에 관한 정보 포함 등등이다. 임의의 특정 열에서 첫 번째와 두 번째 행은 각각 노드의 x, y 좌표축, 세 번째 행은 이 노드에 연결된 노드들(인접 노드)들의 개수이고 행의 나머지는 인접 노드들의 ID를 나열한 것이다.

	Column 1	Column 2	Column 3	Column 4	Column 5
Row 1	X1	Y1	2	1	3
Row 2	X2	Y2	2	0	2
Row 3	X3	Y3	2	1	3
Row 4	X4	Y4	2	2	0

데이터 구조를 설명하기 위해 첫 번째 열을 취해보자.

- 이 열은 shem 0에 관한 정보를 포함한다.
- X1 및 Y1은 노드 0의 x 밑 y축이다.
- 2는 인접노드의 개수이다.
- 1과 3은 노드 0에 인접한 노드들의 ID이다.

8.4.2 파이 맵 창조

이 소절에서는 디지털 지도 생성의 제안된 방법을 설명한다. 그림 8.7에 보여주고 있는바와 같이, 하나의 예로 캘리포니아 대학 어바인(Irvine) 캠퍼스의 소구역을 사용해서 Anteater Recreation Center 주변 도로의 지도를 생성한다.

지난 소절에서 논의된 지도의 데이터 구조에 따라 지도를 구성하기 위해 노드의 좌표와 노드간 연결을 정하는 것이 필요하다. 실제로 노드좌표를 얻기 위해 RTK GNSS 수신기와 JOSM을 사용할 수 있고, 노드와 노드간의 에지를 그리기 위해 JOSM을 사용한다.

그림 8.8은 에로 Anteater Recreation Center 주변 차선의 맵을 보여주는 것이다. 맵을 생성하기 위해, 먼저 PerceptIN DragonFly Pod위에 RTK GNSS 모듈을 설치했다[21].

그림 8.7 Anteater Recreation Center. 실선은 만들고자 하는 차선 맵을 나타낸 것임

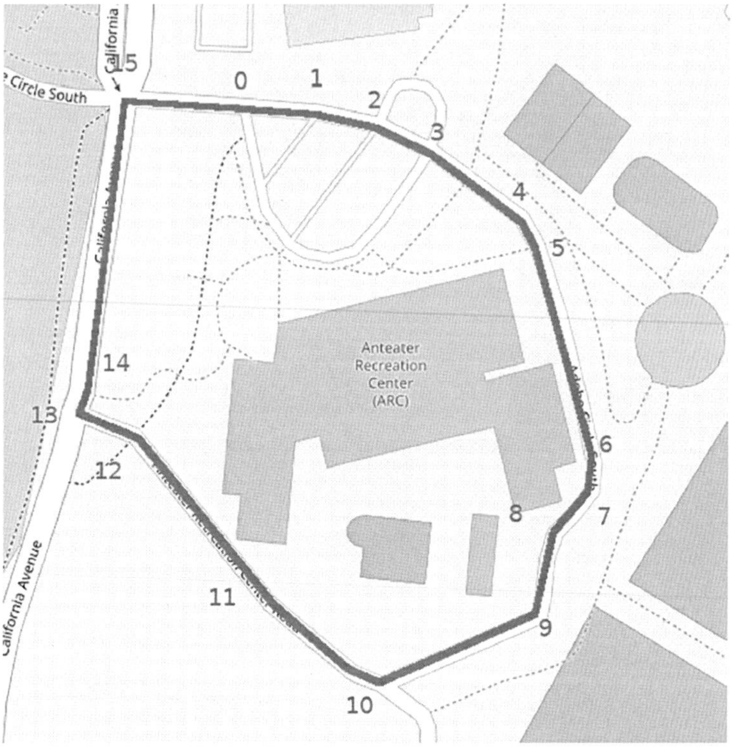

그리고 원하는 맵 차선의 중앙을 따라 DragonFly Pod를 운행하고, 차량의 궤적을 얻기 위해 RTK GNSS 장치를 사용한다. 두 번째로 JOSM에 궤적을 로드하고, 궤적을 따라 노드를 그린다. 마지막으로 노드간의 에지를 그리기 위해 JOSM을 사용한다.

목표위치의 토폴로지를 나타내기 위하 노드들로 이루어진 생성된 맵은 운영을 위한 경로설계 및 제어 모듈에 피드백 된다. 가령 사용자는 자율주행 자동차를 픽업 요청을 위한 맵 위의 임의의 장소나 내려주기 위한 맵 위의 새로운 위치를 클릭할 수 있다.

그림 8.8 JOSM내 결과 맵

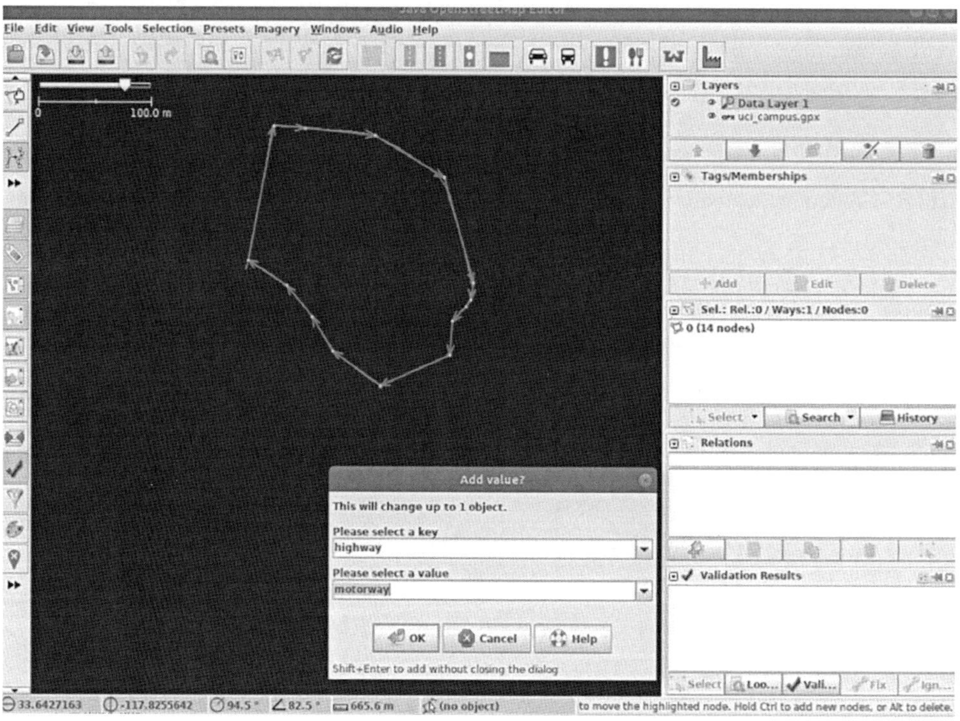

참고문헌

[1] Jiao, J. (2018). Machine Learning assisted High-Definition Map creation. *2018 IEEE 42nd Annual Computer Software and Applications Conference (COMPSAC)*, Tokyo, Japan (23-27 July 2018). IEEE.

[2] GitHub (2017). JOSM source code. https://github.com/openstreetmap/josm (accessed 1 December 2018).

[3] GitHub (2017). Nominatim source code. https://github.com/openstreetmap/Nominatim (accessed 1 December 2018).

[4] Buehler, M., Iagnemma, K., and Singh, S. (eds.) (2007). *The 2005 DARPA Grand Challenge: The Great Robot Race*, vol. 36. Springer Science & Business Media.

[5] Buehler, M., Iagnemma, K., and Singh, S. (eds.) (2009). *The DARPA Urban Challenge: Autonomous Vehicles in City Traffic*, vol. 56. Springer.

[6] Liu, S., Li, L., Tang, J. et al. (2017). Creating autonomous vehicle systems. *Synthesis Lectures on Computer Science* 6 (1): 1-186.

[7] Liu, S., Tang, J., Wang, C. et al. (2017). A unified cloud platform for autonomous driving. *Computer* 50 (12): 42-49.

[8] Levinson, J., Montemerlo, M., and Thrun, S. (2007). Map-based precision vehicle localization in urban environments. In: *Robotics: Science and Systems*, vol. 4, 1. MIT Press.

[9] Levinson, J. (2011). Automatic laser calibration, mapping, and localization for autonomous vehicles. PhD thesis. Stanford University.

[10] Waymo Team (2016). Building maps for a self-driving car. https://medium.com/waymo/building-maps-for-a-self-driving-car-723b4d9cd3f4 (accessed 1 June 2019).

[11] Thrun, S. and Montemerlo, M. (2006). The graph SLAM algorithm with applications to large-scale mapping of urban structures. *The International Journal of Robotics Research* 25 (5-6): 403-429.

[12] Yu, Y., Li, J., Guan, H. et al. (2015). Semiautomated extraction of street light poles from mobile LiDAR point-clouds. *IEEE Transactions on Geoscience and Remote Sensing* 53 (3): 1374-1386.

[13] Zheng, H., Wang, R., and Xu, S. (2017). Recognizing street lighting poles from mobile LiDAR data. *IEEE Transactions on Geoscience and Remote Sensing* 55 (1): 407-420.

[14] Ordonez, C., Cabo, C., and Sanz-Ablanedo, E. (2017). Automatic detection and classification of pole-like objects for urban cartography using mobile laser scanning data. *Sensors* 17 (7): 1465.

[15] Fukano, K. and Masuda, H. (2015). Detection and classification of pole-like objects from mobile mapping data. *ISPRS Annals of Photogrammetry, Remote Sensing & Spatial Information Sciences*, La Grande Motte, France (28 September-3 October 2015). ISPRS.

[16] Qi, C.R., Su, H., Mo, K., and Guibas, L.J. (2017). PointNet: deep learning on point sets for 3D classification and segmentation. In: *Proceedings of Computer Vision and Pattern Recognition (CVPR)*, vol. 1, 4. IEEE. c08.

[17] Qi, C.R., Yi, L., Su, H., and Guibas, L.J. (2017). PointNet++: deep hierarchical feature learning on point sets in a metric space. In: *Advances in Neural Information Processing Systems*, 5105-5114. NeurIPS.

[18] Zhou, Y. and Tuzel, O. (2017). VoxelNet: End-to-End Learning for Point Cloud Based 3D Object Detection. arXiv preprint arXiv:1711.06396.

[19] Fairfield, N. and Urmson, C. (2011). Traffic light mapping and detection. In: *2011 IEEE International Conference on Robotics and Automation (ICRA)*, 5421-5426. IEEE.

[20] PerceptIn (2018). PerceptIn DragonFly RTK GNSS Module. https://www.perceptin.io/products (accessed 1 December 2018).

[21] Perceptin (2018). PerceptIn DragonFly Pod. https://www.perceptin.io/products (accessed 1 December 2018).

09

DragonFly 파드 및 버스 구축

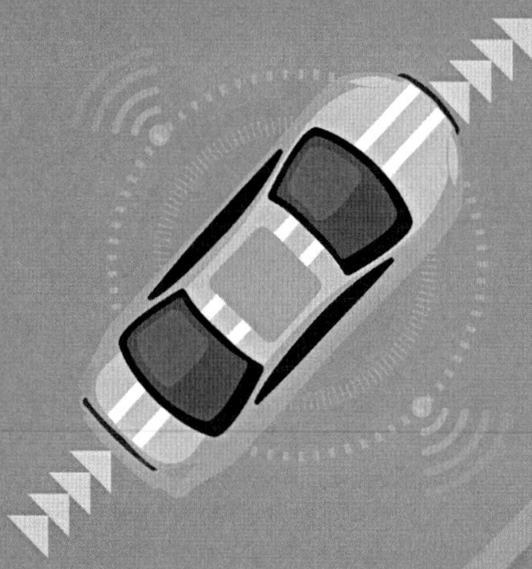

자율주행 차량과 로봇

09 DragonFly 파드 및 버스 구축

9.1 개요

이 장에서는 문헌 [1, 2]에 소개된 모듈식 설계방식을 사용하여 개발된 PerceptIn의 DragonFly 파드 및 DragonFly 버스에 대한 심층적인 사례 연구를 보여준다. 자율주행차량에 대한 몇 가지 비디오 데모는 문헌 [3, 4]에서 찾을 수 있다. 2인승 DragonFly 파드는 승객이 여행 중에 개인적인 용무를 할 수 있도록 개인 자율주행 운송 서비스를 위해 개발되었다. DragonFly 파드의 일반적인 용도에는 엔터테인먼트 공원, 산업 단지, 관광 명소 및 노인 생활 지역 등이 포함된다. 8인승 DragonFly 버스는 공공 자율주행을 위해 설계되었다. 일반적으로 5마일 미만의 거리에서 운송 솔루션을 운행한다. DragonFly 버스의 일반적인 용도에는 대학 캠퍼스, 시내버스 노선, 공항 및 기차역 내 교통편이 포함된다.

먼저 두 차량의 섀시 사양을 소개하여 독자가 이러한 차량의 물리적인 차이점을 이해할 수 있게 한다. 둘째, 이 두 섀시의 센서 구성을 공개하여 독자가 인식 및 위치인식 모듈이 배포되는 방법을 이해할 수 있도록 한다. 셋째, DragonFly 시스템의 해부 또는 이러한 차량에서 자율주행을 가능하게 하는 소프트웨어 아키텍처를 소개한다. 서로 다른 모듈이 함께 작동하여 시스템을 구성하는 방법을 이해할 수 있다. 넷째, 독자가 자율주행 소프트웨어의 수명주기를 이해할 수 있도록 DragonFly 시스템의 "작동원리" 또는 자율주행차량의 메카니즘을 소개한다. 다섯째, 서로 다른 모듈 간의 통신에 사용되는 데이터 구조를 살펴보므로 독자는 서로 다른 모듈이 상호 작용하는 방식을 이해할 수 있다. 마지막으로 사용자가 간단한 UI (사용자 인터페이스)를 통해 자율주행 차량과 상호 작용할 수 있는 방법을 보여준다. 이 장을 읽은 후에 독자는 자신의 자율주행 차량이나 로봇을 처음부터 만드는 방법에 대한 기본적인 이해가 있어야 한다.

9.2 섀시 하드웨어 규격

그림 9.1은 DragonFly 파드를 보여주고 표 9.1은 섀시 사양의 세부 사항을 보여준다. DragonFly 파드는 길이 2.18m, 폭 1.38m, 높이 1.675m, 무게 580kg, 최대 속도는 시속 25km이다. 자율주행 모드에서는 일반적으로 안전상의 이유로 속도를 시속 10km로 유지한다. 배터리를 통해 차량이 정상 속도 (시속 10km)에서 10시간 동안 지속적으로 작동할 수 있다. DragonFly 파드 섀시는 유선 제어장치로 구동되므로 계획 및 제어 모듈이 제어 명령을 전송하여 차량을 조종할 수 있다. 또한 섀시는 각속도, 선형 속도, 브레이크 압력 등과 같은 실시간 차량 상태 정보를 제공할 수 있다.

그림 9.1 DragonFly 2 인승 파드

그림 9.2는 DragonFly 버스를 보여주고 표 9.2는 섀시 사양의 세부 사항을 나열한다. DragonFly 버스는 길이 3.93m, 너비 1.51m, 높이 2.04m, 무게 910kg, 최대 속도는 시속 30km이다. 자율주행 모드에서는 안전상의 이유로 보통 시속 10km 정도의 속도를 유지한다. 배터리를 통해 차량이 정상 속도(시속 10km)에서 8시간 동안 지속적으로 작동할 수 있다. DragonFly 버스 섀시는 유선 제어장치로 구동되므로 계획 및 제어 모듈이 제어 명령을 전송하여 차량을 조종 할 수 있다. 또한 섀시는 각속도, 선형 속도, 브레이크 압력 등과 같은 실시간 차량 상태 정보를 제공할 수 있다.

9.3 센서 구성

섀시 기능을 이해했으면 인식 및 위치 파악을 위해 자율주행 차량에 센서를 배치하는 방법을 알아야 한다. 그림 9.3은 센서가 DragonFly 파드에 배포되는 방식을 보여준다. 우리가 사용하는 네 가지 주요 센서 유형에는 DragonFly 비전 모듈, GPS 수신기, 레이다 및 소나가 있다.

DragonFly 비전 모듈은 위치인식과 능동적 인식 모두에 사용된다. 주변 환경 특징을 포착할 수 있도록 열린 시야를 확보하기 위해 차량 상단 중앙 위치에 장착된다. 또한 DragonFly 비전 모듈을 차량 중앙에 배치하면 공간 센서 보정을 수행할 때 다른 센서의 좌표를 DragonFly 비전 모듈과 쉽게 맞출 수 있다.

또한 수평축을 따라 두 개의 GPS 수신기가 배치되었다. 두 개의 GPS 수신기는 차량의 정확한 실시간 위치뿐만 아니라 정확한 실시간 방향도 제공하기 위해 차동 페어를 형성한다. 차동 GPS 수신기의 중심은 정확히 DragonFly 비전 모듈의 중심이므로 공간 보정 프로세스를 단순화한다.

표 9.1 DragonFly 파드 섀시 사양

	DragonFly Pod
Suspension (F/R)	McPherson independent front suspension: spiral spring + cylinder hydraulic shock absorption Integral rear axle, speed ratio 12.49:1 helical spring damping + cylinder hydraulic shock absorption
Frame material	Carrier frame structure
Driving method	Front wheel steering
Brake (F/R)	Front disc rear hub, double tube double circuit hydraulic brake
Parking system	Electric park brakes electronic parking and hand brake parking
Control method	CAN bus
Length/width/height	2180/1380/1675 mm
Wheelbase	Back 1190 mm, front 1170 mm
Ground clearance	145 mm
Minimum turning radius	≤4.4 m
Gradeability	15% (≥8.5°)
Tire	155 65/R13 13
Total weight	580 kg
Maximum speed	25 kilometers per hour
Battery pack type	Lead-acid
Battery capacity	120 Ah
Battery specification	12 V/120 Ah
Number of batteries	4
Charger type	External charger
Charging voltage	220 V
Vehicle power output	12 V, 700 W
Urban range	100 km
Recharge time	10 h, 80%
Communication method	CAN protocol
Chassis information	Angular speed, linear speed, brake pressure, voltage, electric current, power
Number of seats	2
Drive type	Center motor

차량 주변에 6개의 레이다와 8개의 소나를 배치하여 인식 감지 범위를 극대화하였다. 이렇게 하면 두 가지 보호 계층을 통해 수동적 인식을 위한 레이다와 소나를 사용할 수 있다: 중거리에서 레이다, 근거리에서 소나를 사용함. 또한, 레이다는 더욱 정확한 능동적인지를 위해 시각적인지와 융합될 수 있는 물체 추적 기능뿐만 아니라 물체의 거리, 속도 정보를 제공할 수 있다. 그림 9.4는 센서가 DragonFly 버스에 배치되는 방법을 보여준다. 이는 다음의 내용을 제외하고, DragonFly 파드 배치와 매우 유사다.

- 차량의 길이 때문에 레이다 6 개와 소나 8개를 사용하는 대신 레이다 8개와 소나 8개를 배치해야 한다.
- 차량의 길이로 인해 DragonFly 비전 모듈은 장애물이 없는 시야를 확보하기 위해 차량의 중앙이 아닌 차량 전면에 배치된다.
- 차량의 길이로 인해 차량의 길이를 최대한 활용하기 위해 차동 GPS 수신기가 수직으로 배치되어, 더욱 정확한 실시간 방향을 획득한다.

그림 9.2 DragonFly 8인승 버스

9.4 소프트웨어 아키텍처

표 9.2 DragonFly 버스 섀시 사양

	DragonFly bus
Controller	InBol electronic control/AC MC3336
Battery	Lvtong maintenance-free battery 6V/170Ah * 8 only (3h rate)
Electric motor	Lvtong special AC asynchronous motor 33V/5kW
Charger	Computer intelligent charger 48V/25A, charging time <10h (discharge rate 80%)
DC converter	High Power Isolated DC Converter 48V/12V, 400W
Lighting and warning system	Front light, turn signal, fog light, reverse light, rear tail light, snail horn, reverse voice horn
Steering system	Bidirectional rack and pinion steering system, automatic gap compensation function: optional electric power
Braking system	Front disc and rear hub four-wheel hydraulic brake + handbrake parking: electric vacuum assisted brake system is optional
Front suspension system	McPherson independent front suspension: helical spring + cylinder hydraulic damping
Rear suspension system	Integral rear axle, speed ratio 16:1, steel leaf spring + cylinder hydraulic shock absorption
Tire diameter	165/70r13c vacuum tire (diameter 560mm): 13 steel ring
Length/width/height	3930/510/2040 mm
Number of seats	8
Maximum speed	30 kilometers per hour
Driving mileage km	75–95km (flat road)
Energy consumption per hundred kilometers	9kWh
Maximum gradation	0.15
In the slope performance	0.2
Minimum turning radius	5.6m
Vehicle weight	910kg
Brake stability	1900mm
Minimum ground clearance	155mm
Wheelbase	Back 1330 mm, front 1300 mm
Communication method	CAN protocol

센서 배치 계획을 이해하면 소프트웨어 스택을 조사하여 DragonFly 시스템의 "해부" 또는 소프트웨어 아키텍처를 소개할 수 있다. 그림 9.5는 DragonFly 시스템 소프트웨어 아키텍처의 세부 사항을 보여준다. 각 점선 상자는 독립적인 프로세스를 나타낸다.

먼저 데이터 수집 프로세스를 살펴보면 다음과 같다. 첫 번째 프로세스는 최신 GNSS 데이터를 지속적으로 획득하여 위치인식 프로세스로 전송하는 GPS 데몬 프로세스다. 마찬가지로, 이미지 및 관성 측정 장치(IMU) 디스패처 프로세스는 최신 이미지 및 IMU 데이터를 지속적으로 수집하고 데이터를 위치인식 프로세스 및 다른 인식 프로세스로 전달한다.

그림 9.3 DragonFly 2 인승 파드 센서 구성

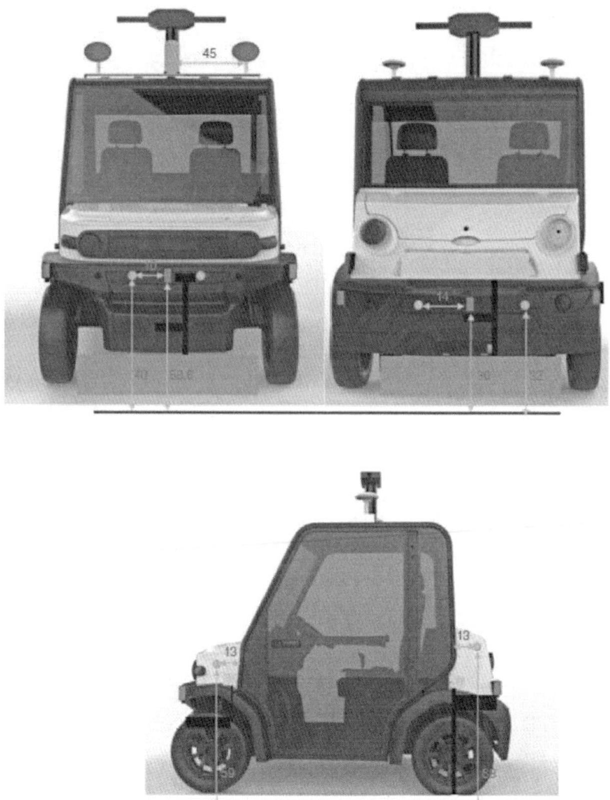

그림 9.4 DragonFly 8 인승 버스 센서 구성

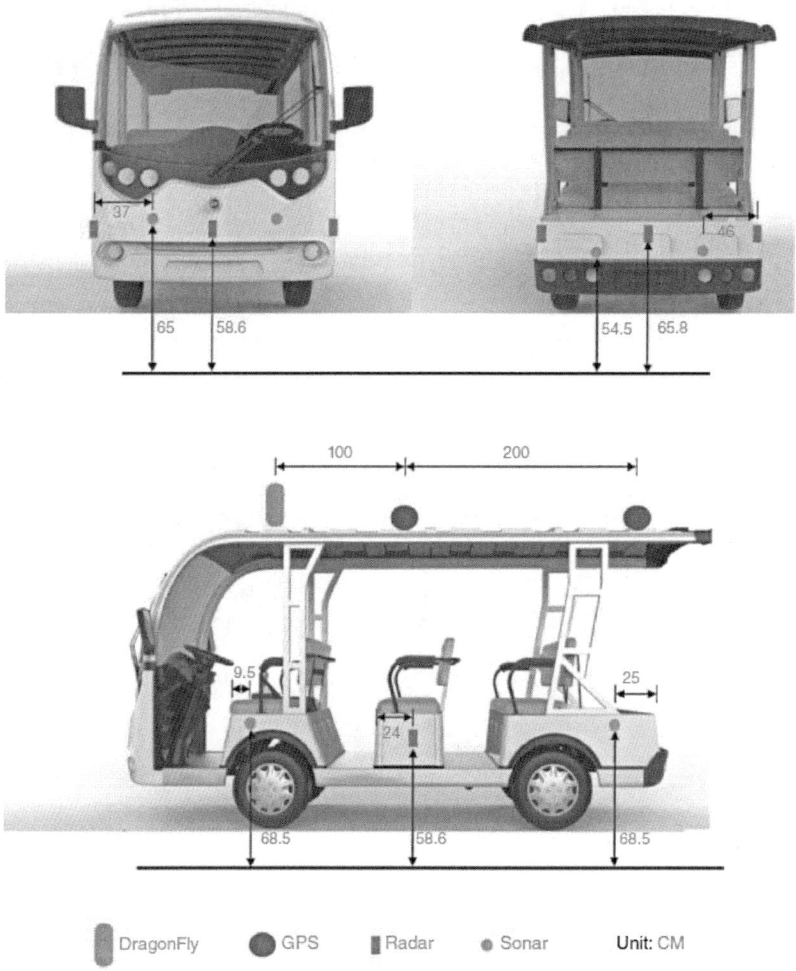

위치인식 프로세스는 이미지, IMU 및 GNSS 데이터를 수신하고 실시간 위치인식 결과를 생성한다. 설계에서 GNSS 데이터를 지상 검증자료로 사용하고 GNSS 데이터를 사용할 수 없거나 다중 경로 문제 또는 기타 문제로 인해 정확하지 않은 경우, VIO(Visual-Inertial Odometry)가 정확한 위치 파악 결과를 생성한다.

인식 프로세스는 이미지 데이터뿐만 아니라 레이다 및 소나 데이터를 수신한다. 실시간 인식 결과를 생성하기 위해 이러한 정보 조각을 융합한다. 스테레오 비전 데이터가 입력되면

인식 프로세스는 딥 러닝 모델을 적용하여 장애물 의미 정보를 추출하고 스테레오 매칭 기법을 적용하여 장애물 깊이 정보를 생성한다. 장애물 의미와 깊이를 융합함으로서 인지프로세스는 정확한 장애물 유형과 거리정보를 식별할 수 있다. 또한 레이다는 장애물 속도정보를 제공하고, 레이다와 비전 결과를 융합하여, 인지 프로세스는 장애물 유형, 거리, 속도를 추출할 수 있다.

그림 9.5 DragonFly 시스템 소프트웨어 아키텍처

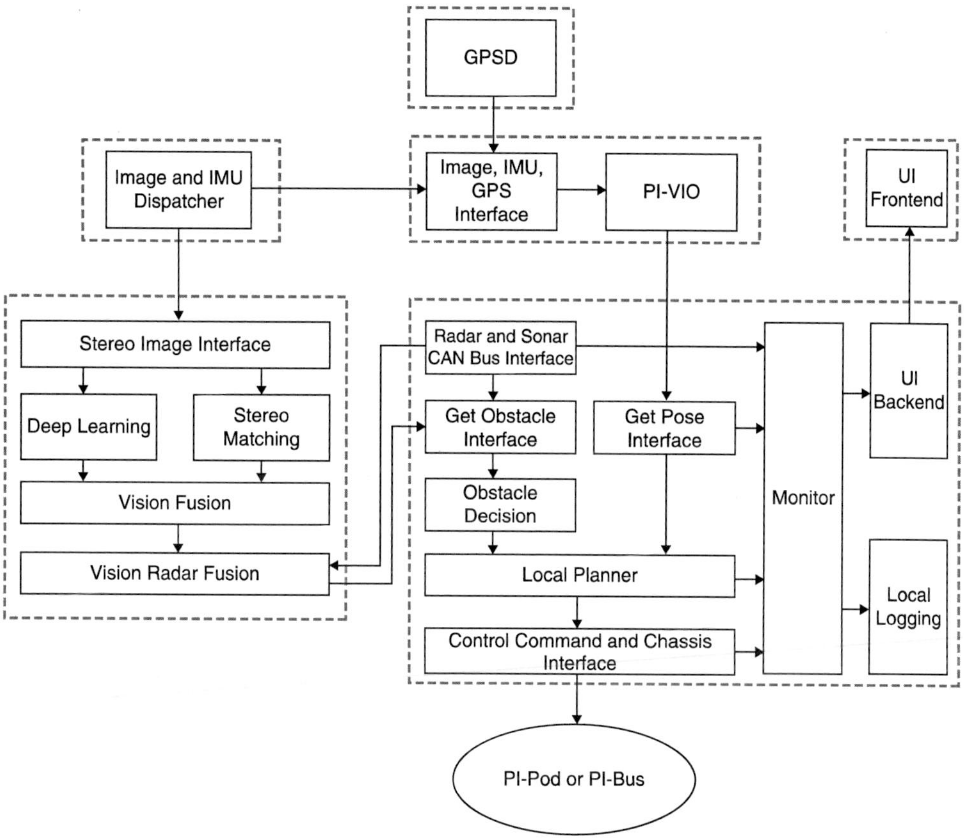

계획 및 제어 프로세스는 가장 중요한 프로세스이며 DragonFly 시스템의 "두뇌"에 해당한다. 인식 프로세스 및 위치인식 프로세스의 출력을 입력받고, 로컬 플래너 모듈을 통해 실시간 제어 명령을 생성하고 이러한 명령은 실행을 위해 섀시로 전달한다. 또한 모니터

모듈은 전체 시스템의 동작 상태를 지속적으로 확인하고 모듈이 오작동하면 차량을 정지시킨다. 또한, UI 백엔드는 UI 프런트 엔드 프로세스에 상태 데이터를 지속적으로 전송하여 탑승자/운영자가 시스템의 실시간 상태를 계속 알 수 있도록 한다. 마찬가지로 로컬 로깅 모듈은 디버깅 목적으로 시스템 정보를 로컬 디스크 또는 원격 클라우드에 지속적으로 로깅 한다.

9.5 메카니즘

DragonFly 시스템의 "해부"를 이해한 후, "작동원리" 또는 시스템 메카니즘에 대해 알아보겠다. 그림 9.6은 DragonFly 시스템 초기화 프로세스의 세부 단계를 보여준다.

그림 9.6의 왼쪽에 보이는 것과 같이 사용자가 시스템의 전원을 켜면 먼저 DragonFly 비전 모듈에서 이미지와 IMU 수집 스트림을 시작한다. 이것이 실패하면 실행을 중단하면서, 시스템을 중지한다. 그렇지 않을 경우 시스템이 인식 프로세스를 시작한다. 다음으로 시스템은 위치인식 프로세스를 시작한다. 이러한 작업이 성공하면 시스템은 CAN (Controller Area Network) 버스를 확인하여 섀시와의 통신이 허용되고 섀시 상태가 정상상태인지를 확인한다. 모든 검사가 통과되면 시스템이 회전하여 사용자 명령을 대기 한다.

그림 9.6의 오른쪽과 같이, 사용자 작업이 시작되면 (예: 차량에 A 지점에서 B 지점으로 이동하도록 명령) 계획 및 제어 모듈이 인식 모듈, 위치인식 모듈 및 섀시가 올바르게 작동하고 오류 코드가 발생하지 않았는지 확인한다.

성공하면 계획 및 제어 모듈은 지정된 경로를 따라 차량을 운전하기 위해 지속적으로 제어 명령을 전달한다. 역에 도달하면 계획 및 제어 모듈이 시스템의 상태를 다시 확인하고 지정된 경로를 따라 차량에 지속적으로 명령을 준다. 목적지에 도달하면 계획 및 제어 프로세스가 종료되고 다음 작업 명령을 기다린다.

그림 9.6 DragonFly 시스템 메커니즘

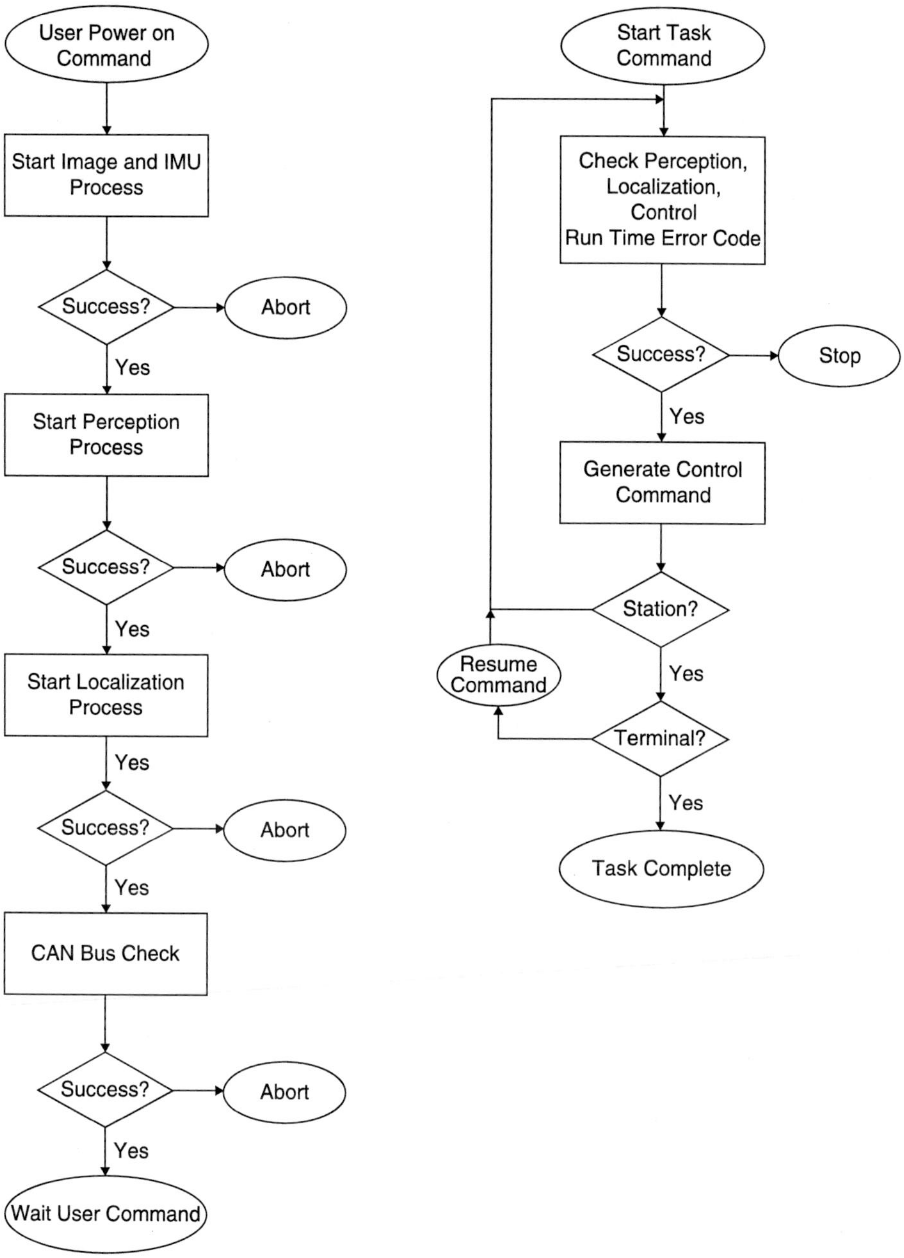

9.6 데이터 구조

DragonFly 시스템의"해부"와"동작원리"를 이해한 후, 이 섹션에서는 독자가 각 모듈에서 제공하는 정보와 서로 다른 모듈이 상호 작용하는 방식을 이해할 수 있도록 시스템에서 사용되는 데이터 구조를 소개한다. 모든 데이터 구조는 구조화된 데이터를 직렬화하는 방법인 프로토콜 버퍼(Protobuf)를 사용하여 인코딩된다. Protobuf는 서로 통신하기 위해 프로그램을 개발하는 데 널리 사용되며, 이 방법에는 일부 데이터의 구조를 설명하는 인터페이스 기술언어와 구조화된 데이터를 나타내는 바이트 스트림을 생성하거나 구문 분석하기 위해 해당 기술에서 소스 코드를 생성하는 프로그램이 포함된다.

9.6.1 공통 데이터 구조

먼저 모든 모듈 간에 공유되는 공통 데이터 구조를 소개한다. Common.proto는 모든 데이터(모듈 이름, 현재 모듈의 이름; 시퀀스 번호, 부팅 시간 이후 전송 된 데이터 수를 추적하는 카운터; 및 시스템 타임스탬프와 다른 센서의 하드웨어 타임스탬프 등)를 동기화하는 데 사용되는 시스템 타임스탬프를 포함하여 모든 모듈에서 사용되는 공통 헤더를 정의한다. 센서 타임스탬프와 시스템 타임스탬프를 모두 트레킹하여 시스템과 센서 사이의 시간 차이 또한 계속해서 트레킹 한다.

Common.proto

```
syntax = "proto3";

package piauto.common;

message Header {
  // message publishing time in milliseconds since 1970.
  uint64 timestamp = 1;

  // module name
  string module_name = 2;
```

```
  // sequence number for each message: each module maintains its
own counter for
  // sequence_num, always starting from 1 on boot.
  uint32 sequence_num = 3;

  // hardware sensor timestamp in milliseconds since 1970
  uint64 hardware_timestamp = 4;
}
```

Geometry.proto는 인식 및 계획 및 제어 모듈에 일반적으로 사용되는 기하학 형상 정보를 저장한다. 이러한 형상에는 2D 포인트, 3D 포인트, 속도 및 다각형 (3D 포인트 모음)이 포함된다.

Geometry.proto

```
syntax = "proto3";

package piauto.common;

// A general 3D point, in meter
message Point3D {
  double x = 1;
  double y = 2;
  double z = 3;
}

// A general 2D point, in meter
message Point2D {
  double x = 1;
  double y = 2;
}

// General speed, in m/s
message Velocity3D {
  double vel_x = 1;
  double vel_y = 2;
  double vel_z = 3;
}
```

```
// A general polygon, points are counter clockwise
message Polygon {
  repeated Point3D point = 1;
}
```

9.6.2 섀시 데이터

Chassis.proto는 섀시에서 생성된 엄청난 양의 데이터를 저장한다. 이러한 데이터 조각은 계획 및 제어 모듈로 지속적으로 전송되므로 계획 및 제어 모듈은 이러한 데이터 조각과 데이터 조각을 융합할 수 있다. 인식 및 위치인식 모듈을 사용하고 실시간 제어 명령을 생성한다. 섀시 데이터는 탑승자/운영자에게 차량의 현재 상태를 알리기 위해 UI 모듈로도 전송된다. 더 일반적으로 사용되는 섀시 데이터에는 오류 코드, 차량 속도, 차량 주행 거리계, 연료 범위, 조향 각도 및 조향 속도가 포함된다.

Chassis.proto

```
syntax = "proto3";

package piauto.chassis;

import "header.proto";

// next id :31
message Chassis {
    enum DrivingMode {
        COMPLETE_MANUAL = 0;            // manual mode
        COMPLETE_AUTO_DRIVE = 1;        // auto mode
        AUTO_STEER_ONLY = 2;            // only steer
        AUTO_SPEED_ONLY = 3;            // include throttle and brake

        // security mode when manual intervention happens, only
response status
        EMERGENCY_MODE = 4;
        MANUAL_INTERVENTION = 5;        // human manual intervention
    }

    enum ErrorCode {
        NO_ERROR = 0;
```

```
        CMD_NOT_IN_PERIOD = 1;          // control cmd not in period

        // receive car chassis can frame not in period
        CHASSIS_CAN_NOT_IN_PERIOD = 2;

        // car chassis report error, like steer, brake, throttle,
gear fault
        CHASSIS_ERROR = 3;

        // classify the types of the car chassis errors
        CHASSIS_ERROR_ON_PARK = 4;
        CHASSIS_ERROR_ON_LIGHT = 5;
        CHASSIS_ERROR_ON_STEER = 6;
        CHASSIS_ERROR_ON_BRAKE = 7;
        CHASSIS_ERROR_ON_THROTTLE = 8;
        CHASSIS_ERROR_ON_GEAR = 9;

        UNKNOWN_ERROR = 10;
    }

    enum GearPosition {
        GEAR_NEUTRAL = 0;
        GEAR_DRIVE = 1;
        GEAR_REVERSE = 2;
        GEAR_PARKING = 3;
        GEAR_LOW = 4;
        GEAR_INVALID = 5;
        GEAR_NONE = 6;
    }

    common.Header header = 1;

    bool engine_started = 3;

    // engine speed in RPM.
    float engine_rpm = 4;

    // vehicle speed in meters per second.
    float speed_mps = 5;

    // vehicle odometer in meters.
    float odometer_m = 6;

    // fuel range in meters.
    int32 fuel_range_m = 7;
```

```
    // real throttle location in [%], ranging from 0 to 100.
    float throttle_percentage = 8;

    // real brake location in [%], ranging from 0 to 100.
    float brake_percentage = 9;

    // real steering location in degree, ranging from about -30 to 30.
    // clockwise: negative
    // counter clockwise: positive
    float steering_angle = 11;
    // applied steering velocity in [degree/second].
    float steering_velocity = 12;

    // parking brake status.
    bool parking_state = 13;

    // battery voltage
    float battery_voltage = 14;

    //battery power in [%], ranging from 0 to 100.
    float battery_power = 15;

    // signals.
    bool high_beam_signal = 16;
    bool low_beam_signal = 17;
    bool left_turn_signal = 18;
    bool right_turn_signal = 19;
    bool flash_signal = 20;
    bool horn = 21;

    bool wiper = 22;
    bool disengage_status = 23;
    DrivingMode driving_mode = 24;
    ErrorCode error_code = 25;
    GearPosition gear_location = 26;

    // timestamp for steering module
    double steering_timestamp = 27; // In seconds, with 1e-6 accuracy

    WheelSpeed wheel_speed = 30;
}
```

```
message WheelSpeed {
    enum WheelSpeedType {
        FORWARD = 0;
        BACKWARD = 1;
        STANDSTILL = 2;
        INVALID = 3;
    }

    bool is_wheel_spd_rr_valid = 1;
    WheelSpeedType wheel_direction_rr = 2;
    double wheel_spd_rr = 3;
    bool is_wheel_spd_rl_valid = 4;
    WheelSpeedType wheel_direction_rl = 5;
    double wheel_spd_rl = 6;
    bool is_wheel_spd_fr_valid = 7;
    WheelSpeedType wheel_direction_fr = 8;
    double wheel_spd_fr = 9;
    bool is_wheel_spd_fl_valid = 10;
    WheelSpeedType wheel_direction_fl = 11;
    double wheel_spd_fl = 12;
}

message License {
    string vin = 1;
}
```

9.6.3 위치추정 데이터

Localization.proto는 처리를 위해 경로계획 및 제어모듈로 지속적으로 전송되는 위치추정 데이터를 저장한다. 주요 데이터에는 Universal Transverse Mercator 형식(utm_x, utm_y)의 차량 위치와 차량 제목이 포함된다. 각 위치인식 데이터에는 현재 위치인식 데이터가 GPS에 의해서만 생성되는지 아니면 GPS 및 VIO와 같은 기타 기술의 융합에 의해 생성되는지에 대한 세부 정보가 포함된다.

Localization.proto

```
syntax="proto3";

package piauto.localization;
```

```
import "header.proto";

enum LocalizationStatus{
    GPS = 0;                    // postion:GPS heading:GPS
    BOTH_FUSION = 1;            // postion:FUSION heading:FUSION
    GPS_FUSION = 2;             // postion:GPS heading:FUSION
    FUSION_GPS = 3;             // postion:FUSION heading:GPS
    INIT=4;
    ERROR=5;
}

enum FusionType{
    ORIGIN_GPS = 0;
    FUSION = 1;
}

enum GPSStatus{
    FLOAT = 0;
    FIXED = 1;
}
enum ErrorType{
   // sensor failed
   IMAGE_OPEN_FAILED=0;
   IMU_OPEN_FAILED=1;
   GPS_OPEN_FAILED=2;

   // init failed
   GRAVITY_INIT_FAILED=11;
   GPS_INIT_FAILED=12;
   GPS_INVALID_DATA=13;

   // run error
   CONNECT_FAILED=20;
}

message LocalizationData{
  // header
  common.Header header = 1;

  // position
  double utm_x = 2;
  double utm_y = 3;
  double utm_x_variance = 4;
  double utm_y_variance = 5;
```

```
  sint32 utm_zone = 6;
  FusionType position_type = 7;
  GPSStatus gps_position_status = 8;

  // heading
  double heading = 9;
  double heading_variance = 10;
  FusionType heading_mode = 11;
  GPSStatus gps_heading_status = 12;

  // system status
  LocalizationStatus localization_status = 13;
  ErrorType error_code = 14;
}
```

9.6.4 인식 데이터

Perception.proto는 경로계획 및 제어모듈로 지속적으로 전송되는 인식 데이터를 저장한다. 주요 데이터에는 물체 위치, 물체 속도 및 물체 유형이 포함된다. 각 인식 데이터에는 현재 인식 데이터가 비전, 소나, 레이다 또는 융합에 의해 생성되는지에 대한 세부 정보가 포함된다.

Perception.proto

```
syntax = "proto3";

package piauto.perception;

import "geometry.proto";
import "header.proto";


message PerceptionObstacle {
  // timestamp
  common.Header header = 1;

  // we assume the basic sensors include radar, sonar, and
stereo_camera
```

```
enum SensorType {
  UNKNOWN_SENSOR = 0;
  RADAR = 1;
  VISION = 2;
  ULTRASONIC = 3;
  FUSION = 4;
};

SensorType sensor_type = 2;

// identify different sonar and radar
int32 sensor_id = 3;

// each obstacle has an unique id
int32 obstacle_id = 4;

common.Point3D position = 5;

common.Velocity3D velocity= 6;

// obstacle semantic type
enum ObstacleType {
  UNKNOWN_OBSTACLE = 0;
  UNKNOWN_MOVABLE = 1;
  UNKNOWN_UNMOVABLE = 2;
  CAR = 3;
  VAN = 4;
  TRUCK = 5;
  BUS = 6;
  CYCLIST = 7;
  MOTORCYCLIST = 8;
  TRICYCLIST = 9;
  PEDESTRIAN = 10;
  TRAFFIC_CONE = 11;
  TRAFFIC_LIGHT = 12;
};

ObstacleType obstacle_type = 7;

// confidence level regarding the detection result
double confidence = 8;
```

```
enum ConfidenceType {
  CONFIDENCE_UNKNOWN = 0;
  CONFIDENCE_CNN = 1;
  CONFIDENCE_STEREO = 2;
  CONFIDENCE_RADAR = 3;
};

ConfidenceType confidence_type = 9;

repeated common.Polygon polygons = 10;

// traffic light detection result
enum TrafficLightColor {
  UNKNOWN = 0;
  RED = 1;
  YELLOW = 2;
  GREEN = 3;
  BLACK = 4;
};

TrafficLightColor traffic_light_color = 11;

// historical points on the trajectory path
message TrajectoryPathPoint {
  common.Point3D path_point = 1;

  // in milliseconds since 1970
  uint64 timestamp = 2;
  // in millisecond by hardware sensor
  uint64 hardware_timestamp = 3;
}

repeated TrajectoryPathPoint trajectory_points = 12;

// confidence level of the trajectory prediction
double trajectory_probability = 13;

enum IntentType {
  UNKNOWN_INTENT = 0;
  STOP = 1;
  STATIONARY = 2;
```

```
    MOVING = 3;
    CHANGE_LANE = 4;
    LOW_ACCELERATION = 5;
    HIGH_ACCELERATION = 6;
    LOW_DECELERATION = 7;
    HIGH_DECELERATION = 8;
  }

  // estimated obstacle intent
  IntentType intent_type = 14;

  enum ErrorCode {
    OK = 0;
    IMAGE_TIMEOUT_ERROR = -1;
  }

  ErrorCode error_code = 15;
}

message PerceptionObstacles {
  repeated PerceptionObstacle perception_obstacle = 1;
}
```

9.6.5 경로계획 데이터

경로계획 및 제어 모듈은 인식 모듈, 위치인식 모듈 및 섀시 모듈의 데이터를 소비하고 실시간 제어 명령을 생성한다. Decision.proto는 앞 차량을 따라가고, 다른 차량에 양보하고, 현재 차량을 멈추고, 장애물을 피하는 등 차량 동작을 정의한다. 현재 차량을 중지하는 이유 또한 Decision.proto에 정의되어 있다.

Decision.proto

```
syntax = "proto3";

package piauto.plannning;

import "geometry.proto";
```

```
message EStop {
  // is_estop is true when emergency stop is required
  bool is_estop = 1;
  string reason = 2;
}

message MainEmergencyStop {
  // unexpected event happened, human driver is required to take over
  enum ReasonCode {
    ESTOP_REASON_INTERNAL_ERR = 0;
    ESTOP_REASON_COLLISION = 1;
    ESTOP_REASON_SENSOR_ERROR = 2;
  }
  ReasonCode reason_code = 1;
}

enum StopReasonCode {
  STOP_REASON_HEAD_VEHICLE = 0;
  STOP_REASON_DESTINATION = 1;
  STOP_REASON_PEDESTRIAN = 2;
  STOP_REASON_OBSTACLE = 3;
  STOP_REASON_PREPARKING = 4;
  STOP_REASON_SIGNAL = 5;                // only for red light
  STOP_REASON_STOP_SIGN = 6;
  STOP_REASON_YIELD_SIGN = 7;
  STOP_REASON_CLEAR_ZONE = 8;
  STOP_REASON_CROSSWALK = 9;
  STOP_REASON_CREEPER = 10;
  STOP_REASON_REFERENCE_END = 11;        // end of the reference line
  STOP_REASON_YELLOW_SIGNAL = 12;        // yellow light
  STOP_REASON_LANE_CHANGE_URGENCY = 13;
}

message MainStop {
  StopReasonCode reason_code = 1;

  string reason = 2;

  // when stopped, the front center of vehicle should be at this point.
  common.Point3D stop_point = 3;

  // when stopped, the heading of the vehicle should be stop_heading.
  double stop_heading = 4;
}
```

```
// strategy to ignore objects
message ObjectIgnore {
  string ignore_strategy = 1;
  double distance_s = 2;       // in meters
}

message ObjectStop {
  StopReasonCode reason_code = 1;

  double distance_s = 2;       // in meters

  // when stopped, the front center of vehicle should be at this point.
  common.Point3D stop_point = 3;

  // when stopped, the heading of the vehicle should be stop_heading.
  double stop_heading = 4;

  repeated string wait_for_obstacle = 5;
}

// strategy to follow objects
message ObjectFollow {
  string follow_strategy = 1;
  double distance_s = 2;       // in meters
}

// strategy to yield objects
message ObjectYield {
  string yield_strategy = 1;
  double distance_s = 2;       // in meters
}

// strategy to avoidance objects, such as double-lane changing or
floating-lane
// avoidance
message ObjectAvoid {
  string avoid_strategy = 1;
  double distance_s = 2;       // in meters
}

message ObjectDecisionType {
  oneof object_tag {
    ObjectIgnore ignore = 1;
    ObjectStop stop = 2;
```

```
    ObjectFollow follow = 3;
    ObjectYield yield = 4;
    ObjectAvoid avoid = 5;
  }
}

message ObjectDecision {
  string id = 1;
  int32 perception_id = 2;
  repeated ObjectDecisionType object_decision = 3;
}

// decisions based on each object
message ObjectDecisions {
  repeated ObjectDecision decision = 1;
}

message MainLaneKeeping {
  string lane_id = 1;
  string sec_id = 2;
}

message MainNotReady {
  // decision system is not ready. e.g. wait for routing data.
  string reason = 1;
}

message MainParking {
  // parking_lot
  string parking_lot = 1;
}

message MainMissionComplete {
  // arrived at routing destination
  // when stopped, the front center of vehicle should be at this point.
  common.Point3D stop_point = 1;

  // when stopped, the heading of the vehicle should be stop_heading.
  double stop_heading = 2;
}

message MainDecision {
  oneof task {
    MainLaneKeeping lane_keeping = 1;
    MainStop stop = 2;
```

```
    MainEmergencyStop estop = 3;
    MainMissionComplete mission_complete = 4;
    MainNotReady not_ready = 5;
    MainParking parking = 6;
  }
}

message DecisionResult {
  // decisions based on task and motion planning
  MainDecision main_decision = 1;

  // decisions based on each object
  ObjectDecisions object_decision = 2;
}
```

Planning.proto는 decision.proto를 캡슐화하며 현재 차량의 제어 상태와 차량 상태도 포함한다. 이러한 정보는 표시를 위해 UI 모듈로 전송될 수 있으며 향후 디버깅을 위해 로그에도 기록될 수 있다.

Planning.proto

```
syntax = "proto3";

package piauto.plannning;

import "decision.proto";
import "header.proto";
import "geometry.proto";

message Planning {
  common.Header header = 1;
  ControlState control_state = 2;          // control state
  VehicleState state = 3;                  // vehicle state

  // decision of the vehicle, lane follow, stop by obstacle and
etc..
  DecisionResult decision = 4;

  repeated common.Point3D trajectory_point = 5; // predict
trajectory

  // signal status of the current vehicle
  ADCSignals adc_signals = 6;
```

```
  bool autonomous_mode = 7;
}
enum ControlState {
  // attach to current lane
  AttachLane = 0;

  // turning left and right state
  Turnning = 1;

  // no attach lane, need slow down and try to attach lane
  CloserToLane = 2;

  // Stop
  Stop = 3;
}

message VehicleState {
  // Current pose of the vehicle
  common.Point3D pose = 1;
  double body_angle = 2;
  double front_wheel_angle = 3;
  double rear_wheel_speed = 4;
}

message ADCSignals {
  enum SignalType {
    LEFT_TURN = 0;
    RIGHT_TURN = 1;
    LOW_BEAM_LIGHT = 2;
    HIGH_BEAM_LIGHT = 3;
    FOG_LIGHT = 4;
    EMERGENCY_LIGHT = 5;
    HORN = 6;
  }
  repeated SignalType signal = 1;
}
```

9.7 사용자 인터페이스

마침내 사용자가 자율주행 차와 얼마나 쉽게 상호 작용할 수 있는지 보여주기 위해 사용하는 UI를 설명한다. 그림 9.7은 차량이 멈춰있을 때의 UI를 보여준다. UI 왼쪽에서 사용자는 현재시간, 차량의 현재 속도, 다음 역, 목적지까지의 예상 시간을 볼 수 있다. UI의 오른쪽에는 배치 환경의 지도와 그 사이의 스테이션과 함께 고정 경로가 표시된다. 사용자는 목적지를 선택하여 지도와 상호 작용 한 다음 왼쪽의 "시작"을 클릭하여 차량이 이동하도록 할 수 있다.

그림 9.7 차량이 정적 인 경우 DragonFly UI

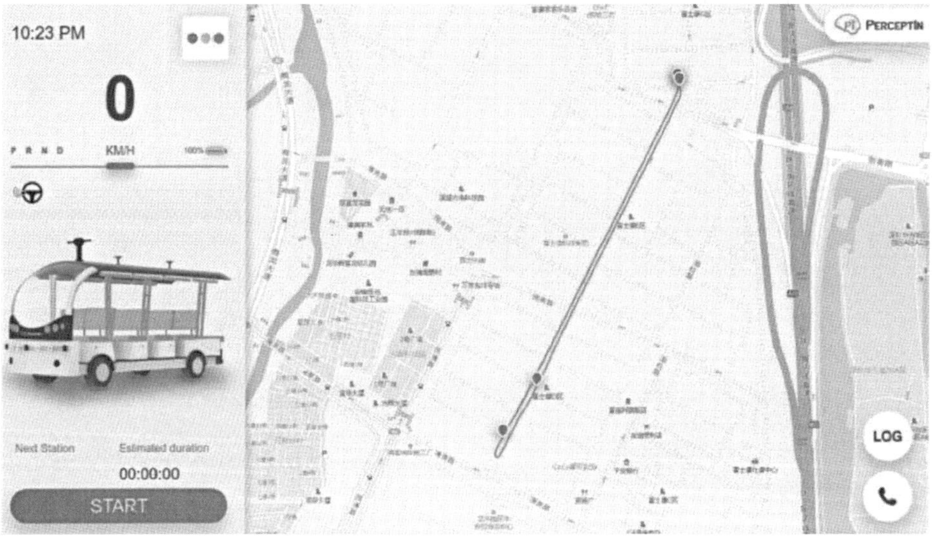

그림 9.8은 차량이 이동할 때의 UI를 보여준다. UI 왼쪽에서 사용자는 차량의 현재 속도를 볼 수 있으며 감지 된 장애물도 UI에 투사된다. 또한, 사용자는 UI에서 "정지" 버튼을 클릭하여 언제든지 차량을 정지 할 수 있다.

그림 9.8 차량이 움직일 때의 DragonFly UI

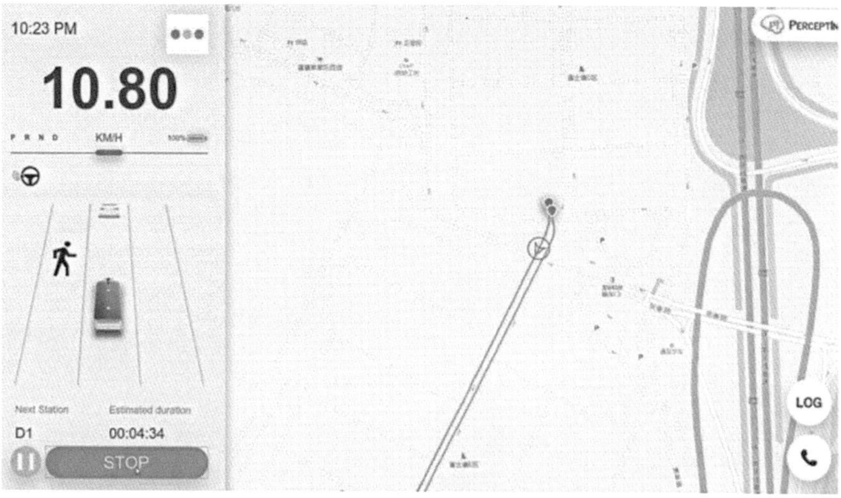

참고문헌

[1] Kite-Powell, J. (2018). This company says you can design your own autonomous vehicle. https://www.forbes.com/sites/jenniferhicks/2018/09/24/this-company-says-you-can-design-your-own-autonomous-vehicle/#33733dab2009 (accessed 1 October 2019).

[2] PerceptIn (2018). Build your own autonomous vehicles with DragonFly technologies. https://www.perceptin.io/post/build-your-own-autonomous-vehicle-with-dragonfly-technologies (accessed 1 October 2019).

[3] YouTube (2019). PerceptIn DragonFly Autonomous Pod in Extreme Traffic Environments. https://www.youtube.com/watch?v=KhzwnJ8ayYg&t=42s (accessed 1 October 2019).

[4] YouTube (2019). Autonomous Shuttle Service Provided by PerceptIn. https://www.youtube.com/watch?v=6twW4EoiThk (accessed 1 October 2019).

10

상업용 자율 우주 탐사 로봇 활성화

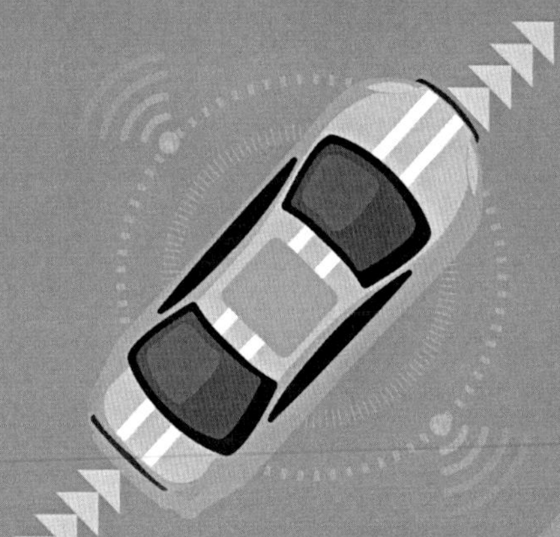

자율주행 차량과 로봇

10 상업용 자율 우주 탐사 로봇 활성화

10.1 개요

9장에서는 자율 저속 전기차(LSEV) 구축에 대한 사례 연구를 보였다. 이 장에서는 상업용 자율 우주 탐사 로봇을 구축하는 매우 흥미로운 주제를 탐색한다. 최근 SpaceX, Blue Origin과 같은 상업용 우주 탐사 회사가 등장함에 따라, 상업용 우주 탐사 로봇이 가까운 미래에 현실이 될 것이라 예상된다.

과거에는 로봇이 사진 촬영 및 미네랄 성분 분석 수행 등의 다양한 목적으로 우주로 보내졌다. 우주인을 통한 임무와 다르게, 우주 탐사 임무에 자율 로봇을 적용하면 탐사 임무의 안전 문제가 줄어들고, 로봇 임무에는 반송이 필요하지 않기 때문에 탐사 거리가 늘어나는 장점이 있다. 또한, 이러한 임무에 로봇을 사용하면 온-보드 생명 유지 시스템이 필요하지 않기 때문에 임무의 복잡성과 비용이 줄어든다. 로봇은 인간이 견딜 수 없는 극한의 온도, 압력 및 방사선과 같은 가혹한 조건에서 버틸 수 있고 작동할 수 있다.

오늘날 대부분의 우주 탐사 로봇 임무는 지구로부터의 원격 제어에 의존한다. 이 방법은 통신 지연 시간이 매우 길어 운영자가 정보를 수신하고 응답 방법을 결정하고 우주선에 명령을 내리는 데 효율성이 부족하다. 로봇 탐사 임무의 효율성을 개선하기 위해 NASA에서는 화성에서 자율 로봇 탐색을 가능하게 하기 위한 여러 시도가 있었다[1].

그림 10.1에서 볼 수 있듯이 우리는 상용 자율 탐사 로봇이 화성의 기본 인프라를 탐색하고 인류 거주지를 구축할 수 있는 미래를 상상한다. 화성과 같은 행성에 탐사 로봇을 보낸 몇 가지 성공적인 시도가 있었지만, 상업적인 우주 탐사 임무에 적합한 자율 로봇을 개발

하는 길은 여전히 더 많은 연구가 필요하다.

이 장에서는 상용 우주 탐사 로봇을 가능하게 하는 데 필요한 위치 파악, 인식, 계획 및 제어를 포함한 자율주행 기술과 이러한 기술을 작업 시스템에 통합하는 방법을 살펴본다.

이 장은 다음과 같이 구성된다. 10.2절에서는 화성의 환경을 소개하고 화성에서 자율 로봇 탐사 로봇을 가능하게 하는 문제를 탐구한다. 10.3절에서는 미래의 상업용 자율 우주 탐사 로봇을 가능하게 하는 데 필요한 기술을 살펴본다. 10.4절에서는 우주 탐사 임무에 대한 한 가지 긴급한 과제, 즉 컴퓨팅 성능을 제시한다. 10.5절에서 결론을 내린다.

그림 10.1 우주 탐사 상용화의 미래

10.2 목적지 화성

화성은 자율 우주 탐사 로봇의 잠재적 목적지다. 현재 우주 탐사의 주된 초점은 화성인데, 이는 상대적으로 지구에 가까우며 대기의 존재와 과거에 흐른 물의 증거 등 지구와 많은 거시적 유사성을 공유하기 때문이다.

화성 탐사의 목적은 다음과 같다. 화성 환경의 진화를 이해하고 화성의 현재 상태를 조사하며 생명의 과거, 현재 및 미래 잠재력을 탐색한다. 화성 탐사는 또한 화성 자원의 잠재성과 궁극적으로 인류 확장의 토대를 마련한다.

지금까지 화성 환경에 대한 불확실성과 이와 관련된 높은 비용으로 인해 인간이 화성을 탐사하지 못했다. 따라서 화성 표면 탐사는 현재 탐사 로봇과 함께 수행된다. 탐사 로봇은 화성 표면에 대한 과학적 데이터를 수집하고 전송하여 미래의 인간 탐사를 위한 길을 개척한다.

화성 환경은 특히 대기 구성, 온도 및 지질학적 특징 면에서 지구와 크게 다르다. 이러한 차이는 로봇 설계에 잠재적인 문제를 제기한다. 화성의 대기는, 이산화탄소 1% 미만인 지구에 비해서 전체 96%를 차지한다. 화성의 온도는 최고 70°F, 최저 약 −225°F 일 수 있다. 대기가 너무 얇으므로 태양의 열이 행성에서 쉽게 빠져나가 고도에 따른 온도 변화 폭이 상당히 크다. 또한, 때때로 화성의 바람은 행성 대부분을 덮는 먼지 폭풍을 일으킬 정도로 강력하다. 그러한 폭풍 후 모든 먼지가 가라앉기까지는 몇 달이 걸릴 수도 있다[2].

화성의 지질학적 특징은 일반적으로 지구에 있는 것보다 더 극단적이다. 예를 들어 화성에서 가장 깊은 협곡의 깊이는 약 7km인 반면 지구에서는 1.8km이다[3]. 화성의 토양은 지구상의 토양과도 다르다. 미세한 표토 또는 미 고결 암석 가루로 구성되어 견인력이 부족하고 화성 폭풍 동안 가시성에 영향을 미치며 자율 운동에 사용되는 센서에 큰 영향을 준다.

낮은 견인력의 토양 및 낮은 중력과 결합된 극단적인 지질학적 특징은 하드웨어 및 소프트웨어 측면에서 자율 탐사 로봇에게 풀어야 할 어려운 설계 문제를 보여준다.

10.3 화성 탐사 로봇 자율성

앞에서 소개한 기술과 방법은 지구상에서 잘 작동하지만 우주 탐사 로봇에는 차량이 작동하는 환경이 지구상의 환경과 크게 다르다. 결과적으로 자율주행 및 내비게이션 방식도 수정되어야 한다.

지구 이외의 행성에는 설정된 교통 시스템이나 다른 기동 가능한 물체가 없다. 이는 탐사 로봇이 센티미터 수준의 정밀도로 위치를 파악할 필요가 없고 제한 없이 조종하고 다른 차량과 충돌 할 염려 없이 경로를 계획 할 수 있다는 점에서 자율주행 시스템을 단순화한다. 그러나 우주에서 개발이 저조한 인프라는 자율주행 시스템 설계에도 문제를 제기한다.

우주에는 사용 가능한 GPS나 상세한 표면지도가 없다. 지형의 상태도 우주에 도로 기반 시설이 없으므로 지구상에서 움직이는 것보다 훨씬 더 복잡하고 더 많은 고려가 필요하다. 이 환경은 특히 로봇 탐사의 위치인식 및 경로 계획에 어려움을 겪고 있다.

10.3.1 위치인식

GPS와 알려진 지도를 사용할 수 없는 경우 화성 탐험 로봇의 위치 파악은 주변 환경을 관찰하고 환경에서의 위치를 추정하면서 움직임 궤적을 추적한다. 화성 탐사 로봇 위치인식은 위치인식을 위해 카메라와 관성 측정 장치 (IMU)를 사용한다. 화성 탐사 로봇에 적용된 또 하나의 센서는 별의 위치를 측정하는 광학 장치인 별 추적기다. 위치인식에는 주로 비전 기반 SLAM, IMU 기반 추측 항법 및 별 추적의 세 가지 방법이 있다.

화성의 상세한 지도가 없으므로, 탐사 로봇은 경로를 추적하면서 알려지지 않은 환경을 탐색해야 한다. SLAM은 로봇이 주변 환경 지도를 구성하고 동시에 주변 환경을 파악하는 방법이다. 탐사하는 동안 탐사 로봇은 structure-from- motion 알고리즘을 사용하여 궤도를 추정할 수 있다. 그런 다음이 궤적을 사용하여 일치 및 삼각 측량을 융합하여 환경인식 레이아웃을 구축한다. 이렇게 구성된 환경인식 레이아웃은 환경과 관련된 추가 위치인식에 다시 사용할 수 있다[1].

특히 비주얼 주행 거리계는 널리 사용되는 SLAM 기술이다. 시각적 주행 거리 측정은 카메라 비전을 사용하여 탐사 로봇의 움직임을 추정하는 기술이다. 먼저 이미지에서 두드러진 특징을 감지 한 다음 스테레오 매칭을 통해 선택한 특징의 3D 위치를 추정한다. 일련의 광학 이미지를 통해 두드러진 특징을 추적하므로 탐사 로봇의 위치 변화를 결정한다. 시각적 주행 거리 측정은 2003년 NASA 화성 탐사 임무에 이미 적용되어 유용한 결과를 얻은 사례가 있다.

화성에서 위치를 파악하는 두 번째 방법은 추측 항법으로, 이전 위치를 사용하여 탐사 로봇의 현재 위치를 추정하고 속도와 같은 추정 정보를 기반으로 업데이트하는 프로세스다. IMU 및 휠 인코더는 일반적으로 추측 항법에 사용된다[4]. 자이로스코프와 가속도계를 융합하여 IMU는 탐사 로봇의 선형 가속 및 회전 속도를 추정한다. 그런 다음 시간에 따른 융합을 통해 이러한 측정값은 추측 항법 및 포즈 추정에 사용된다. 그러나 추측 항법은 시간이 지남에 따라 융합에 의존하기 때문에 이러한 방법의 정확도도 시간이 지남에 따라 감소하므로 장거리 작업에서 효과적인 위치 파악에 사용할 수 없다. 마찬가지로, 또 다른 추측 항법 기술인 바퀴 주행 거리 측정법도 화성에서 작업 할 때 단점이 있다. 화성의 표면은 미세한 표토로 덮여 있고 탐사 로봇은 종종 거친 지형을 통과해야 하므로 바퀴 미끄러짐이 일반적이며 바퀴 주행 거리 측정을 부정확하게 만든다.

스타 트래킹 기법은 행성 탐사 중에 사용할 수 있는 또 다른 위치 파악 방법이다[5]. 화성에서는 GPS와 지구 자기장이 부족하여 탐사 로봇의 방향을 결정하는 데 어려움이 있다. 별 추적 방법을 사용하여 카메라 기반 별 추적기는 알려진 별 세트의 위치를 식별 한 다음 메모리에 저장된 별의 절대 알려진 위치와 비교한다. 많은 별 위치가 높은 정확도로 측정되었기 때문에 별 추적을 통해 탐사 로봇이 방향을 결정할 수 있다. 그러나 별 추적기는 야간에만 작동하며 밝은 환경에서 사용하면 작동하지 않을 수 있으므로 이 방법은 항상 정확한 위치 파악이 불가능하다.

10.3.2 인식

화성의 복잡한 지형은 지형 평가를 자율주행의 중요한 구성 요소로 만든다. 지구에서 자율주행에 적용되는 방법과 유사하게 화성 탐사 로봇은 전처리 및 반응의 두 계층으로 구분되는 장애물 회피 시스템을 사용한다.

전처리 계층에서는 스테레오 비전과 삼각 측량으로 생성된 3D 포인트 클라우드가 환경의 형태를 구성하여 장애물과 위험 요소를 감지한다. 견고하고 효율적인 온-보드 프로세서와 현재 프로세서의 위험을 인식하기 위한 신뢰할 수 있는 알고리즘을 사용하면, 지형 평가에 대한 어려움이 지형의 형상에 있지 않다고 말할 수 있다. 암석이 아니라 지형의 하중을 견디는 특성과 같이, 위험이 분명하게 감지되지 않는 비 기하학적 측면에 있다.

반응 계층에서는 현재 차량 기울기와 휠 및 서스펜션의 피드백과 같은 기본 레벨 정보가 고려된다. 마지막 방어선으로 센서의 피드백이 비정상적일 경우 탐사 로봇의 비상 대응이 즉시 시작된다. 예를 들어, 휠 주행 거리 측정과 시각적 주행 거리 측정 간의 불일치가 설정된 한계를 초과하면 차량은 심각한 휠 미끄러짐을 경험하고 있다고 판단하여 대체 경로를 생성할 수 있다.

10.3.3 경로 계획

한 지점에서 다른 지점으로 이동하기 위해 탐사 로봇은 목표 목적지로 이어지는 일련의 방향 지향 경유점을 생성한다. 각 경유점은 지형 평가 및 경로 선택 프로세스를 반복하여 도달한다.

위에서 설명한 기본 위험 회피 기능은 차량이 위험한 상황이 되면, 차량을 정지하기에 충분하다. 그러나 효율성을 달성하고 안전성을 높이기 위해 지형 평가도 경로 계획 프로세스에 융합된다.

탐사 로봇 경로 계획을 위해 다양한 방법이 적용되었다. 그중 하나는 스테레오 이미지를 분석하여 얻은 환경 정보를 탐색기 주변 영역을 포함하는 그리드 셀로 변환하여 탐사 로봇의 메모리 시스템에 저장된 로컬 이동성 지도를 구축하는 것이다.

이 지도는 탐사 로봇을 중심으로 하며 탐사 로봇이 이동하고 새로운 지형 평가 정보를 얻을 때마다 지속적으로 업데이트된다. 그런 다음 탐색 기능이 맵의 각 지점에서 얼마나 안전한지 평가하기 위해 평면 피팅이 횡단 가능 맵에 적용된다. 평면은 탐사 로봇 본체를 대략 탐사 로봇의 크기와 안전을 위한 추가 여백을 더한 크기 모델링한다.

모든 그리드 셀의 중심에 있는 탐색기 평면을 나타내는 3D 포인트 세트는 스테레오 이미지에 의해 생성된 포인트 클라우드에서 샘플링된다. 3D 데이터는 지형의 기울기 및 거칠기와 같은 탐사 로봇의 이동성에 대한 정보를 분석한다. 그리드 셀에서 탐사 로봇 평면에 과도한 기울기, 너무 많은 잔여물(기본 지형이 너무 거칠다는 것을 나타냄) 또는 최적의 편차(탐사 로봇 클리어런스보다 큼)가 있는 경우 그리드 셀은 통과 불가능으로 표시된다.

이상적인 조건에서 탐사 로봇 평면은 표면에 평평하게 놓여 있다. 위에서 논의한 평가 프로세스를 기반으로 각 그리드 셀에는 지형 안전을 반영하는 안전 지수 역할을 하는 값이 할당된다. 이 방법은 경로 선택에 사용되는 환경의 안전 지수를 반영한 그리드 셀의 색상 차이로 시각화할 수 있다(그림 10.2).

탐사 로봇을 위한 경로 선택은 안전과 효율성이라는 두 가지 원칙을 따른다. 후보 움직임 경로가 생성되면 횡단 가능성 맵에 투영된다. 각 경로에는 경로의 개별 그리드 셀에 제공된 안전 지수를 기반으로 전체 안전 또는 이동성 평가가 할당된다. 효율성을 위해 경로도 평가된다. 그리고, 경유지로 바로 연결되는 방식이 선호된다. 후보 경로가 직접 경로에서 벗어나면 효율성이 감소한다. 안전과 효율성 평가를 결합하여 탐사 로봇은 궁극적으로 목표 목적지에 도달하기 위한 최적의 경로를 선택할 수 있다.

10.3.4 The Curiosity 로버와 Mars 2020 Explorer

문헌 [6]에서 자세히 설명했듯이 화성 로봇 탐사 로봇은 모듈식 설계 방법론을 사용하여 제작되었다. 예를 들어 Curiosity 로버는 다음과 같은 기본 모듈로 구성된다.

그림 10.2 그리드 기반 이동성 맵

- **섀시**: 로버 섀시는 로버의 컴퓨터와 전자 장치 (기본적으로 로버의 뇌와 심장과 동일함)를 보호하는 강력한 외부 계층이다. 따라서 이동국 섀시는 로버의 "중요한 기관"을 보호하고 온도를 제어한다. 전자 제품 상자는 로버 장비 데크라는 조각으로 상단에 닫혀 있다. 로버 장비 데크는 로버를 컨버터블 자동차처럼 만들어 로버 마스트와 카메라가 화성 공중에 설치되 사진을 찍고 화성의 지형을 명확하게 관찰할 수 있도록 한다.
- **전원 시스템**: Curiosity 로버를 작동하려면 전원이 필요하다. 큐리오시티 탐사 로봇은 플루토늄의 방사능 붕괴 열에서 전기를 생성하는 방사성 동위 원소 전력 시스템을 탑재하고 있다. 이 전원은 화성 표면에서 최소 화성년(687 Earthdays) 이상의 작동

수명을 제공하는 동시에 이전 화성 임무에서 가능했던 것보다 훨씬 더 큰 이동성과 운영 유연성, 향상된 과학 탑재 능력, 훨씬 더 넓은 범위의 위도 탐사를 제공한다.

- **의사소통 시스템**: Curiosity 로버에는 장비 데크에 "목소리"와 "귀" 역할을 하는 여러 개의 안테나가 있다. 안테나가 여러 개를 통해 필요한 경우 백업 옵션을 제공한다. 대부분의 경우, Curiosity는 초고주파 안테나(약 400MHz)를 통해 전파를 전송하여 NASA의 Mars Odyssey 및 Mars Reconnaissance Orbiters를 통해 지구와 통신한다. 궤도선을 사용하여 메시지를 전달하는 것은 지구상의 DSN(Deep Space Network) 안테나보다 로버에 더 가깝고 로버가 지상에서 보는 것보다 훨씬 더 오랜 시간 동안 지구로 전파를 송수신할 수 있는 위치에 있기 때문이다. 또한 Curiosity는 고이득 안테나를 사용하여 지구에있는 임무 팀에 대한 명령을 수신한다. 고이득 안테나는 특정 방향으로 정보 "빔"을 보낼 수 있으며, 조종이 가능하므로 안테나가 지구상의 모든 안테나를 직접 가리키도록 움직일 수 있다. 또한, Curiosity는 주로 신호 수신을 위해 로우 게인 안테나를 사용한다. 이 안테나는 모든 방향으로 정보를 송수신 가능하다. 즉, "전 방향성"이다. 안테나는 낮은 속도로 지구상의 DSN 안테나에 전파를 전송한다.
- **인식 시스템**: Curiosity 로버는 인식을 위해 4쌍의 공학 위험회피 카메라(Hazcam)를 사용한다. 이 흑백 카메라는 가시광선을 사용하여 3D 이미지를 캡처한다. 이동국은 Hazcam 이미지 쌍을 사용하여 가장 먼 거리에서 폭이 4m 이상인 "쐐기형" 모양으로 전방 3m까지 지형의 모양을 매핑한다. 사람의 눈과 달리 Hazcam 카메라는 독립적으로 움직일 수 없으므로, 카메라는 양쪽을 광각으로 볼 수 있게 로버 본체에 부착되어 있다.
- **위치인식 시스템**: 이동국은 또한 위치인식을 위해 두 쌍의 공학 내비게이션 카메라(Navcam)를 사용한다. 마스트(로버 "목과 머리")에 장착된 이 흑백 카메라는 가시광선을 사용하여 파노라마 3D 이미지를 수집한다. 내비게이션 카메라 유닛은 과학자와 엔지니어가 지상 내비게이션을 계획 할 수 있도록 시각적 SLAM 알고리즘을 지원하기 위해 이미지를 캡처하는 스테레오 카메라 쌍이다.

최신 화성 탐사 로봇 프로젝트는 NASA의 Mars 2020으로 2020년 7월에 출시 될 예정이다. 새로운 탐사 로봇은 탐색을 위해 카메라 기반 시스템에만 의존한다. 그림 10.3에서 볼 수 있듯이, 주로 인식을 위한 6개의 Hazcam과 주로 위치인식을 위한 한 쌍의 Navcam을 포함하여 자율주행을 담당하는 23개의 서로 다른 카메라가 장착되어 있다.

후면에 한 쌍이 장착되고 전면에 두 쌍이 장착된 Hazcams는 탐사 로봇의 주변 환경을 모니터링 한다. 스테레오 이미지를 촬영하고 지형 이동성을 평가한다. Hazcam은 120°의 넓은 시야를 가지고 있다. Navcam의 시야각은 45°이며 마스트 위에 장착된다. 그들은 또한 스테레오 이미지를 찍고, 동시에 매크로 수준의 관찰을 담당한다.

이전에 보낸 탐사 로봇인 Curiosity와 비교하여 Mars 2020 탐사 로봇은 이미지 처리 능력이 크게 업그레이드되어 스테레오 이미지 및 시각적 주행 거리 측정 속도가 빨라졌다. 그 결과, 탐사 로봇은 시속 152마일의 더 빠른 속도로 작업 할 수 있으며 이전 모델보다 성능이 뛰어나다.

그림 10.3 Mars 2020 탐사 로봇

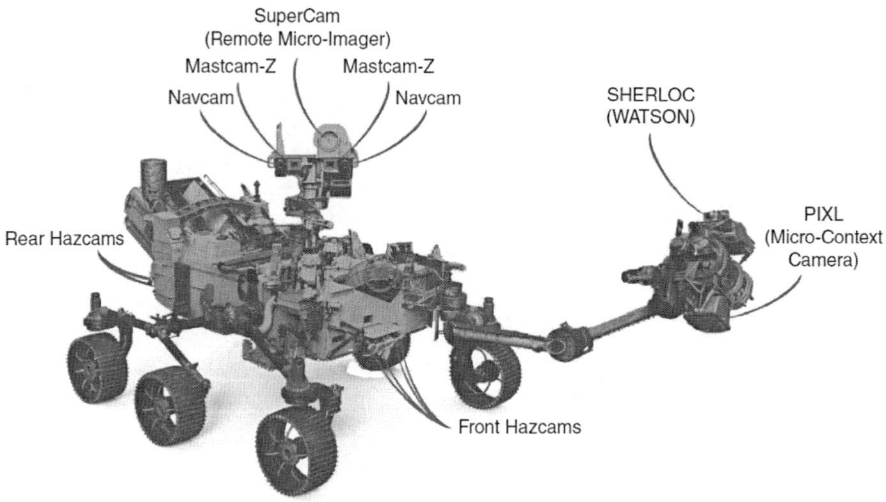

10.4 과제: 온-보드 컴퓨팅 기능

여러 우주 탐사 임무에서 NASA는 자율주행 로버 기능을 입증했다. 문헌 [7]에서 설명된 바와 같이 자율 내비게이션은 목표 접근 효율성을 향상 시켰고, 차량 안전을 유지하는데에도 중요한 것으로 입증되었다. 그러나 온-보드 자율성은 종종 실시간으로 평가해야 하는 센서 입력의 수로 인해 프로세서 컴퓨팅 성능의 제약을 받는다.

예를 들어 Opportunity 로버에는 IBM RISC Single Chip CPU[7]를 기반으로 하는 방사선 강화 단일 보드 컴퓨터인 IBM RAD6000이 장착되어 있다. 안정성을 위해 Opportunity 로버의 RAD6000은 방사선 강화 FPGA(Field Programmable Gate Array)에서 구현되었으며 20MHz에서만 실행되어 22MIPS(초당 백만 명령)를 제공한다. 이에 비해 상용 Intel Core i7은 2.7GHz에서 실행되는 50,000 MIPS를 쉽게 제공할 수 있다.

안타깝게도 우리는 이러한 강력한 상업용 중앙 처리 장치 또는 그래픽 처리 장치를 우주 탐사 임무에 사용할 수 없다. 이러한 구조는 방사선 강화 처리되지 않았기 때문에 우주 또는 다른 행성의 열악한 환경에서 작동할 수 없기 때문이다. 그럼에도 불구하고, 일부 FPGA 제조업체는 방사선 강화 및 공간 지원 FPGA 기판을 제공하며 이러한 기판에서 자율 탐색 워크로드를 최적화하여 미래의 상용 우주 탐사 임무를 수행할 수 있도록 한다.

컴퓨팅 성능 제약으로 인해 Opportunity 로버에서는 제한된 자율 내비게이션 기능만 켜졌다. 예를 들어, 저해상도 카메라만 위치인식에 사용되었으며, 로버 위치를 업데이트 할 때마다 단일 위치 업데이트의 경우 최대 3분이 소요되는 반면, 자율주행 차량의 경우 초당 30개의 업데이트가 필요하다. 따라서 로버 자율주행의 평균 속도는 시속 0.1 마일 미만이다.

설상가상으로, Opportunity 로버가 장거리 자율주행을 수행하려면 화성에 대한 지상 실측 데이터(예: 로버 위치 파악을 위한 화성 표면의 3D 재구성)가 필요하다. 하지만 이로 인해 Opportunity 로버가 이동할 수 있는 거리가 제한되었다.

Opportunity 로버에 필요한 지상 검증자료용 데이터를 생성하려면 로버는 화성에서 많은 수의 이미지를 수집한 다음 표면 재구성 또는 지도 최적화를 수행해야 한다. 이는 계산량을 상당히 요구하는 단계이다. [8]에서 논의된 바와 같이, 지상 검증자료용 데이터 재구성은 움직임으로부터의 구조 알고리즘을 사용하여 달성된다. 그러나 움직임으로부터 구조를 인식하는 알고리즘은 탐사 로봇의 온-보드 컴퓨터의 현재 기능을 뛰어넘는다. 얼마나 많은 컴퓨팅 파워를 소비하는지에 대한 아이디어를 제공하기 위해: 15만 개의 이미지를 사용하여 로마 도시를 재구성하려면 24시간 동안 완전히 실행되는 500노드 클러스터가 필요하다[9].

그림 10.4에서 볼 수 있듯이 Opportunity 로버에서 일어난 일은 로버가 매우 짧은 거리(예: 몇 미터)를 달리고 이미지를 수집한 다음 추가 처리를 위해 지구로 다시 전송하는 것이다. 로버는 다음 조치를 취하기 전에 재구성된 표면지도가 다시 전송되기를 기다린다.

그림 10.4 화성 내비게이션지도 생성

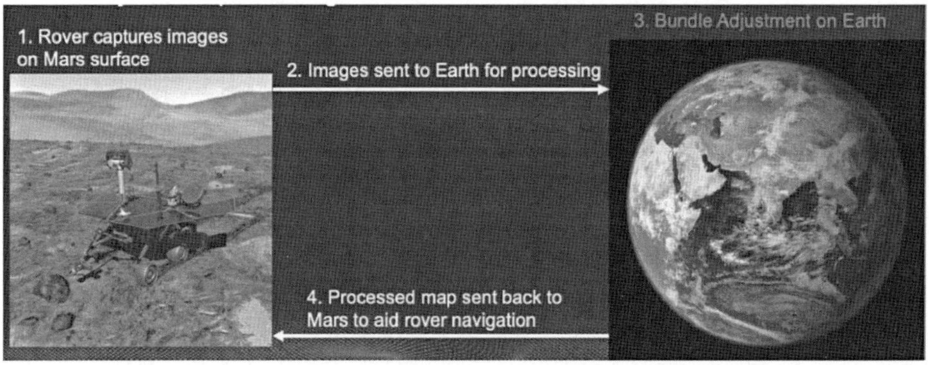

화성에 대한 단방향 통신은 행성의 궤도 정렬에 따라 최대 20분의 지연이 있으므로 매우 비효율적이다. 또한 화성 주변의 우주선이 제한되어 있어 통신은 솔(화성 일)에 두 번만 가능하다.

해결책은 우주 탐사 로봇을 위한 더 나은 컴퓨팅 시스템을 개발하는 데 있다고 믿는다. 따라서 방사선 강화 FPGA 시스템에서 자율 탐색 알고리즘을 구현하고 최적화하는 것이 필수적이다. 방사선 강화 FPGA의 한 가지 예는 Xilinx Virtex-5QV 제품 라인이다.

한 가지 예가 문헌 [8]에 나와 있다: 번들 어드저스트먼트(BA)은 3D 장면 재구성에서 가장 계산적으로 까다로운 단계이며 저자는 임베디드 FPGA에서 BA 가속기 엔진을 개발했다. 실험 결과, 이 설계는 유사한 전력 소비를 유지하면서 ARM 프로세서보다 50배 더 우수한 성능을 보여준다. 방사선 강화 FPGA에서 더 많은 자율 탐색 워크로드가 구현되고 최적화됨에 따라 로봇 우주 탐사 로봇을 위한 더 많은 자율 탐색 시나리오를 구현할 수 있기를 기대한다.

10.5 맺음말

자율 우주 탐사 로봇은 아직 초기 단계다. 아직 많은 문제가 해결되지 않았다. 이 분야의 진전은 확실히 자율 탐사 로봇의 효율성을 높일 것이다. 자율 우주 탐사 로봇의 개발은 또한 다른 행성의 광물 자원 개발과 같은 상업적 사용을 포함하여 흥미로운 가능성을 열어준다. 결국, 가까운 매래에 우리는 화성에 인간 정착을 위한 인프라를 구축하는 상업용 자율 우주 로봇 탐사 로봇을 갖게 될 것이다.

이 장에서 우리는 화성의 환경을 소개하고 미래의 상용 자율 우주 탐사 로봇을 가능하게 하는데 필요한 기술을 탐구했다. 마지막으로, 우리는 자율 우주 탐사 로봇의 시급한 기술적 과제 중 하나가 컴퓨팅 능력이라고 밝혔다. 충분한 컴퓨팅 능력이 탑재되어 있다면 화성에서 훨씬 더 효율적인 로봇을 사용할 수 있을 것이다. 함께 우주 탐험 시대를 위한 자율 로봇을 만들어 보기를 희망한다.

참고문헌

[1] Maimone, M., Biesiadecki, J., Tunstel, E. et al. (2016). Surface navigation and mobility intelligence on the Mars exploration explorers. In: Proceedings of Intelligence for Space Robotics, 45-69. TSI Press.

[2] European Space Agency (2019). Comparing the atmospheres of Mars and Earth. http://exploration.esa.int/mars/60153-comparing-the-atmospheres-of-mars-and-earth (accessed 1 May 2019).

[3] Phoenix Mars Mission (2019). Mars/Earth Comparison Table. http://phoenix.lpl.arizona.edu/mars111.php (accessed 1 May 2019).

[4] Li, R., Di, K., Matthies, L.H. et al. (2004). Explorer localization and landing-site mapping technology for the 2003 Mars exploration explorer mission. Photogrammetric Engineering & Remote Sensing 70 (1): 77-90.

[5] Roumeliotis, I.S. and Bekey, A. 3-D localization for a Mars explorer prototype. In: Artificial Intelligence, Robotics and Automation in Space, vol. 440, 441. European Space Agency.

[6] Mars Exploration Program (2011). MARS Curiosity Rover. https://mars.jpl.nasa.gov/msl/mission/rover (accessed 1 October 2019).

[7] Maimone, M., Cheng, Y., and Matthies, L. (2007). Two years of visual odometry on the mars exploration rovers. Journal of Field Robotics 24 (3): 169-186.

[8] Qin, S., Liu, Q., Yu, B., and Liu, S. (2019). π-BA bundle adjustment acceleration on embedded FPGAs with co-observation optimization. In: 2019 IEEE 27th Annual International Symposium on Field-Programmable Custom Computing, 100-108. IEEE.

[9] Agarwal, S., Furukawa, Y., Snavely, N. et al. Building Rome in a day. Communications of the ACM 54 (10): 105-112.

11

자율주행차량을 위한 첨단 컴퓨팅

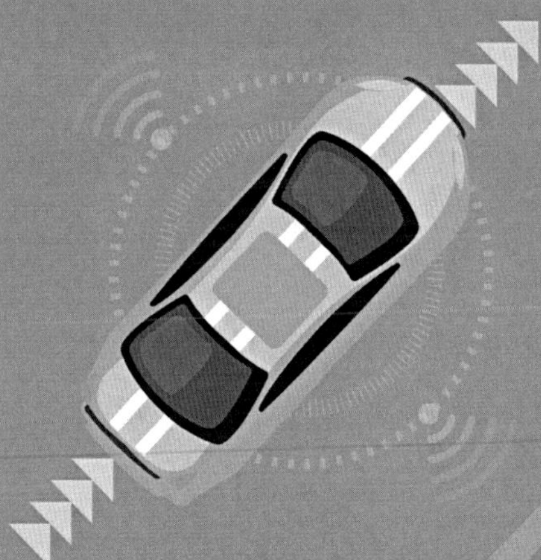

자율주행 차량과 로봇

11 자율주행차량을 위한 첨단 컴퓨팅

11.1 개요

10장에서 설명했듯이 온보드 자율성은 여러 센서 입력을 실시간으로 평가해야 하므로 처리 능력의 제약을 받는 경우가 많다. 이것은 화성의 우주 탐사 로봇뿐만 아니라 지구상의 자율주행 차량에도 해당된다.

예를 들어 자율주행차량이 시속 60마일로 주행하여 약 30m의 제동 거리로 주행하는 경우 자율주행 시스템이 잠재적 위험이 발생하기 최대 몇 초 전에 예측해야 한다. 따라서 자율주행 첨단 컴퓨팅 시스템이 이러한 복잡한 계산을 더 빠르게 수행할수록 자율주행차량이 더 안전해진다.

요약하면, 자율주행차량 엣지 컴퓨팅 시스템 설계의 가장 중요한 과제는 제한된 에너지 예산 내에서 사용자의 보안 수준을 저해하지 않고 실시간으로 대량의 데이터를 효율적으로 처리하는 것이다.

다음 장에서는 자율주행차량을 위한 에지 컴퓨팅 시스템을 구축하는 최첨단 접근 방식을 검토한다. 이 장에서는 온-보드 컴퓨팅 시스템에 중점을 둔다. 12장에서는 V2X(Vehicle-to-Everything) 기술이 온-보드 컴퓨팅 시스템의 과부하를 완화하는데 어떻게 도움이 되는지에 대해 중점적으로 설명한다. 13장에서는 자율주행차량용 첨단 컴퓨팅 시스템의 보안 문제를 검토한다.

특히 이 장에서는 자율주행 애플리케이션을 위한 에지 컴퓨팅 시스템 설계의 최신 진행 상황을 검토한다. 먼저 에지 컴퓨팅 시스템 설계를 평가하는 데 사용할 수 있는 벤치마크 제품군부터 시작한다. 둘째, 자율주행 작업 부하를 위한 컴퓨터 구조 설계의 다양한 접근 방식을 검토한다. 셋째, 들어오는 워크로드를 이기종 컴퓨팅 장치에 효율적으로 매핑하기 위한 수행시간 계층의 설계를 설명한다. 넷째, 다양한 자율주행 기능 모듈을 바인딩하기 위한 미들웨어 설계에 대해 논의한다. 마지막으로 자율주행 첨단 컴퓨팅 시스템의 실제 구현을 소개한다.

11.2 벤치마크

컴퓨팅 시스템을 개선하기 위한 가장 효과적인 도구는 대상 애플리케이션에서 널리 사용되는 워크로드를 나타내는 표준 벤치마크 제품군이다. 자율주행 차용 첨단 컴퓨팅 시스템을 설계하고 개선할 때에도 동일한 원칙이 적용된다.

이 분야의 현재 연구는 데이터 세트와 워크로드의 두 가지 범주로 나눌 수 있다. KITTI는 자율주행과 관련된 최초의 벤치마크 데이터 세트다 [1]. 단안/스테레오 이미지 데이터 및 3D 빛 감지 및 범위 (LiDAR) 데이터와 같은 레이블이 있는 풍부한 비전 센서 데이터로 구성된다. 다양한 데이터 유형에 따라 Ground Truth를 생성하고 평가 지표를 계산하는 전용 방법도 제공한다. KITTI는 시각적 주행 거리 측정, 차선 감지, 물체 감지 및 물체 추적을 포함하되 이에 국한되지 않는 자율주행 시나리오에서 알고리즘의 성능을 평가하기 위해 구축되었다.

KITTI 외에도 RGB-D SLAM을 위한 TUM RGB-D [2], 3D 물체 감지를 위한 PASCAL3D[3], 다중 표적 추적을 위한 MOTChallenge 벤치마크[4]와 같이 각 알고리즘에 대한 몇 가지 맞춤형 벤치마크 데이터 세트가 있다. 이러한 종류의 데이터 세트는 에지 컴퓨팅 시스템을 강조하는 데 매우 좋은 데이터 소스 역할을 한다.

또 다른 종류의 관련 벤치마크 제품군은 일반적으로 일련의 컴퓨터비전 커널 및 애플리케이션으로 구성되는 새로운 하드웨어 아키텍처 및 소프트웨어 프레임 워크의 성능을 벤치마킹하도록 설계되었다. San Diego Vision Benchmark Suite(SD-VBS)[5]와 MEVBench[6]는 둘 다 모바일 컴퓨터비전 시스템을 위한 성능 벤치마크 제품군이다. SD-VBS는 9개의 고급 비전 애플리케이션에 대한 단일 스레드 C 및 MATLAB 구현을 제공한다. MEVBench는 SD-VBS를 기반으로 한 확장 벤치 마크다. 15가지 비전 애플리케이션의 단일 및 다중 스레드 C ++ 구현을 제공한다. 그러나 이 두 벤치마크는 해당 분야의 선행 작업이므로 그래픽 처리 장치(GPU)와 같은 이기종 플랫폼을 대상으로 하지 않으며 딥 러닝 알고리즘과 같은 새로운 워크로드를 포함하지 않는다.

SLAMBench[7]는 완전한 RGB-D SLAM 애플리케이션을 사용하여 새로운 이기종 하드웨어를 평가하는 데 집중한다. KinectFusio [8]을 구현으로 사용하고 이기종 하드웨어를 위한 핵심 기능 커널의 C++, OpenMP, OpenCL 및 CUDA 버전을 제공한다. 이러한 노력은 올바른 방향으로 나아가는 단계이지만, 자율주행 차량 에지 컴퓨팅 시스템을 평가하기 위해 자율주행 차량의 다양한 애플리케이션 시나리오(예: 마이크로 항공 차량 시스템 벤치마킹을 위한 MAVBench [9])와 다양한 워크로드를 포함하는 포괄적인 벤치마크가 여전히 필요하다.

CAV에 대한 4가지 애플리케이션 시나리오(자율주행, 실시간 진단, 차량 내 인포테인먼트, 타사 애플리케이션)를 요약하고 6가지 평가 워크로드(SLAM, 객체 감지, 물체 추적, 배터리 진단, 음성 인식 및 에지 비디오 분석)로 클래식하고 다양한 실제 차량용 애플리케이션을 선택한다.

CAVBench는 4개의 실제 데이터 세트를 6개의 워크로드에 대한 표준 입력으로 사용하고 2가지 범주의 출력 메트릭을 생성한다. 하나의 매트릭은 각 애플리케이션에 대한 실행 시간 분석을 포함하는 애플리케이션 관점 매트릭이며 개발자가 애플리케이션 측에서 성능 병목 현상을 찾는 데 도움이 된다. 다른 하나는 서비스 품질-리소스 사용률 곡선(QoS-RU 곡선) 인 시스템 관점 매트릭이다. QoS-RU 곡선은 자율주행 차량의 컴퓨팅 플랫폼과 애플리케이션 간의 매칭 팩터(MF)를 계산하는 데 사용할 수 있다. QoS-RU 곡선은 연구자와 개발자가 차량 내 애플리케이션 및 CAV 컴퓨팅 아키텍처를 최적화하는 데 도움이 되는 컴퓨팅 플랫폼의 정량적 성능 지수로 간주할 수 있다. 자율주행 차량 워크로드에 대한 벤치마킹 분야에서 더 많은 연구가 기대되며, 현재 CAVBench는 자율주행을 위한 첨단 컴퓨팅 시스템 연구에 좋은 출발점이 된다.

자율주행은 여전히 빠르게 발전하고 있는 분야이므로 새로운 자율주행 사용 시나리오를 다루기 위해 더 동적인 워크로드와 데이터를 통합하려는 지속적인 노력을 기대한다. 또한, 다양한 최적화 매트릭을 기반으로 다른 에지 컴퓨팅 시스템의 순위를 매기려면 표준화된 채점 방법이 필요하지만 아직 누락되었다.

11.3 컴퓨팅 시스템 구조

표준 벤치마크 제품군을 확보하면 적절한 아키텍처 개발을 시작할 수 있다. 자율주행 작업 부하를 위해 Liu 외 연구진은 하이브리드 이기종 하드웨어를 완전히 활용하는 자율 차량을 위한 컴퓨터 아키텍처를 제안했다[11]. 이 연구에서 제안하는 자율주행 기술은 센싱, 인식, 의사결정 3단계로 구분된다. 저자들은 기본적인 자율주행 과제를 실행하는 여러 하드웨어의 성능을 비교하고 위치인식과 인식이 자율주행 컴퓨팅 시스템의 병목 현상이라고 결론 내렸으며, 작업 부하에 따라 서로 다른 하드웨어 가속기의 필요성도 파악했다. 더욱이 저자들은 모듈형, 보안형, 동적, 고성능, 에너지 효율성이 높은 자율주행 컴퓨팅 아키텍처와 소프트웨어 스택을 제안하고 개발하였다. 중앙처리장치, GPU, 디지털신호처리기 등 이질적인 컴퓨팅 부품을 충분히 활용함으로써 시스템 온 칩(SoC)에 탑재된 ARM 모바일 시스템의 프로토타입 시스템은 평균 11W를 소비하고, 시간당 5마일의 속도로 모바일을 주행할 수 있다. 또한, 저자들은 더 많은 컴퓨팅 자원이 있으면 시스템이 더 많은 데이터를 처리할 수 있을 것이고 결국 생산 수준의 자율주행 시스템의 필요성을 충족시킬 것이라고 지적했다.

비슷하게, Lin 외 연구진은 문헌 [12]에서 자율주행 시스템의 구조적 제약과 가속도를 연구했다. 저자들은 성능, 예측 가능성, 저장, 열 및 전력에서 자율주행 시스템의 설계 제약을 제시하고 공식화했다. 자율주행 시스템의 설계를 조사하기 위해 저자들은 기계학습 알고리즘 컴포넌트를 기반으로 엔드-투-엔드 자율주행 시스템을 개발했다. 저자들은 이 시스템에 대한 실험을 통해 세 가지 연산 병목 현상, 즉 위치추정, 물체감지, 물체추적 등을 확인했다. 모든 설계 제약을 충족할 수 있는 시스템을 설계하는데, 저자들은 계산 병목 현상을 가속화하는 세 가지 다른 가속기 플랫폼을 연구했다. 저자들은 GPU, FPGA 및 주문형 반도체 가속 시스템이 이러한 알고리즘의 꼬리 지연 시간을 효과적으로 줄일 수 있음을 입증했다. 저자들은 이러한 가속 시스템을 바탕으로 자율주행 시스템의 성능, 전력 및 확장성 사이의 균형에 대해 자세히 살펴보았다. 그들의 결론은 GPU와 같은 전력 소비 가속기는 예측 가능한 짧은 지연 시간에 연산을 제공할 수 있지만, 열 구속조건을 만족시키기 위해 냉각 부하에 의해 더욱 확대된 높은 전력 소비량은 차량의 주행 범위와 연비를 현저히 떨어뜨릴 수 있다는 것이다. 마지막으로, 저자들은 계산 능력이 고해상도 카메라에 의해 구현되는 높은 시스템 정확도로부터 이익을 얻지 못하게 하는 병목현상을 여전히 유지하고 있다고 지적했다.

흥미롭게도, 그들의 선구적인 아키텍처 탐색 작업에서, 위에서 논한 저자들은 모두 위치인식 및 기타 인식이 컴퓨팅 병목 현상을 초래한다고 결론지었고, 이기종 컴퓨팅은 이러한 워크로드를 가속화하기 위한 실현 가능한 접근법이라고 언급했다. 위치인식 가속을 위해 Tang 외 연구진은 SLAM을 위한 이기종 아키텍처를 제안했다[13]. 저자들은 먼저 기존의 이기종 SoC에 대한 시각 관성 SLAM 성능과 에너지 소비량을 이해하기 위해 철저한 연구를 실시했다. 초기 연구 결과에서는 기존의 SoC 설계가 SLAM 애플리케이션에 최적화되어 있지 않으며, 연산 가속은 물론 메모리 서브시스템인 IO 인터페이스에서도 체계적인 최적화가 요구된다. 이러한 발견에 기초하여, 저자들은 시각 관성 SLAM 애플리케이션에 최적화된 이기종 SoC 아키텍처를 제안했다. 저자들은 단순히 액셀러레이터를 추가하는 대신 직접 IO와 피쳐 버퍼(feature buffer), 특징추출 가속기를 체계적으로 통합했다. 이 설계의 효과를 증명하기 위해, 저자들은 Xilinx Zynq UltraScale MPSoC에 제안된 아키텍처를 구현했고, 이는 5W 미만의 평균 전력으로 초당 60프레임(FPS) 이상의 성능을 제공할 수 있었다. 이러한 결과는 제안된 아키텍처가 비주얼 관성 SLAM 애플리케이션을 위한 성능과 에너지 소비 최적화를 달성할 수 있는지 검증한다.

마찬가지로, 위치인식 컴퓨팅 문제를 해결하기 위해, Zhang 외 연구자들은 로봇이 온-보드 카메라와 IMU 데이터에서 에고 모션(및 랜드마크 기반 지도)을 추정하는 비주얼 관성 주행거리계(VIO) 시스템을 위한 알고리즘 및 하드웨어 공동설계 방법론을 제안했다[14]. 저자들은 (성능을 희생하지 않고) VIO를 소형화된 플랫폼으로 축소하려면 인식 알고리즘

설계의 패러다임 전환이 필요하다고 주장했고, 저자들은 알고리즘과 하드웨어 설계 선택이 긴밀하게 결합된 공동설계 접근법을 제안했다. 세부적으로 저자들은 VIO의 자원 성능 트레이드오프에 관련된 일련의 설계 선택이 어떻게 영향을 미치는지에 대해 논의함으로써 설계공간을 특징하였다. 또한 저자들은 특수 하드웨어에 VIO 구현을 제공하여 이러한 구현이 데스크탑 구현의 정확성과 속도는 동일하지만 전력의 일부가 더 소모된다는 것을 보여주어 줌으로써 공동 설계 프로세스의 결과를 입증했다.

학문적 연구 외에도 PerceptIn은 최근 DragonFly+[15]라는 이름의 상업용 SLAM 시스템을 제품 출시했다. DragonFly+는 (i) IMU 뿐만 아니라 4개의 이미지 채널간의 하드웨어 동기화, (ii) 오프칩 메모리 통신을 줄이기 위한 직접 IO 아키텍처, (iii) 이미지 처리 프런트엔드를 가속화하기 위한 완전한 파이프라인 아키텍처 등 몇 가지 고급 기능을 갖춘 FPGA–기반 실시간 위치추정 모듈이다. 또한 병렬 처리기법과 멀티플렉스 처리기법을 채용하여 대역폭과 하드웨어 자원 소비간의 균형을 잘 맞춘다. 공개적으로 사용 가능한 데이터를 기반으로 4방향 720p 이미지 처리를 위해 DragonFly +는 2.3W의 전력만 소비하면서 42FPS 성능을 달성했다. 이에 비해 엔비디아 제트슨 TX1 GPU SoC는 7W에서 9 FPS, 인텔 코어 i7은 80W에서 15 FPS를 달성한다. 따라서 DragonFly+는 엔비디아 TX1 대비 전력 효율이 3배, 컴퓨팅파워가 5배 뛰어나며, 인텔 코어 i7 대비 전력 효율이 34배, 컴퓨팅파워가 3배 이상 높다.

인식 가속을 위해 대부분의 최근 연구는 딥 컨볼루션 인공 신경망(CNN)의 가속화에 초점을 맞추고 있다. CNN 가속기가 충분한 유연성과 효율성으로 다양한 애플리케이션을 지원할 수 있도록, Liu 외 연구진은 신경망 가속기를 위한 새로운 도메인 특화 명령문 셋 구조를 제안했다[16]. 제안된 ISA는 기존의 신경망 가속 기법의 종합적인 분석에 기초하여 스칼라, 벡터, 매트릭스, 논리, 데이터 전송 및 제어 지시를 통합한 로드–스토어 아키텍처다. 저자들은 제안된 ISA가 광범위한 신경망 가속 기법에 대해 강한 기술력을 보이며, x86, MIPS, GPGPU와 같은 범용 ISA보다 높은 코드 밀도를 제공한다는 것을 입증하였다.

데이터 이동이 CNN 계산의 주요 병목 현상이라는 것을 깨닫고 Chen 외 연구자들은 공간 아키텍처에서 데이터 이동의 에너지 소비를 최소화하기 위한 데이터 흐름을 제시했다[17]. 핵심은 고차원적 컨볼루션에서 필터 가중치 및 특징 맵 픽셀 또는 움직임 등의 로컬 데이터를 재사용하고 부분 합계 누적 데이터의 이동을 최소화하는 것이다. 제안된 데이터 흐름은 다양한 CNN 모양 구성에 적응하고, 처리엔진(PE) 로컬 스토리지, 공간 병렬처리 및 직접 PE간 통신을 최대한 활용하여 모든 유형의 데이터 이동을 줄인다. AlexNet의 CNN 구성을 통해 평가실험은 제안된 데이터 흐름이 컨볼루션 및 완전 연결 계층 모두에 대해 다른 데이터 흐름보다 에너지면에서 효율적이라는 것을 보여준다.

가까운 장래에 더욱 많은 자율주행 작업 부하 및 사용 시나리오가 등장함에 따라 이러한 작업 부하를 대상으로 하는 가속기의 설계를 더 많이 기대하고 있다. 또한, 자율주행 워크로드를 위한 캐쉬, 메모리 및 스토리지 아키텍처에 대한 더 많은 탐색 연구를 볼 수 있을 것으로 기대된다. 또 자율주행을 위한 하드웨어 보안이 가장 중요하다. 10년 이내에 연구계와 산업계는 자율주행 부하를 위한 "범용" 아키텍처 설계를 고안할 수 있을 것이다.

11.4 수행시간

자율주행 과제를 위한 이기종 아키텍처가 준비되어있는 상황에서, 다음 과제는 들어오는 작업을 어떻게 수행시간에 서로 다른 컴퓨팅 장치에 전달하여 최적의 에너지 효율과 성능을 달성할 것인가 하는 것이다. 이것은 수행시간 계층을 통해 달성될 수 있다. 이기종 자율주행 시스템의 수행시간 설계는 대부분의 기존 수행시간 설계가 한 가지 유형의 가속기에 하나의 알고리즘을 매핑하거나, 단일 가속기를 사용하는 동종 또는 이기종 시스템에 대한 스케줄링에 중점을 두기 때문에 엄청난 잠재력을 지닌 완전히 새로운 연구 영역이다.

기존의 여러 설계는 하나의 딥러닝 또는 컴퓨터비전 워크로드를 이기종 아키텍처에 매핑하는데 초점을 맞추고 있다. Hegde 외 연구자들은 문헌 [18]에서 CNN 규격을 FPGA, DSP, GPU 및 축소 명령문 셋 컴퓨터 RISC(Reduced Instruction Set Computer) 멀티코어와 같은 가속기에 쉽게 매핑할 수 있는 프레임워크를 제안했다. Malik 외 연구자들 [19]은 on-chip FPGA 가속기와 GPU 가속기에서 컴퓨터비전 알고리즘의 성능과 에너지 효율을 비교했다.

많은 연구가 내장형 GPU 또는 FPGA 가속기에 대한 딥러닝 알고리즘의 최적화를 연구했다[20, 21]. 임베디드 플랫폼에서 컴퓨터비전 관련 업무를 최적화하는 프로젝트도 많았다. Honegger 외 연구자들은 문헌 [22]에서 임베디드 컴퓨터비전의 FPGA 가속화를 제안했다. Satria 외 연구자들은 문헌 [23]에서 내장된 GPU 기반 플랫폼에서 얼굴 검지의 플랫폼특화 최적화를 수행하고 실시간 성능을 보여주었다. Vasilyev 외 연구자들은 문헌 [24]에서 프로그램 가능한 아키텍처에 대한 컴퓨터비전 알고리즘을 평가했다. Nardi 외 연구자들은 [25]에서 정확성, 성능 및 에너지 소비 측면에서 데스크탑 및 임베디드 플랫폼에 걸쳐 고밀도 SLAM 알고리즘을 평가하기 위한 벤치마크 제품군을 제시했다. 그러나 이러한 설계는 다양한 종류의 워크로드를 시스템으로 통합하는 복잡성을 고려하지 않고 하나의 작업을 다른 가속기에 매핑하는 데만 초점을 맞추었다.

다른 기존의 설계는 단일 ISA 다중 프로세서에 대해 광범위하게 연구된 하나의 가속기를 사용하여 이기종 아키텍처비대칭 멀티 코어 아키텍처(예: 크고 작은 코어, GPU가 있는 CPU와 같은 멀티 ISA 멀티프로세서 등)에 대한 스케줄링에 중점을 두고 있다. 단일 ISA 멀티프로세서 측면에서는 런타임에 가장 적합한 코어 유형에 워크로드를 매핑하기 위해 운영 체제 수준에서 많은 작업이 수행되었다.

Koufaty 외 연구자들은 문헌 [26]에서 코어 스톨의 기간이 용도에 가장 적합한 코어 유형을 예측하기 위한 좋은 지표라는 것을 확인하였다. 지표를 바탕으로 운영 체제에 편향된 일정 전략을 추가해 시스템 처리량을 개선했다. Saez 외 연구자들은 문헌 [27]에서 운영체제에 효율성 전문화와 쓰레드 레벨 병렬화 TLP(thread level parallelism) 전문화를 추가하여 처리량과 전력을 동시에 최적화하는 스케줄러를 제안했다.

효율적인 전문화는 CPU 집약적인 워크로드를 고속 코어에 매핑하고 메모리 집약적인 워크로드를 저속 코어에 매핑한다. TLP 전문화는 고속 코어를 사용하여 병렬 애플리케이션의 순차적 단계를 가속화하고 병렬 단계에서는 저속 코어를 사용하여 에너지 효율을 달성한다. 비대칭 멀티 코어 아키텍처 측면에서, Jimenez 외 연구자들은 문헌 [28]에서 GPU와 유사한 시스템을 갖춘 CPU에 대한 사용자 수준 스케줄러를 제안했다. 초기 단계에서 각 PE에 대한 공정의 성과를 평가하고 기록한다. 그런 다음, 이 이력 정보를 바탕으로 가장 적합한 PE에 애플리케이션을 매핑한다. Luk 외 연구자들은 문헌 [29]에서 단일 프로세스의 대기 시간과 에너지 소비량을 개선하는 데 초점을 맞췄다. 동적 컴파일을 사용하여 워크로드 특성을 지정하고, 최적의 매핑을 결정하고, CPU 및 GPU에 대한 코드를 생성한다.

기존의 런타임 설계와는 달리, Liu 외 연구자들은 최근 다양한 컴퓨터비전과 심화학습 워크로드를 여러 가속기와 클라우드에 동적으로 매핑할 수 있는 최초의 수행시간 프레임워크인 PerceptIn 수행시간 PIRT(PerceptIn Runtime)를 제안하였다[30].

저자들은 먼저 이질적인 SoC 아키텍처에서 떠오르는 로봇 애플리케이션에 대한 포괄적인 연구를 실시했다. 저자들은 그 결과를 바탕으로 PIRT를 설계하고 구현하여 활용하였다. 온-칩 이기종 컴퓨팅 리소스뿐만 아니라 고성능과 에너지 효율을 달성할 수 있는 클라우드도 포함된다. 저자들은 그 효과를 검증하기 위해 PIRT를 생산용 모바일 로봇에 배치해 11W의 전력과 동시에 자율항법, 장애물 탐지, 경로 계획, 대형 지도 생성, 장면 이해 등 전체 로봇 워크로드를 효율적으로 실행할 수 있음을 입증했다.

수행시간 계층은 자율주행 소프트웨어와 하드웨어를 연결하지만, 자율주행을 위한 수행시간 시스템 설계에는 몇 가지 직면하는 과제가 있다. 첫째, 컴퓨팅 시스템이 이질화됨에 따라 들어오는 워크로드를 동적으로 전송하기 위해 수행시간 설계가 더욱 복잡해진다. 둘째, 더 많은 에지 클라우드를 사용할 수 있게 되면서 수행시간 시스템은 클라우드를 인식하고 워크로드를 에지 클라우드로 전송할 수 있어야 한다. 셋째, 런타임은 모든 저 레벨의 구현 등을 은닉하기 위해 좋은 추상화를 제공해야 한다.

11.5 미들웨어

자율주행차량 시스템과 같은 로봇 시스템은 여러 가지 서비스를 수반하는 경우가 많으며, 그사이에 많은 의존이 있다. 이러한 서비스 간의 복잡한 상호작용을 촉진하고, 소프트웨어 설계를 단순화하며, 저 레벨에서의 통신 복잡성과 센서의 이질성을 감추기 위해서는 미들웨어가 필요하다.

초기에 설계된 로봇 미들웨어는 COBRA(Common Object Request Broker Architecture)

기술을 기반으로 하는 모바일 로봇 제어를 위한 분산 객체 지향 프레임워크 인 Miro이다[31]. 핵심 구성요소는 OS 독립적 프로세스, 네트워크 및 실시간 통신을 위한 객체 지향적 다중 플랫폼 프레임워크인 Adaptive Communications Environment의 도움으로 개발되었다. Miro는 위치인식나 행동 엔진과 같은 일반적인 추상적인 서비스를 제공하는데, 이 서비스는 다른 로봇 플랫폼에 적용될 수 있다. Miro는 개척자, B21, 몇몇 로봇 축구 로봇, 그리고 다양한 로봇 센서를 포함한 몇몇 로봇 플랫폼을 지원한다.

ORCA는 모바일 로봇 시스템을 구축하기 위한 무료로 배포 가능한 구성요소의 관련 저장소와 함께 모바일 로봇 공학용으로 개발된 오픈 소스 구성요소 기반 소프트웨어 엔지니어링 프레임워크다[32]. ORCA의 프로젝트 목표는 일반적으로 사용되는 인터페이스 세트를 정의하여 소프트웨어 재사용을 가능하게 하고, 라이브러리에 높은 수준의 편리한 애플리케이션 프로그램 인터페이스를 제공하여 소프트웨어 재사용을 단순화하고, 구성요소의 저장소를 유지하여 소프트웨어 배포를 장려하는 것을 포함한다.

Urbi는 로봇과 복잡한 시스템을 위한 응용 프로그램을 개발하는 데 사용되는 오픈소스 교차 플랫폼 소프트웨어다[33]. Urbi는 UObject 분산형 C++ 구성요소 아키텍처를 기반으로 한다. Urbi는 병렬 및 이벤트 중심 스크립트 언어인 urbiscript 언어를 포함한다. UObject 구성요소는 상호작용 및 데이터 교환을 지정하기 위해 기본 개체로 urbiscript에 연결할 수 있다. UObject는 urbiscript 인터프리터에 연결되거나 다른 스레드, 다른 프로세스, 로컬 네트워크의 시스템 또는 원격 네트워크의 시스템에서 "원격" 모드에서 자율 프로세스로 실행될 수 있다.

RT(Runtime)-미들웨어는 분산 객체 기술 기반 로봇을 위한 공통 플랫폼 표준이다[34]. RT-미들웨어는 RT-컴포넌트라고 하는 다양한 네트워크 지원 로봇 요소의 통합을 통해 다양한 네트워크 로봇 시스템의 구성을 지원할 수 있다. RT-미들웨어에서 액추에이터와 같은 로봇 요소는 RT-컴포넌트로 간주되며, 전체 로봇 시스템은 이러한 RT-컴포넌트를 연결하여 구성된다. 이 분산형 아키텍처는 개발자들이 로봇 요소를 재사용하고 로봇 시스템의 안정성을 높일 수 있도록 돕는다.

OpenRDK는 느슨하게 결합된 모델을 개발하기 위한 로봇공학용 오픈 소스 소프트웨어 프레임워크다[35]. 투명한 동시성 관리, 소켓을 통한 상호 처리, 그리고 공유 메모리를 통한 내부 프로세스를 제공한다. 시뮬레이터 및 일반 로봇 드라이버에 연결하기 위한 모듈이 제공된다.

위에서 언급한 미들웨어 프로젝트는 주로 모바일 로봇에 소프트웨어 구성요소 관리 프레임워크를 제공하는 데 초점을 맞췄으며, 자율주행차량에는 사용되지 않았다. 한편, 로봇 운영체제(ROS)는 주로 ROS 로봇 개발자들의 인기와 소프트웨어 패키지의 풍부함 때문에 자율주행차량 개발에 널리 이용되어왔다[36]. 단, 11.2절에서 논의한 바와 같이, 현재 상태에서는 ROS가 성능, 신뢰성, 보안상의 문제로 어려움을 겪고 있어 자율주행차량 생산 전개에 적합하지 않다.

미들웨어 계층은 서로 다른 자율주행 서비스 간의 통신을 용이하게 한다. 여기서는 몇 가지 풀어야 할 과제를 요약한다. 첫째, 미들웨어는 컴퓨팅 오버헤드와 메모리 설치 공간을 최소화하여 확장 가능해야 한다. 둘째, 일부 자율주행 서비스가 에지 클라우드에 머물 수 있으므로 미들웨어는 원활한 에지 클라이언트와 클라우드 커뮤니케이션을 가능하게 해야 한다. 셋째, 그리고 가장 중요한 것은 미들웨어가 서비스의 품질과 자율적인 차량 안전을 보장할 수 있도록 안전하고 신뢰할 수 있어야 한다는 점이다.

Layer	Purpose	Proposed solutions	Research directions
Architecture	Hardware computing units to execute autonomous driving workloads	[11]–[17]	Accelerators for various autonomous driving workloads; cache and memory architecture design; non-volatile storage for critical data; hardware security
Runtime	Software layer to efficiently dispatch incoming tasks at run time to different computing units	[18]–[30]	Scheduler and dispatcher for highly heterogeneous computing systems; abstraction to hide low-level details; cloud awareness
Middleware	Software layer to enable complex interactions between autonomous driving services	[31]–[36]	Low overhead and memory footprint; edge–cloud interaction; security and reliability
Benchmark	Tools to evaluate edge computing systems	[1]–[10]	More dynamic workloads and data to cover more usage scenarios; standardized, scoring methods to rank edge computing systems

11.6 사례 연구

저렴한 임베디드 시스템에서 위치인식, 인식 및 음성인식 워크로드를 포함한 다중 자율주행 서비스를 동시에 가능하도록, Tang 등은 자율 로봇과 차량을 위한 완벽한 에지 컴퓨팅 프레임워크인 π-Edge를 설계하고 구현했다 [37]. 이러한 시스템을 설계할 때의 과제로는 최소한의 오버헤드로 서로 다른 자율주행 서비스와 그 통신을 관리하고, 에지 기기의 이기종 컴퓨팅 자원을 충분히 활용하고, 에너지 효율을 위해 일부 작업을 클라우드로 오프로드하는 것 등이 있다. 이를 달성하기 위해 첫째, 저자들은 저전력 엣지 컴퓨팅 시스템의 이기종 컴퓨팅 자원을 충분히 활용할 수 있는 수행계층을 개발했고, 둘째, 저자들은 다중 자율주행 서비스와 그 통신을 관리할 수 있는 초경량 미들웨어를 개발했으며, 셋째, 저자들은 클라이언트 시스템 에너지 소비를 최적화하기 위해 작업을 클라우드로 동적으로 오프로드하는 에지 클라우드 코디네이터를 개발했다.

OpenVDAP는 차량 컴퓨팅 장치, 격리 지원 및 보안 및 개인 정보 보호 차량 운영 시스템, 에지 인식 애플리케이션 라이브러리, 작업 오프 로딩 및 스케줄링 전략 포함하는 전체 스택 엣지 기반인 또 다른 실제 환경 엣지 컴퓨팅 시스템이다 [38]. OpenVDAP를 사용하면 CAV가 각 작업의 상태, 계산 비용 및 최적의 스케줄링 방법을 동적으로 검사 할 수 있으므로 각 서비스가 낮은 오버헤드로 거의 실시간으로 완료할 수 있다. OpenVDAP는 CAV가 서비스 상태를 동적으로 감지하고 최적의 오프로드 대상을 식별하여 각 서비스가 적시에 완료될 수 있도록 하는 일련의 체계적 메커니즘을 통해 2계층 아키텍처로 특징지어진다. 또한 OpenVDAP는 엣지-컴퓨팅 기반 차량 애플리케이션과 일반적으로 사용되는 다양한 인공지능 모델에 액세스하고 구현하는 방법을 포함하는 개방적이고 자유로운 엣지-인식 라이브러리를 제공하여 연구자와 개발자가 실제 환경에서 애플리케이션을 배포, 테스트 및 검증할 수 있도록 한다.

참고문헌

[1] Geiger, A., Lenz, P., and Urtasun, R. (2012). Are we ready for autonomous driving? The KITTI vision benchmark suite. In: 2012 IEEE Conference on Computer Vision and Pattern Recognition (CVPR), 3354-3361. IEEE.

[2] Sturm, J., Engelhard, N., Endres, F. et al. (2012). A benchmark for the evaluation of RGB-D SLAM systems. In: 2012 IEEE/RSJ International Conference on Intelligent Robots and Systems (IROS), 573-580. IEEE.

[3] Xiang, Y., Mottaghi, R., and Savarese, S. (2014). Beyond PASCAL: a benchmark for 3D object detection in the wild. In: 2014 IEEE Winter Conference on Applications of Computer Vision (WACV), 75-82. IEEE.

[4] Leal-Taixé, L., Milan, A, Reid, I. et al. (2015). MOTChallenge 2015: Towards a benchmark for multi-target tracking. arXiv preprint arXiv:1504.01942.

[5] Venkata, S.K., Ahn, I., Jeon, D. et al. (2009). SD-VBS: the San Diego vision benchmark suite. In: 2009 IEEE International Symposium on Workload Characterization (IISWC), 55-64. IEEE.

[6] Clemons, J., Zhu, H., Savarese, S., and Austin, T. (2011). MEVBench: a mobile computer vision benchmarking suite. In: 2011 IEEE International Symposium on Workload Characterization (IISWC), 91-102. IEEE.

[7] Nardi, L., Bodin, B., Zeeshan Zia, M. et al. (2015). Introducing SLAMBench, a performance and accuracy benchmarking methodology for SLAM. In: 2015 IEEE International Conference on Robotics and Automation (ICRA), 5783-5790. IEEE.

[8] Newcombe, R.A., Izadi, S., Hilliges, O. et al. (2011). KinectFusion: real-time dense surface mapping and tracking. In: 2011 10th IEEE International Symposium on Mixed and Augmented Reality (ISMAR), 127-136. IEEE.

[9] Boroujerdian, B., Genc, H., Krishnan, S. et al. (2018). MAVBench: micro aerial vehicle benchmarking. In: 2018 51st Annual IEEE/ACM International Symposium on Microarchitecture (MICRO), 894-907. IEEE.

[10] Wang, Y., Liu, S., Xiaopei, W., and Shi, W. (2018). CAVBench: a benchmark suite for connected and autonomous vehicles. In: 2018 IEEE/ACM Symposium on Edge Computing (SEC), 30-42. IEEE.

[11] Liu, S., Tang, J., Zhang, Z., and Gaudiot, J.-L. (2017). Computer architectures for autonomous driving. Computer 50 (8): 18-25.

[12] Lin, S.-C., Zhang, Y., Hsu, C.-H. et al. (2018). The architectural implications of autonomous driving: constraints and acceleration. In: Proceedings of the Twenty-Third International Conference on Architectural Support for Programming Languages and Operating Systems, 751-766. ACM.

[13] Tang, J., Yu, B., Liu, S. et al. (2018). π-SoC: heterogeneous SoC architecture for visual inertial SLAM applications. In: 2018 IEEE/RSJ International Conference on Intelligent Robots and Systems (IROS), 1-6. IEEE.

[14] Zhang, Z., Suleiman, A.A.Z., Carlone, L. et al. (2017). Visual-inertial odometry on chip: An algorithm-and-hardware co-design approach. Robotics: Science and Systems, Cambridge, MA.

[15] Fang, W., Zhang, Y., Bo, Y., and Liu, S. (2018). DragonFly+: FPGA-based quad-camera visual SLAM system for autonomous vehicles. In: 2018 IEEE HotChips, 1. IEEE.

[16] Liu, S., Zidong, D., Tao, J. et al. (2016). Cambricon: an instruction set architecture for neural networks. In: ACM SIGARCH Computer Architecture News, vol. 44, 393-405. IEEE Press.

[17] Chen, Y.-H., Emer, J., and Sze, V. (2016). Eyeriss: a spatial architecture for energy-efficient dataflow for convolutional neural networks. In: ACM SIGARCH Computer Architecture News, vol. 44, 367-379. IEEE Press.

[18] Hegde, G., Ramasamy, N., Kapre, N. et al. (2016). CaffePresso: an optimized library for deep learning on embedded accelerator-based platforms. In: Proceedings of the International Conference on Compilers, Architectures and Synthesis for Embedded Systems (CASES), 14. ACM.

[19] Malik, M., Farahmand, F., Otto, P. et al. (2016). Architecture exploration for energy-efficient embedded vision applications: from general purpose processor to domain specific accelerator. In: 2016 IEEE Computer Society Annual Symposium on VLSI (ISVLSI), 559-564. IEEE.

[20] Cavigelli, L., Magno, M., and Benini, L. (2015). Accelerating real-time embedded scene labeling with convolutional networks. In: 2015 52nd ACM/EDAC/IEEE Design Automation Conference, 108. ACM.

[21] Qiu, J., Wang, J., Yao, S. et al. (2016). Going deeper with embedded FPGA platform for convolutional neural network. In: ACM International Symposium on FPGA, 26-35. ACM.

[22] Honegger, D., Oleynikova, H., and Pollefeys, M. (2014). Real-time and low latency embedded computer vision hardware based on a combination of FPGA and mobile CPU. In: 2014 IEEE/RSJ International Conference on Intelligent Robots and Systems, 4930-4935. IEEE.

[23] Satria, M.T., Gurumani, S.T., Zheng, W. et al. (2016). Real-time system-level implementation of a telepresence robot using an embedded GPU platform. In: 2016 Design, Automation & Test in Europe Conference & Exhibition (DATE), 1445-1448. IEEE.

[24] Vasilyev, A., Bhagdikar, N., Pedram, A. et al. (2016). Evaluating programmable architectures for imaging and vision applications. In: 2016 49th Annual IEEE/ACM International Sysmposium on Microarchitecture (MICRO), 38-49. ACM.

[25] Nardi, L., Bodin, B., Zia, M.Z. et al. (2015). Introducing SLAMBench, a performance and accuracy benchmarking methodology for SLAM. In: IEEE International Conference on Robotics and Automation (ICRA), 5783–5790. IEEE.

[26] Koufaty, D., Reddy, D., and Hahn, S. (2010). Bias scheduling in heterogeneous multi-core architectures. In: Proceedings of the 5th European Conference on Computer Systems, 125–138. ACM.

[27] Saez, J.C., Prieto, M., Fedorova, A., and Blagodurov, S. (2010). A comprehensive scheduler for asymmetric multicore systems. In: Proceedings of the 5th European Conference on Computer Systems, 139–152. ACM.

[28] Jiménez, V.J., Vilanova, L., Gelado, I. et al. (2009). Predictive runtime code scheduling for heterogeneous architectures. In: High Performance Embedded Architectures and Compilers. HiPEAC 2009, 19–33. Springer.

[29] Luk, C.-K., Hong, S., and Kim, H. (2009). Qilin: exploiting parallelism on heterogeneous multiprocessors with adaptive mapping. In: Proceedings of the 42nd Annual IEEE/ACM International Symposium on Microarchitecture, 45–55. ACM.

[30] Liu, L., Liu, S, Zhang, Z. et al. (2018). PIRT: A runtime framework to enable energy-efficient real-time robotic applications on heterogeneous architectures. arXiv preprint arXiv:1802.08359.

[31] Utz, H., Sablatnog, S., Enderle, S., and Kraetzschmar, G. (2002). Miro-middleware for mobile robot applications. IEEE Transactions on Robotics and Automation 18 (4): 493–497.

[32] Brooks, A., Kaupp, T., Makarenko, A. et al. (2005). Towards component-based robotics. In: 2005 IEEE/RSJ International Conference on Intelligent Robots and Systems (IROS), 163–168. IEEE.

[33] Baillie, J.-C. (2005). URBI: towards a universal robotic low-level programming language. In: 2005 IEEE/RSJ International Conference on Intelligent Robots and Systems (IROS), 820–825. IEEE.

[34] Ando, N., Suehiro, T., Kitagaki, K. et al. (2005). RT-middleware: distributed component middleware for RT (robot technology). In: 2005 IEEE/RSJ International Conference on Intelligent Robots and Systems (IROS), 3933-3938. IEEE.

[35] Calisi, D., Censi, A., Iocchi, L., and Nardi, D. (2008). Open-RDK: a modular framework for robotic software development. In: 2008 IEEE/RSJ International Conference on Intelligent Robots and Systems (IROS), 1872–1877. IEEE.

[36] Quigley, M., Conley, K., Gerkey, B. et al. (2009). ROS: an open-source robot operating system. In: ICRA Workshop on Open Source Software, vol. 3, 5. IEEE.

[37] Tang, J., Liu, S., Yu, B., and Shi, W. (2018). Pi-edge: A low-power edge computing system for real-time autonomous driving services. arXiv preprint arXiv:1901.04978.

[38] Zhang, Q., Wang, Y., Zhang, X. et al. (2018). OpenVDAP: an open vehicular data analytics platform for CAVs. In: 2018 IEEE 38th International Conference on Distributed Computing Systems (ICDCS), 1310–1320. IEEE.

12

Vehicle-to-Everything 인프라 혁신

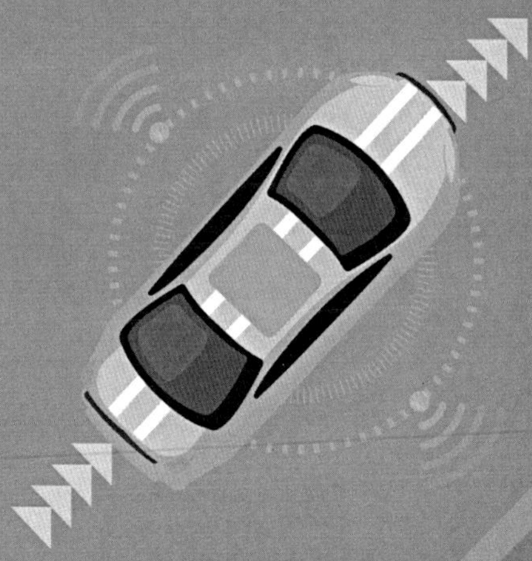

자율주행 차량과 로봇

12 Vehicle-to-Everything 인프라 혁신

12.1 개요

자율주행 첨단 컴퓨팅 시스템에 대한 스트레스를 완화하기 위한 효과적인 방법 중에서 하나는 차량 대 모든 사물 V2X(Vehicle to everything) 기술이다. V2X 통신은 통신인프라에 더 초점을 맞추고, 첨단 컴퓨팅은 컴퓨팅 측면에 더 초점을 맞추어 컴퓨팅 워크로드를 V2X 인프라에 분산시키는 방법에 초점을 맞추고 있다.

V2X는 차량 대 차량(V2V), 차량 대 네트워크(V2N), 차량 대 보행자(V2P) 차량 대 인프라(V2I), 차량 대 장치(V2D), 차량 대 그리드(V2G) 등 다양한 유형의 통신으로 구성된 차량 통신 시스템으로 정의된다. 현재 대부분의 연구는 V2V와 V2I에 초점을 맞추고 있다. 기존 자율주행 시스템은 차량 내부에 고가의 센서와 첨단 컴퓨팅 장비가 필요하지만, V2X는 도로 인프라 투자와 같은 다른 접근 방식을 취함으로써 차량의 컴퓨팅 및 감지 비용을 경감시킨다.

한편 점점 더 많은 자율주행 애플리케이션들이 차량의 첨단 컴퓨팅 시스템을 보다 효율적으로 만들기 위해 V2X 통신을 활용하기 시작했다. 가장 대표적인 예가 협동 자율주행이다. 자율주행 첨단 컴퓨팅 시스템과 V2X 기술의 협력으로 안전하고 효율적인 자율주행 시스템 구축이 가능하다[1]. 그러나 V2X 협력체계 적용과 자율주행은 여전히 연구부분에서도 문제가 해결되지 않고 있다.

이 장에서는 V2X 기술발전에 대해 논의하고, 자율주행을 위한 V2X의 몇 가지 사용사례, 즉 호송주행, 협동차선변경, 협동교차로관리, 협동감지 등을 제시한다.

12.2 V2X 기술의 발전

표 12.1에서 요약한 바와 같이, V2X 기술의 개발에 있어서, 많은 연구자들이 V2X 통신 프로토콜의 특정 난제에 대한 해결책을 제시했다. 차량간 위험 경고(IVHW) 시스템은 통신을 기반으로 차량 안전성을 향상시키는 아이디어를 취하기 위해 가장 먼저 연구된 시스템 중 하나이다. 이 프로젝트는 독일 문부과학성과 프랑스 정부의 자금 지원을 받았다. IVHW는 869MHz의 주파수 대역에서 경고 메시지가 방송 메시지로 전송되는 통신 시스템이다[2].

IVHW는 현지 의사결정 전략을 취한다. 차량이 메시지를 수신한 후 관련 점검을 수행하여 경고 메시지가 관련되는지, 그리고 운전자에게 보여야 하는지 여부를 결정한다. 연구 노력의 대부분은 관련 체크 알고리즘의 설계에 있었다. 그러나 IVHW가 메시지를 공유하기 위한 방송 메카니즘을 취함에 따라 대역폭과 컴퓨팅 자원 모두에서 엄청난 낭비가 발생할 수 있다.

IVHW의 브로드캐스트 메시지와 비교하여 ad-hoc 네트워킹은 멀티홉 차량 간 통신을 지원하는 더 나은 솔루션이 될 수 있다[3]. FleetNet은 차량 통신의 개념을 이용한 또 다른 연구 프로젝트로서[4], ad-hoc 네트워킹을 기반으로 한다. 또한 FleetNet 프로젝트는 일부 인터넷 프로토콜 기반 애플리케이션을 위한 통신 플랫폼을 제공한다. FleetNet은 IEEE 802.11 무선 LAN(WLAN) 시스템을 기반으로 구현된다[5]. V2V 통신의 경우, 두 대의 차량이 무선으로 직접 연결되지 않은 경우, 이들을 위해 메시지를 전달하기 위해 일부 다른 차량이 필요할 것이다. 라우팅과 포워딩 프로토콜을 설계하는 것은 중요한 과제가 될 수 있다. 적응성과 확장성에 대한 요구사항을 충족하기 위해, FleetNet은 위치 기반 전달 메커니즘을 제안했다. 이 아이디어는 차량의 지리적 위치를 기준으로 메시지를 전달할 다음 홉을 선택하는 것이다.

CarTALK 2000은 협력적 운전자 지원 애플리케이션을 지원하기 위해 ad-hoc 통신망을 적용하는 데 초점을 맞춘 프로젝트이다[6]. 차량 네트워크 토폴로지는 동적이며 차량 수가 자주 변화하고 있으므로 V2V 통신에서 ad-hoc 기반 라우팅에 큰 어려움이 있을 수 있다[7]. 이 문제를 해결하기 위해 CarTALK 2000에서는 기본 도로 토폴로지와 같은 일부 공간 정보를 고려한 공간 인식 라우팅 알고리즘이 제안되었다.

표 12.1 자율주행을 위한 V2X 솔루션 요약

Research	Application scenario	Proposed solutions	Communication protocol
IVHW	Safe driving	Warning messages are transmitted as broadcast messages, and vehicle takes a local decision-making strategy	Frequency band of 869 MHz
FleetNet	Safe driving, Internet Protocol-based applications	Uses ad-hoc networking to support multi-hop inter-vehicle communications, proposes a position-based forwarding mechanism	IEEE 802.11 wireless LAN
CarTALK 2000	Cooperative driver assistance applications	Uses ad-hoc communication network to support cooperative driver assistance applications, a spatial aware routing algorithm which takes some spatial information, such as underlying road topology, into consideration	IEEE 802.11 wireless LAN
AKTIV	Safe driving	Use of wireless LAN technology as the latency required for safety-related applications is less than 500 ms	Cellular systems
WILLWARN	Warning applications	Propose a risk detection approach based on in-vehicle data. The warning message includes obstacles, road conditions, low visibility, and construction sites. A decentralized distribution algorithm to transmit the warning message to vehicles approaching the danger spot through V2V communication	IEEE 802.11 wireless LAN
NoW	Mobility and internet applications	A hybrid forwarding scheme considering both network layer and application layer is developed. Also, some security and scalability issues are discussed	IEEE 802.11 wireless LAN
SAFESPOT	Safe driving	An integrated project which aims at using roadside infrastructure to improve driving safety. Detects dangerous situations and shares the warning messages in real time	IEEE 802.11 wireless LAN
simTD	Traffic manipulation, safe driving, and Internet-based applications	Real environment deployment of the whole ITS. The system architecture of simTD can be divided into three parts: ITS vehicle station, ITS roadside station, and ITS central station.	IEEE 802.11p (Dedicated Short Range Communications)

ITS, Intelligent Transportation System.

FleetNet과 비교했을 때, CarTALK 2000은 라우팅 알고리즘에 대한 추가 입력으로 공간 정보를 사용하기 때문에 더 나은 성능을 달성한다. CarTALK 2000과 FleetNet의 또 다른 유사점은 둘 다 WLAN 기술을 기반으로 한다는 것이다. AKTIV는 일부 운전 안전 애플리케이션에 셀룰러 시스템을 적용하는 또 다른 프로젝트다[8]. FleetNet 및 CarTALK 2000 프로젝트가 WLAN 기술을 기반으로 시스템을 구축한 이유 중 하나는 안전 관련 애플리케이션에 필요한 대기 시간이 500ms 미만이기 때문이다. 그러나 LTE (Long-Term Evolution) 통신 시스템이 크게 발전할 수 있다는 가정 하에 셀룰러 시스템이 희소 차량 네트워킹에 더 나은 선택이 될 수 있다.

한편, 일부 연구 프로젝트는 V2V 통신을 기반으로 한 경고 어플리케이션에 초점을 맞추고 있다. WILLWARN(Wireless Local Risk Warn)은 차량 내 데이터에 기반한 위험 감지 접근 방식을 제안했다. 경고 메시지에는 장애물, 도로 상태, 낮은 가시성 및 건설 현장이 포함된다[9]. WillWARN은 V2X 기술 자체에 초점을 맞춘 다른 프로젝트와 달리 위험 지점과 같은 특정 시나리오에서 V2X 기술을 활성화하는 데 초점을 맞추고 있다. 특정 위치에서 잠재적인 위험이 감지되었지만 경고 메시지를 공유하기 위해 V2X 통신 기술을 지원하는 통신 범위에 차량이 없다고 가정한다[10]. 경고 메시지를 공유하기 위해 WILLWARN은 V2V 통신을 통해 위험 지점에 접근하는 차량에 경고 메시지를 전송하는 분산 배포 알고리즘을 제안했다.

프로젝트 네트워크 온 휠 NoW(Network on Wheels)는 802.11 WLAN 및 ad-hoc 네트워킹에 기반한 차량 통신을 구축하기 위해 FleetNet의 아이디어를 채택한다[11]. NoW의 목표는 이동성과 인터넷 애플리케이션을 모두 지원하는 통신 플랫폼을 설정하는 것이다. 예를 들어 네트워크 계층과 응용 계층을 모두 고려한 하이브리드 포워딩 방식이 개발된다. 또한, 일부 보안 및 확장성 문제는 NoW에서 논의된다.

인프라도 V2X 기술에서 매우 중요한 역할을 하므로 일부 연구는 인프라와의 협력을 기반으로 하는 안전 애플리케이션 구축에 중점을 둔다. SAFESPOT은 도로변 인프라를 사용하여 운전 안전을 개선하는 것을 목표로 하는 통합 프로젝트다[12]. 차량용 센서와 인프라 센서의 정보를 결합하여 SAFESPOT은 위험한 상황을 감지하고 실시간으로 경고 메시지를 공유한다. 또한, 경고 예측을 밀리 초 수준에서 초 수준으로 개선하여 운전자가 준비하고 조치를 취하는데 더 많은 시간을 제공할 수 있다. SAFESPOT에서는 위험 및 사고 경고, 속도 경보, 도로 이탈 방지, 협력 교차로 충돌 방지, 지원 및 긴급 차량에 대한 안전 여유를 포함하여 다섯 가지 응용 프로그램에 대해 논의한다[13].

2007년에 자동차간 통신 컨소시옴 C2C-CC(Car-2-Car Communication Consortium)라는 비영리 조직이 V2X 기술의 표준을 만들기 위해 서로 다른 프로젝트의 모든 솔루션을 결합하기 위해 설립되었다. 2010 년부터 V2X 기술에 대한 작업의 초점은 연구 주제에서 전체 ITS의 실제 환경 배포로 옮겨졌다. 가장 인기있는 배포된 프로젝트 중 하나는 실제 대도시 분야에서 V2X 애플리케이션을 테스트하는 것을 목표로 하는 simTD이다[1]. simTD에서 모든 차량은 IEEE 802.11p를 기반으로 하는 전용 단거리 통신(DSRC) 기술을 통해 서로 연결할 수 있다. 한편 차량은 IEEE 802.11p를 사용하여 도로변 인프라와 통신 할 수도 있다. simTD의 시스템 아키텍처는 ITS 차량 스테이션, ITS 휴게소 및 ITS 중앙 스테이션의 세 부분으로 나눌 수 있다. simTD에서 테스트하기 위한 애플리케이션에는 교통 상황 모니터링, 교통흐름 정보 및 내비게이션, 교통 관리, 운전 지원, 지역 위험 경고 및 인터넷 기반 애플리케이션이 포함된다.

Cellular Vehicle-to-everything(C-V2X)은 낮은 지연 시간의 V2V 및 V2I 통신을 제공하는 통합 연결 플랫폼으로 설계되었다[14]. 두 가지 통신 모드로 구성됩니다. 첫 번째 모드는 차량, 인프라 및 보행자 간의 직접 통신 링크를 사용한다. 두 번째 모드는 차량이 인터넷에서 정보를 수신할 수 있도록 셀룰러 네트워크를 활용하는 네트워크 통신에 의존한다. C-V2X는 차량의 통신 범위를 더욱 확장하고 차량 정보 전송을 위한 대용량 데이터를 지원한다.

12.3 협동 자율 운전

상호협력 자율주행은 협동감지와 상호협력 결정의 두 가지 범주로 나눌 수 있다[15]. 상호협력 센싱는 V2V와 V2I 간의 감지 정보 공유에 중점을 둔다. 이러한 데이터 공유는 자율주행 차량의 감지 범위를 늘려 시스템을 더욱 견고하게 만든다. 협력적 결정을 통해 자율주행 차량 그룹이 협력하고 결정을 내릴 수 있다.

일부 연구는 협동 자율주행을 위한 애플리케이션 탐색에 초점을 맞추고 있다. 문헌 [15]에서는 호송운전, 협력 차선변경, 협력 교차로 관리, 협력감지 등 네 가지 사용 사례가 시연되었다. AutoNet2030[16]의 설계에 따르면, 호송은 다중 차선의 차량으로 그룹으로 구성되고 전체 그룹의 제어가 분산된다. 호송의 안전과 효율적인 제어를 위해서는 각 차량의 동적 데이터에 대한 고주파 교환이 필요하다. 그림 12.1에서 볼 수 있듯이 도로변 에지 서버와 클라우드 서버는 교차로를 안전하게 통과하기 위해 차량과 호송을 조정하고 관리하는 데 사용된다. 문헌 [17]의 하나의 호송 제어 알고리즘은 호송 내의 모든 차량이 아닌 주변 차량의 동적 정보만 교환한다. 이 디자인은 알고리즘을 수렴하기 쉽게 만든다.

협력 차선변경은 차선을 변경할 때 차량이나 호송대가 협력하도록 설계되었다. 적절한 협력 차선변경은 교통사고를 피할 수 있을 뿐만 아니라 교통 혼잡을 감소시킨다[18]. MOBIL은 차선 변경으로 인한 전반적인 제동을 최소화하는 것을 목적으로 하는 일반적인 모델이다[19]. 협동 교차로 관리는 안전한 운전과 교통 통제에도 도움이 된다. World's Smartest Intersection in Detroit[20]는 안전에 초점을 맞추고 교통 관련 사망 및 부상을 줄일 수 있는 지역을 정확히 찾아내는 데이터를 생성한다. 효과적인 상호협력 교차점 관리는 차량 대 차량 및 차량 대 인프라 간의 조정 메카니즘을 기반으로 한다.

협력감지는 V2X 통신을 통해 자율주행차량 감지범위를 늘린다. 한편, 협동감지는 자율주행 구축비용을 줄이는 데도 도움이 된다. 차량이 도로변 인프라에 배치된 센서에 더 많이 의존할 수 있으므로 차량용 센서 비용을 줄일 수 있다. 미래에는 센서 정보가 도로변 인프라에서 제공하는 차량에 대한 서비스가 될 수 있다.

V2X 네트워킹 인프라는 또한 협동 자율주행에 있어 매우 중요한 측면이다. 이기종 비어컬 네트워크 Heterogeneous Vehicular NETwork(HetVNET)[21]는 ITS의 통신 요구 사항을 충족하기 위한 네트워킹 인프라에 대한 초기 작업이다. HetVNET은 단일 무선 액세스 네트워크에 의존하는 것이 동적 환경에서 만족스러운 서비스를 제공할 수 없기 때문에 LTE와 DSRC를 통합한다[22]. 문헌 [23]에서는 HetVNET에서 자율주행의 여러 응용 시나리오를 지원하기 위해 개선된 프로토콜 스택이 제안되었다. 프로토콜에서 저자들은 자율주행을 지원하기 위해 HetVNET의 제어 메시지를 재 정의했다.

그림 12.1 교차로에서의 V2X 통신

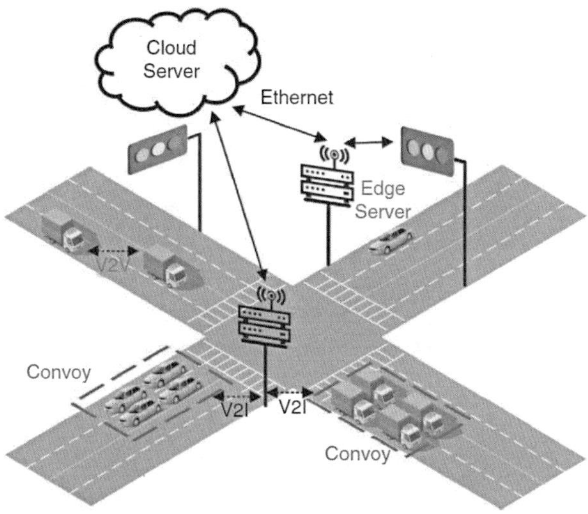

마찬가지로 차량용 지연허용 네트워크 VDTN(Vehicular Delay-Tolerant Network) [24]은 긴 지연과 산발적인 연결이 있는 시나리오를 위해 설계된 혁신적인 통신 아키텍처다. 아이디어는 메시지가 단거리 WiFi 연결로 전달되고 비동기적으로 대상에 도달할 수 있도록 하는 것이다. 이 속성을 통해 VDTN은 현재 VANET에 종단 간 경로가 없는 경우에도 서비스 및 응용 프로그램을 지원할 수 있다. 문헌 [25]에서 저자들은 VDTN에 대한 몇 가지 협력 전략을 논의했다. VDTN에서 협력의 과제는 제한된 대역폭, 에너지 자원 및 스토리지를 서로 공유하도록 차량 노드를 조정하는 방법이다. 또한, 협동 행동에 대해 차량에 보상하거나 처벌하는 인센티브 메카니즘이 제안된다.

원활한 V2X 통신을 지원하기 위해 핸드오버는 V2X 네트워킹 인프라에서도 매우 중요한 주제다. 네트워킹 토폴로지의 동적 변경과 상대적으로 통신 범위가 작으므로 셀룰러 네트워크의 핸드오버 메카니즘은 더는 VANET에 적합하지 않다. 선제적 자원 할당 기술을 기반으로 문헌 [26]에서 저자들은 VANET을 위한 새로운 핸드오버 모델을 제안합니다. 사전 핸드오버의 도움으로 차량 이동과 함께 노변 기지국 RSU(Roadside Unit)를 통해 협력 서비스를 마이그레이션 할 수 있다. 따라서 안정적이고 효율적인 협력 시스템을 개발하려면 사전 핸드오버 및 자원 할당의 적절한 설계가 필수적이다.

자동차 산업에서 첨단 컴퓨팅의 발전도 매우 고무적이다. AECC (Automotive Edge Computing Consortium)는 미래 자동차에서 에지 컴퓨팅 기술을 홍보하기 위해 자동차 회사가 구성한 그룹이다 (https://aecc.org). AECC에 따르면 서비스 시나리오에는 지능형 운전, 고화질지도, V2Cloud 크루즈 지원, 금융 및 보험과 같은 일부 확장 서비스가 포함된다. 또한, 논문에서는 데이터 소스, 차량에서 생성되는 데이터 양, 목표 데이터 트래픽 속도, 응답 시간 및 필요한 가용성 측면에서 서비스 요구사항에 대해 설명한다.

12.4 도전 과제

자율주행 시스템의 견고성과 안전성을 보장하기 위해 자율주행 차에는 일반적으로 수많은 센서와 컴퓨팅 시스템이 장착되어있어, 비용이 매우 높고 자율주행 차량의 유비쿼터스 배치를 저해한다. 따라서 V2X는 V2X가 차량 간의 정보 공유와 RSU로의 계산 오프로드를 가능하게 하므로 자율주행 차량의 비용을 줄이는데 있어 실행 가능한 솔루션이다.

협동 자율주행을 달성하는 데는 몇 가지 과제가 있다. 협력적 결정 및 협력적 감지의 적용 시나리오에 대한 과제와 비전은 다음과 같습니다.

- **협력적 결정**: 협력적 결정의 과제는 V2X 통신의 단거리 적용 범위에서 동적으로 변화하는 토폴로지를 처리하는 것이다. VDTN의 설계는 이러한 문제를 해결하는 좋은 방법이다. 효과적인 사전 핸드 오버 및 리소스 할당이 잠재적인 솔루션이 될 수 있다. 또한, 다가오는 5G 무선 통신은 이러한 문제를 처리할 수 있는 방법을 제공한다[27].
- **협력 감지**: 협력 감지의 주요 과제는 인프라 센서의 정보를 자율주행 차량에 실시간으로 공유하는 것이다. 또 다른 과제는 인프라 센서와 차량용 센서의 비용을 동적으로 절충하는 것이다. 첫 번째 과제는 첨단 컴퓨팅 기술을 사용하여 문제를 해결할 수 있다. 첨단 컴퓨팅을 통해 에지노드(차량)와 에지서버(인프라)가 계산 및 압축을 수행하여 실시간 성능을 제공할 수 있기 때문이다. 또한, 인프라 센서와 차량용 센서에 대한 비용의 상충 관계는 자동차 시장에 의해 결정된다.

참고문헌

[1] Stubing, H., Bechler, M., Heussner, D. et al. (2010). simTD: a car-to-X system architecture for field operational tests [topics in automotive networking]. IEEE Communications Magazine 48 (5): 148-154.

[2] Chevreuil, M. (2002). IVHW: an inter-vehicle hazard warning system concept within the DEUFRAKO program. e-Safety Congress and Exhibition, Lyon, France (16-18 September 2002). The Transportation Research Board.

[3] Franz, W., Hartenstein, H., and Mauve, M. (2005). Inter-Vehicle-Communications Based on Ad Hoc Networking Principles: The FleetNet Project. Universitätsverlag Karlsruhe.

[4] Hartenstein, H., Bochow, B., Ebner, A. et al. (2001). Position-aware ad hoc wireless networks for inter-vehicle communications: the Fleetnet project. In: Proceedings of the 2nd ACM International Symposium on Mobile Ad Hoc Networking & Computing, 259-262. ACM.

[5] Festag, A., Fußler, H., Hartenstein, H. et al. (2004). Fleetnet: bringing car-to-car communication into the real world. Computer 4 (L15): 16.

[6] Reichardt, D., Miglietta, M., Moretti, L. et al. (2002). CarTALK 2000: safe and comfortable driving based upon inter-vehicle-communication. In: 2002 IEEE Intelligent Vehicle Symposium, vol. 2, 545-550. IEEE.

[7] Morsink, P.L.J., Hallouzi, R., Dagli, I. et al. (2003). CarTALK 2000: development of a co-operative ADAS based on vehicle-to-vehicle communication. In: 10th World Congress and Exhibition on Intelligent Transport Systems and Services. IEEE.

[8] Yi, C., Gehlen, G., Jodlauk, G. et al. (2008). A flexible application layer protocol for automotive communications in cellular networks. In: 15th World

Congress on Intelligent Transportation Systems (ITS 2008). ITS World Congress.

[9] Schulze, M., Nocker, G., and Bohm, K. (2005). PReVENT: a European program to improve active safety. In: Proceedings of 5th International Conference on Intelligent Transportation Systems Telecommunications. ITST.

[10] Hiller, A., Hinsberger, A., Strassberger, M., and Verburg, D. (2007). Results from the WILLWARN project. 6th European Congress and Exhibition on Intelligent Transportation Systems and Services, Aalborg, Denmark (June 2007).

[11] Festag, A., Noecker, G., Strassberger, M. et al. (2008). 'NoW–network on wheels': Project objectives, technology and achievements.

[12] Toulminet, G., Boussuge, J., and Laurgeau, C. (2008). Comparative synthesis of the 3 main European projects dealing with Cooperative Systems (CVIS, SAFESPOT and COOPERS) and description of COOPERS Demonstration Site 4. In: 2008 11th International IEEE Conference on Intelligent Transportation Systems (ITSC 2008), 809–814. IEEE.

[13] Bonnefoi, F., Bellotti, F., Scendzielorz, T., and Visintainer, F. (2007). SAFESPOT applications for infrasructurebased co-operative road safety. In: 14th World Congress and Exhibition on Intelligent Transport Systems and Services, 1–8. ITS World Congress.

[14] Papathanassiou, A. and Khoryaev, A. (2017). Cellular V2X as the essential enabler of superior global connected transportation services. IEEE 5G Tech Focus 1 (2): 1–2.

[15] Hobert, L., Festag, A., Llatser, I. et al. (2015). Enhancements of V2X communication in support of cooperative autonomous driving. IEEE Communications Magazine 53 (12): 64–70.

[16] De La Fortelle, A., Qian, X., Diemer, S. et al. (2014). Network of automated vehicles: the autonet 2030 vision. ITS World Congress, Detroit, USA.

[17] Marjovi, A., Vasic, M., Lemaitre, J., and Martinoli, A. (2015). Distributed graph-based convoy control for networked intelligent vehicles. In: 2015 IEEE Intelligent Vehicles Symposium (IV), 138–143. IEEE.

[18] Khan, U., Basaras, P., Schmidt-Thieme, L. et al. (2014). Analyzing cooperative lane change models for connected vehicles. In: 2014 International Conference on Connected Vehicles and Expo (ICCVE), 565–570. IEEE.

[19] Kesting, A., Treiber, M., and Helbing, D. (2007). General lane-changing model MOBIL for car-following models. Transportation Research Record 1999 (1): 86–94.

[20] Miovision (2018). Miovision unveils the World's Smartest Intersection in Detroit. https://miovision.com/press/miovision-unveils-the-worlds-smartest-intersection-in-detroit (accessed 1 June 2019).

[21] Zheng, K., Zheng, Q., Chatzimisios, P. et al. (2015). Heterogeneous vehicular networking: a survey on architecture, challenges, and solutions. IEEE Communications Surveys and Tutorials 17 (4): 2377–2396.

[22] Kenney, J.B. (2011). Dedicated short-range communications (DSRC) standards in the United States. Proceedings of the IEEE 99 (7): 1162–1182.

[23] Zheng, K., Zheng, Q., Yang, H. et al. (2015). Reliable and efficient autonomous driving: the need for heterogeneous vehicular networks. IEEE Communications Magazine 53 (12): 72–79.

[24] Isento, J.N.G., Rodrigues, J.J.P.C., Dias, J.A.F.F. et al. (2013). Vehicular delay-tolerant networks? A novel solution for vehicular communications. IEEE Intelligent Transportation Systems Magazine 5 (4): 10–19.

[25] Dias, J.A.F.F., Rodrigues, J.J.P.C., Kumar, N., and Saleem, K. (2015). Cooperation strategies for vehicular delay-tolerant networks. IEEE Communications Magazine 53 (12): 88-94.

[26] Ghosh, A., Paranthaman, V.V., Mapp, G. et al. (2015). Enabling seamless V2I communications: toward developing cooperative automotive applications in VANET systems. IEEE Communications Magazine 53 (12): 80-86.

[27] Andrews, J.G., Buzzi, S., Choi, W. et al. (2014). What will 5G be? IEEE Journal on Selected Areas in Communications 32 (6): 1065-1082.

13

차량용 첨단 보안

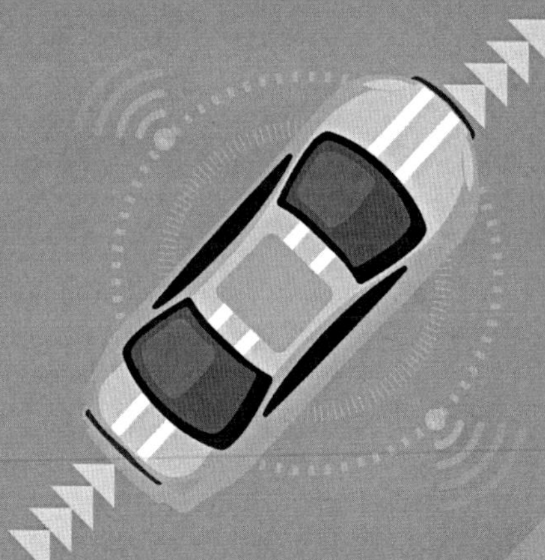

자율주행 차량과 로봇

13 차량용 첨단 보안

13.1 개요

이전 장에서는 자율주행 컴퓨팅을 성능 및 에너지 소비 측면에서보다 효율적으로 만들기 위해 온-보드 첨단 컴퓨팅 및 V2X(Vehicle-to-Everything) 인프라의 혁신을 검토했다. 앞서 언급했듯이 각 자율주행차량은 센서 데이터를 처리하고, 차량의 상태를 모니터링하고, 기계 구성요소를 제어하기 위해 첨단 및 클라우드에 수십 개의 컴퓨팅 장치를 갖추고 있거나 지원한다. 따라서 이들에 대한 보안 위협은 컴퓨팅 장치는 가장 중요한 관심사이다.

특히 자율주행차량을 표적으로 한 공격은 끔찍한 교통사고를 유발하여 개인 및 공공의 안전을 위협할 수 있다. 이 장에서는 센서 보안, 운영 체제 보안, 제어 시스템 보안 및 통신 보안을 포함하여 자율주행 차량 보안의 최근 발전 사항을 검토한다. 이러한 보안 문제는 자율주행 첨단 컴퓨팅 스택의 여러 계층을 다룬다.

13.2 센서 보안

자율주행차량에는 주변 환경을 인지할 수 있도록 다양한 센서(카메라, GNSS, LiDAR 등)가 장착되어 있다. 자율주행차량에 대한 가장 직접적인 보안 위협은 센서에 대한 공격이다. 이 공격 방법을 통해 공격자는 컴퓨팅 시스템을 해킹하지 않고 자율주행 행동을 방해하기 위해 잘못된 메시지를 생성하거나 센서 데이터를 완전히 차단할 수 있다. 센서의 작동 원리에 따라 공격자는 각각을 간섭, 블라인드 또는 스푸핑하는 여러 가지 특정 공격 방법을 가지고 있다[1].

카메라는 자율주행 시스템의 기본 이미지 센서다. 현대의 자율주행차량에는 일반적으로 렌즈가 같거나 다른 여러 대의 카메라가 장착되어 있다[2, 3]. 일반적으로 자율주행 인식 워크로드는 카메라 이미지를 입력으로 사용한다. 예를 들어, 물체감지 및 물체추적. 공격자는 가짜 신호등, 교통표지 및 교통 물체(자동차 또는 보행자)를 배치하여 자율주행차량을 스푸핑하여 잘못된 결정을 내릴 수 있다[4]. 카메라는 적외선의 간섭도 받을 수 있으므로 공격자는 고휘도 적외선 레이저를 사용하여 카메라를 차단하여 이러한 카메라가 인식 단계에 효과적인 이미지를 제공하지 못하게 할 수 있다[4, 5].

자율주행차량은 GNSS 및 INS 센서를 사용하여 차량의 실시간 위치를 업데이트한다. GNSS 센서에 대한 일반적인 공격은 재밍 및 스푸핑이다. 공격자는 대역 외 또는 대역 내 신호를 사용하여 GNSS 수신기의 기능을 의도적으로 방해할 수 있다[6]. 또한 자율 차량 근처에 GNSS 송신기를 배치하여 원래 신호를 복제하고 잘못된 위치를 제공하여 GNSS 수신기를 속일 수 있다[4, 6]. 또한, INS 센서는 자기장에 민감하므로 추가로 강력한 자기장이 INS 센서를 효과적으로 간섭하여 공격 대상 차량의 잘못된 방향을 생성할 수 있다.

LiDAR는 차량 주변의 포인트 클라우드를 제공하여 환경에 대한 3D 인식을 가능하게 한다. LiDAR는 펄스 레이저광으로 대상을 비추고 반사된 펄스를 측정하여 대상까지의 거리를 측정한다. 흡수성 또는 반사성이 있는 스마트 표면은 LiDAR 센서를 속여 도로 상의 실제 장애물을 놓칠 수 있다[1]. LiDAR에서 사용하는 광 레이저 펄스를 조작하여 LiDAR가 잘못된 위치 혹은 물체를 감지하도록 속일 수도 있다[4]. 주로 수동 인식과 자율주행 차량의 최후 방어선에 사용되는 초음파 센서 및 레이다의 경우, Yan 외 연구자들은 특정 신호 발생기와 송신기를 통해 Tesla Autopilot 시스템에서 이 두 종류의 센서를 성공적으로 스푸핑하고 방해했다[7].

13.3 운영시스템 보안

널리 사용되는 자율주행차량 운영 시스템 중 하나는 ROS(Robot Operating System)이다. 공격자는 ROS 노드 그리고/또는 ROS 메시지를 표적으로 삼을 수 있다. ROS 실행 환경에서는 메시지 전달 및 새 노드 생성을 위한 인증 절차가 없다. 공격자는 마스터 노드의 IP 주소와 포트를 사용하여 새로운 ROS 노드를 생성하거나 추가 인증 없이 기존 노드를 탈취할 수 있다[8]. 노드의 서비스가 메모리 풋 프린트 또는 CPU 사용률과 같은 시스템 리소스를 계속 사용하면 다른 일반 ROS 노드의 성능에 영향을 미치며 전체 자율주행 시스템이 충돌 할 수도 있다. 공격자는 제어 중인 ROS 노드를 사용하여 조작된 메시지를 보내 다른 노드의 실행 및 출력을 방해할 수도 있다.

ROS 메시지에 대한 공격의 경우 첫 번째 보안 위협은 메시지 캡처다. 공격자는 마스터 노드의 IP 주소와 포트를 통해 모든 ROS 메시지 주제를 모니터링하고 기록 할 수 있다. 기록된 데이터는 ROS 백 파일에 저장된다. 공격자는 ROS 백 파일을 재생하여 일부 내역의 ROS 메시지를 다시 보낼 수 있으며, 이는 현재 ROS 메시지 통신에 영향을 미칠 수 있다[8]. ROS의 메시지 전달 메카니즘은 소켓 통신을 기반으로 하므로 공격자는 네트워크 패킷을 스니핑(sniffing)하여 마스터 노드를 해킹하지 않고도 원격으로 ROS 메시지를 모니터링하고 가로챌 수 있다[9, 10]. ROS 메시지에 대한 공격은 ROS 노드를 시작하거나 하이재킹 할 필요가 없다. 보안 위협 수준은 ROS 노드 방식의 공격보다 낮지 않다.

13.4 제어 시스템 보안

현대 차량에서 많은 디지털 장치와 기계 구성요소는 전자 제어 장치(ECU)에 의해 제어된다. ECU는 차량 내 네트워크를 형성하는 디지털 버스를 통해 서로 연결된다. CAN은 차량의 기본 버스 프로토콜이다[11]. CAN은 일반적인 버스 토폴로지다. CAN 버스에는 마스터/슬레이브 노드 개념이 없으므로 CAN 버스에 연결된 모든 노드는 다른 노드로 메시지를 보낼 수 있다. 따라서 CAN 네트워크는 일반적으로 우선순위를 사용하여 버스에 대한 액세스를 제어한다. CAN 네트워크는 외부 네트워크와 격리되어 있지만, 공격자는 차량의 디지털 장치를 해킹하여 CAN 및 ECU를 간접적으로 공격할 수 있다. 이는 차량과 대중에게 매우 위험하다.

CAN 버스에는 많은 공격 대상이 있다. 첫 번째는 차량 상태 진단, ECU 펌웨어 업데이트 및 차량 제어에 사용되는 OBD-II 포트다. OBD-II 포트는 CAN 버스에 연결되어 있으므로 공격자는 OBD-II 장치 및 진단 소프트웨어를 사용하여 버스의 메시지를 스니핑하거나 차량을 제어할 수 있다[12, 13]. 공격자는 OBD-II 포트를 통해 CAN 버스에 쉽게 액세스 할 수 있다. 두 번째는 차량의 미디어 플레이어(예: CD 플레이어)다. 미디어 플레이어는 드라이버로부터 제어 메시지를 수신하고 상태를 화면(사용자 인터페이스)으로 보내야 하므로 미디어 플레이어는 일반적으로 CAN에 연결되어 있다. 공격자는 악성 코드를 쉽게 CD에 플래시할 수 있다. 드라이버가 CD를 재생하면 악성 코드가 CAN 버스를 공격할 수 있다[14].

또한 공격자는 차량에서 Bluetooth 인터페이스를 활용할 수 있다. 최신 차량은 스마트 폰에 대한 Bluetooth 연결을 지원한다. 공격자는 스마트 폰을 사용하여 Bluetooth를 통해 악성 애플리케이션을 업로드하여 CAN 버스를 장악하거나 Bluetooth를 통해 차량 상태를 스니핑 할 수 있다. 공격자는 이 인터페이스를 사용하여 차량을 원격으로 공격할 수 있다.

공격자가 CAN 버스를 탈취하면 CAN 네트워크에 대한 보안 위협이 있다 [12]. 첫 번째는 브로드 캐스트 공격이다. CAN 메시지는 모든 노드에 브로드 캐스트되며 공격자는 이러한 메시지를 캡처하고 역설계하여 새로운 메시지를 주입해서 다양한 작업을 유도할 수 있다.

두 번째는 서비스 거부(DoS) 공격이다. CAN 프로토콜은 제한된 대역폭으로 인해 DoS 공격에 매우 취약하다. 메시지 플러딩 공격 외에도 하이재킹 된 노드 하나가 네트워크에서 가장 높은 우선순위를 계속 주장하면 다른 모든 CAN 노드가 백오프 되어 전체 CAN 네트워크가 충돌한다.

마지막은 인증 필드가 없는 점을 이용하는 것이다. CAN 메시지에는 인증 필드가 포함되어 있지 않다. 즉, 모든 노드가 인증 프로세스 없이 다른 노드에 패킷을 보낼 수 있으므로 공격자가 이를 사용하여 CAN 네트워크의 모든 노드를 제어할 수 있다.

13.5 V2X 보안

V2X를 통해 차량은 인터넷에 액세스하여 실시간 교통 데이터 (예: 실시간 지도 및 날씨 데이터)를 얻을 수 있거나, 자율주행을 위해 클라우드 컴퓨팅을 활용하고[15] 차량은 일부 신기술(예: 전용 단거리 통신 [DSRC])을 통해 V2X 네트워크의 다른 노드와 통신 할 수도 있다[16]. 이 V2X 네트워크는 커넥티드 및 자율주행 차량에 대한 많은 새로운 애플리케이션 시나리오를 생성하지만, 더 많은 보안 문제를 유발한다[17-19].

기존 인터넷 및 ad-hoc 네트워크에서 많은 위협이 되는 방식들이 V2X 네트워크에서 응용되어 사용될 수 있다. DoS 공격과 DDoS (Distrib-uted Denial of Service) 공격은 인터넷에서의 두 가지 기본 공격 방법이다. V2X 네트워크에서 모든 노드는 공격자 또는 피해자가 되어 다양한 트래픽 문제를 일으킬 수 있다[20]. 인프라가 피해자인 경우 주변 차량에 대한 실시간 서비스를 제공할 수 없다. 반대로 차량이 피해자인 경우 인프라 또는 클라우드에서 메시지를 수신할 수 없으며 DoS 공격은 차량의 다른 작업 성능을 방해하여 일부 자율주행 애플리케이션의 허용 할 수 없는 지연 시간을 유발할 수 있다[1].

V2X 네트워크에서 공격자는 동일한 ID로 도로에서 여러 차량을 만들거나 익명으로 유지할 수 있다. 이를 Sybil 공격이라고 한다[21]. Sybil 공격은 도로에서 달리는 차량이 교통체증이 있다고 생각하도록 속이기 때문에 가짜 차량을 위해 길을 만들고 다른 차량이 이 도로를 주행하는 것을 막을 수 있다. 정보 위조도 일반적인 공격 방법이다. 차량은 신원을 변경하거나 조작된 메시지를 V2X 네트워크로 전송하여 차량이 감지되는 것을 방지하거나 일부 책임을 회피할 수 있다[22]. 리플레이 공격, 블록 홀 공격과 같은 다른 많은 전통적인 네트워크 위협이 있지만, 공격 방법은 위에서 언급 한 위협과 유사하다.

V2X 네트워크는 인프라 및 보행자와 같은 새로운 유형의 네트워크 노드를 제공하므로 기존 인터넷에서 보기 드문 새로운 위협이 있다. 첫 번째는 프라이버시에 관한 것이다. 차량과 보행자, 차량과 인프라 간의 통신은 일부 단거리 프로토콜(Bluetooth Low Energy 및 DSRC)을 기반으로 할 수 있다. 접근 인증이 엄격하지 않으면 운전자와 보행자 모두의 사생활이 노출된다 [23]. 두 번째는 인프라에 관한 것이다. 인프라(Roadside Unit: RSU)가 공격을 받아 가짜 교통 정보가 방송되면 주변 차량의 주행 상태에 영향을 미칠 수 있다.

13.6 첨단 컴퓨팅을 위한 보안

보안은 첨단 컴퓨팅에 있어 중요한 주제이다. 따라서 일부 일반 시나리오의 보안에 관한 연구는 연결 및 자율 차량 시나리오의 보안 문제에 대한 해결책을 제공할 수 있다. 관련 작업은 에 내 네트워크와 첨단 컴퓨팅을 위한 실행 환경의 두 가지 범주로 나눌 수 있다.

Bhardwaj 외 연구자들은 분산된 에지 인프라에 에지기능을 구현하고 IoT(Internet of Things) 트래픽에 대한 정보를 집계하여 임박한 IoT™ DDoS를 탐지하는 ShadowNet [24]를 제안했다. ShadowNet은 IoT-DDoS를 기존 접근 방식보다 10배 더 빠르게 감지하고 트래픽의 82%가 인터넷 인프라로 유입되는 것을 방지하여 보안 위협을 줄인다. Yi 외 연구자들은 소프트웨어 정의 네트워킹을 사용하여 네트워크 모니터링, 침입 탐지 및 네트워크 리소스 액세스 제어와 같은 에지 네트워크 보안 문제를 해결하는 방법을 요약했다. 이러한 종류의 작업은 연결되고 자율적인 차량 시나리오에서 관련 네트워크 위협을 해결하는 데 도움이 될 것이다.

Ning 외 연구자들은 Intel SGX, ARM TrustZone 및 AMD SEV와 같은 이기종 엣지 플랫폼에서 여러 TEE(trusted execution environments)를 평가하고, 낮은 성능의 오버헤드로 보안을 효율적으로 개선하기 위해 엣지 컴퓨팅 플랫폼에 신뢰 실행환경 TEE를 구축했다[26]. KLRA[27]는 IoT 및 에지 운영 시스템 보안을 위한 커널 레벨 리소스 감시 툴이다. KLRA는 낮은 비용으로 측정된 세부적인 이벤트를 취하며 이 기기에서 시스템 동작이 비정상적일 때 관련 보안 경고를 보고한다. 이런 종류의 일은 우리가 커넥티드 · 자율주행차량의 운영체제의 보안 문제를 해결하는 데 도움이 될 것이다.

표 13.1은 자율주행차량에 대한 보안 위협과 잠재적 방어 메커니즘을 요약한 것이다.

표 13.1 보안 위협 요약

Security category	Security threats	Defense technologies
Sensors	Spoofing cameras by fake traffic objects Jamming GPS receiver by high-power false GPS transmitter Jamming IMU sensor by powerful magnetic field Jamming LiDAR by light laser pulse Jamming and spoofing ultrasonic sensors and MMW radars by specific signal generator	*Multi-sensor data fusion*: System check and correct the sensor data from multiple sources
Operating system	Hijacking ROS node to consume system resources Hijacking ROS node to send manipulated messages Sniffing ROS message to steal private data Repeating the intercepted ROS message to disturb other ROS nodes	*Linux container*: Use the container technology to throttle the resource utilization of each ROS node *Trusted execution environment*: Run the key ROS node in a trusted execution environment
Control system	Hijacking CAN bus by OBD-II port Hijacking CAN bus by media player. Hijacking CAN bus by Bluetooth Injecting manipulated messages on CAN bus DoS attack on CAN bus	*Message encryption*: Encrypt message in CAN bus
V2X	DoS and DDoS attack on vehicle and infrastructure Sybil attack by creating multiple fake vehicles in road Sniffing private data by short-range wireless protocol Broadcasting fake traffic information to nearby vehicles	*Authentication and certification*: The node access to the V2X network should be authenticated and security certificates and keys provided

참고문헌

[1] Petit, J. and Shladover, S.E. (2015). Potential cyberattacks on automated vehicles. IEEE Transactions on Intelligent Transportation Systems 16 (2): 546-556.

[2] Liu, S., Tang, J., Zhang, Z., and Gaudiot, J.-L. (2017). Computer architectures for autonomous driving. Computer 50 (8): 18-25.

[3] Geiger, A., Lenz, P., and Urtasun, R. (2012). Are we ready for autonomous driving? The KITTI vision benchmark suite. In: 2012 IEEE Conference on Computer Vision and Pattern Recognition (CVPR), 3354-3361. IEEE.

[4] Petit, J, Stottelaar, B., Feiri, M., and Kargl, F. (2015). Remote attacks on automated vehicles sensors: Experiments on camera and LiDAR. Black Hat Europe 2015, Amsterdam, the Netherlands (10-13 November 2015).

[5] Truong, K.N., Patel, S.N., Summet, J.W., and Abowd, G.D. (2005). Preventing camera recording by designing a capture-resistant environment. In: International Conference on Ubiquitous Computing, 73-86. Springer.

[6] Ioannides, R.T., Pany, T., and Gibbons, G. (2016). Known vulnerabilities of global navigation satellite systems, status, and potential mitigation techniques. Proceedings of the IEEE 104 (6): 1174-1194.

[7] Yan, C, Xu, W., and Liu, J. (2016). Can You Trust Autonomous Vehicles: Contactless Attacks Against Sensors of Self-Driving Vehicles. DEF CON 24.

[8] Jeong, S.-Y., Choi, I.-J., Kim, Y.-J. et al. (2017). A study on ROS vulnerabilities and countermeasure. In: Proceedings of the Companion of the 2017 ACM/IEEE International Conference on Human-Robot Interaction, 147-148. ACM.

[9] Lera, F.J.R., Balsa, J., Casado, F. et al. (2016). Cybersecurity in autonomous systems: evaluating the performance of hardening ROS. Proceedings of the

Workshop of Physical Agents (WAF 2016), Málaga, Spain (16-17 June 2016).

[10] McClean, J., Stull, C., Farrar, C., and Mascareñas, D. (2013). A preliminary cyber-physical security assessment of the robot operating system (ROS). In: Unmanned Systems Technology XV, vol. 8741, 874110. International Society for Optics and Photonics.

[11] Johansson, K.H., Törngren, M., and Nielsen, L. (2005). Vehicle applications of controller area network. In: Handbook of Networked and Embedded Control Systems, 741-765. Springer.

[12] Koscher, K., Czeskis, A., Roesner, F. et al. (2010). Experimental security analysis of a modern automobile. In: 2010 IEEE Symposium on Security and Privacy (SP), 447-462. IEEE.

[13] Wang, Q. and Sawhney, S. (2014). VeCure: a practical security framework to protect the can bus of vehicles. In: 2014 International Conference on the Internet of Things (IOT), 13-18. IEEE.

[14] Checkoway, S., McCoy, D., Kantor, B. et al. (2011). Comprehensive experimental analyses of automotive attack surfaces. In: USENIX Security Symposium, 77-92. USENIX.

[15] Liu, S., Tang, J., Wang, C. et al. (2017). A unified cloud platform for autonomous driving. Computer 50 (12): 42-49.

[16] Hu, J., Chen, S., Zhao, L. et al. (2017). Link level performance comparison between LTE V2X and DSRC. Journal of Communications and Information Networks 2 (2): 101-112.

찾아보기